广东省电信规划设计院有限公司
GUANGDONG PLANNING AND DESIGNING
INSTITUTE OF TELECOMMUNICATIONS CO.,LTD.

"十二五"
国家重点图书出版规划项目

4G丛书

LTE融合发展之道——TD-LTE与LTE FDD融合组网规划与设计

□蓝俊锋 殷涛 杨燕玲 管政 等编著

人民邮电出版社
北京

图书在版编目（CIP）数据

LTE融合发展之道 : TD-LTE与LTE FDD融合组网规划与设计 / 蓝俊锋等编著. -- 北京 : 人民邮电出版社, 2014.8（2018.8重印）
（4G丛书）
ISBN 978-7-115-35483-9

Ⅰ. ①L… Ⅱ. ①蓝… Ⅲ. ①无线电通信－移动网－网络规划②无线电通信－移动网－网络设计 Ⅳ. ①TN929.5

中国版本图书馆CIP数据核字(2014)第149747号

内容提要

本书基于作者对协议、规范的理解，结合 LTE 系列研究的相应成果，系统梳理了 LTE 融合发展过程中的标准、策略、政策、方法等，对 LTE 的融合组网、规划与设计进行了全面、系统的阐述。

本书适合从事 LTE 技术研究、网络规划设计、运行维护、测试验证的工程技术人员阅读，也可作为高等院校相关专业师生的参考教材。

◆ 编　　著　蓝俊锋　殷　涛　杨燕玲　管　政　等
责任编辑　李　静
责任印制　杨林杰

◆ 人民邮电出版社出版发行　　北京市丰台区成寿寺路 11 号
邮编　100164　　电子邮件　315@ptpress.com.cn
网址　http://www.ptpress.com.cn
北京虎彩文化传播有限公司印刷

◆ 开本：787×1092　1/16
印张：17.5　　2014 年 8 月第 1 版
字数：415 千字　　2018 年 8 月北京第 3 次印刷

定价：66.00 元

读者服务热线：(010)81055488　印装质量热线：(010)81055316
反盗版热线：(010)81055315
广告经营许可证：京东工商广登字 20170147 号

序

目前，全球LTE商用网络正在加速推进，整个产业链也在逐步走向成熟，它在下一代移动通信市场中的主导地位已经确立。2013年8月国务院发布的《"宽带中国"战略及实施方案》，首次将LTE提升到国家发展战略的地位。"宽带中国"战略提出，到2015年，3G/LTE用户普及率达到32.5%，到2020年达到85%。值得注意的是，"宽带中国"战略将LTE与3G的发展目标进行了融合，也就是说，在相当长一段时期内，LTE将处于与3G的交叠融合状态。

作为当前信息通信技术发展最为关键的重点之一，TD-LTE是继TD-SCDMA之后我国通信和电子信息产业面临的又一重大历史机遇。在国家的统一部署下，经过相关企业、科研机构的共同努力，TD-LTE技术和产业的发展取得了令人瞩目的成绩。我国政府于2013年12月4日向中国移动、中国电信、中国联通3家运营商发放了4G（TD-LTE）牌照，中国移动正在建设全球最大的TD-LTE网络，中国电信正在建设TD-LTE与LTE-FDD混合组网的试验网，中国联通也在为LTE的建设做准备。LTE自此进入快速发展通道。

TD-LTE与LTE FDD在技术标准、实现机制、终端与设备等方面具有许多共同点。同时，TD-LTE具有自身的技术优势，例如，时分双工无需采用成对频谱，使得TD-LTE更易获取新的频谱资源；灵活的上下行时隙配比使得TD-LTE具有良好的业务匹配能力；信道互易性使得TD-LTE更容易采用智能天线等新技术以提升系统性能。而LTE FDD作为当前世界上应用最广泛、终端种类最丰富的一种4G标准，其标准化与产业发展都领先于TD-LTE。因此，从技术演进和商业运营的角度而言，TD-LTE与LTE FDD融合组网是运营商的最佳选择。融合组网的策略、规划、设计与实施将极大影响网络的性能、质量和效益，是网络建设者必须认真思考和探索的问题。

我们希望本书能够从理清LTE技术的发展脉络，梳理LTE网络规划部署、工程实施的技术体系和方法的角度出发，为LTE网络的建设者提供参考。

郑建飞

广东省电信规划设计院有限公司副总经理

2014年6月

前　言

“宽带中国”战略的提出，移动互联网井喷式发展，物联网和云计算的兴起、成熟与运用，都显示了我国的信息产业在过去的几年中发生的翻天覆地的变化。移动通信网络的升级换代正在如火如荼地进行中，作为通信领域的核心热点之一，LTE 的发展无疑最为引人注目。

LTE 的升级演进受到国家信息化战略、技术标准、行业政策、频谱资源、运营策略、产业链成熟、基础资源等因素的影响。随着国家信息化战略的推进，产业链的成熟，行业政策的进一步明朗，各运营商的运营策略也逐步进入快速执行阶段，LTE 网络正进入快速建设期，网络规模逐步扩大。中国移动 LTE 终端开售的发令枪打响，预示着 LTE 正式进入“三国时代”。

广东省电信规划设计院有限公司系原邮电部首批 7 家甲级勘察设计单位之一，现为中国通信标准化协会（CCSA）全权会员，中国工程咨询协会通信信息专业委员会副主任委员单位，具有丰富的通信工程咨询、设计经验，截至 2013 年年底，在设计、咨询和科技创新等方面累计共获得国家级奖项 38 项，部级奖项 172 项。为顺应技术和业务的发展，更好地支撑 LTE 的建设任务，公司抽调资深无线网络规划与设计专家和中青年技术骨干，组建了无线网络新技术研究中心（以下简称“研究中心”），紧密跟踪 LTE 技术的发展。

研究中心与广东移动、广东电信合作，在 LTE 试验网中完成了大量的研究工作，主要包括 LTE 网络测试及优化策略、LTE 多天线应用模型性能研究、LTE 与异系统室内分布干扰研究、LTE 室内解决方案研究等，有力支撑了广州亚运会 TD-LTE 试验网、广州地铁多系统共用室分系统、深圳大运会通信保障等重大项目。除了研究工作之外，研究中心还致力于 LTE 专业人才的培养，先后编写了《LTE 规划与设计》及《特殊场景覆盖解决方案》等培训教材，为 LTE 的大发展进行了人员和技术的双重准备。

2013 年 8 月，研究中心启动了《LTE 融合发展之道——TD-LTE 与 LTE FDD 融合组网规划与设计》一书的创作，历经 4 个月完成本书的编写。基于作者对协议、规范的理解，结合 LTE 系列研究的相应成果，本书系统梳理了 LTE 融合发展过程中的标准、策略、政策、方法等。

全书共分 10 章，对 LTE 的融合组网、规划与设计进行了全面系统的阐述。各章节内容如下。

第 1 章从移动通信的发展简史、LTE 标准及其演进历程、LTE 频谱规划及产业发展进程等几个方面，介绍了 LTE 发展中的关键里程碑和进展。

第 2 章详细讲述了 OFDM、MIMO、高阶调制、HARQ、干扰抑制、SON 等 LTE 关键技术，这些技术是 LTE 系统性能大幅度提升的基石。

第 3 章从网络架构、协议标准体系、协议栈、帧结构、物理资源、信道映射、物理过程、无线资源管理与分配等方面系统阐述 LTE 的技术原理，并从系统设计、关键过程及性能等方面对 TD-LTE 和 LTE FDD 进行了对比分析。

第 4 章从现有的 GSM、TD-SCDMA、cdma2000、WCDMA、LTE、WLAN 等网络制式的技术特性分析出发，阐述各运营商基于现有的 2G/3G 网络向 LTE 演进过程中的策略、挑战与方法，分析了互操作、异构网等 LTE 面临的关键问题，重点讨论了 TD-LTE 与 LTE FDD 融合发展的方向和组网方案。

第 5 章对 LTE 规划技术要点进行分析，主要包括 3G/LTE 覆盖能力分析、LTE 容量影响因素分析、频谱带宽与频率规划对性能的影响、TD-LTE 与 TD-SCDMA 的时隙对齐问题及其对性能的影响、多系统共存情况下的干扰隔离与规避措施、多天线技术对 LTE 系统性能的影响及相关测试结论等。本章还从站址资源储备的角度论述了站址资源对于 LTE 可持续发展的重要性。

第 6 章全面介绍了无线网规划的整体流程，从需求分析、预规划、站址规划、系统仿真、无线资源与参数规划、选址与规划修正共 6 个步骤依次介绍 LTE 无线网规划过程中的工作内容和方法。

第 7 章以某地区 LTE 网络规划为案例进行规划实务的阐述。本章与第 6 章的内容结构相似，重点在于向读者展示规划过程中的输入、输出和分析过程，使得读者能够掌握 LTE 网络规划的精要。

第 8 章从基站设计的一般流程与方法、设计原则与规范、设计创新与环境和谐、安全生产等多角度对 LTE 基站的机房、天馈、分布系统、防雷接地等设计内容进行了详细的分析，系统介绍了 LTE 融合发展背景下的多系统基站融合组网设计方法。

第 9 章简要介绍无线基站资源共享和节能减排的方法。

第 10 章简述 LTE-A 的标准的进展和关键技术，使读者对 LTE 的演进方向具备感性认识。

本书整体框架体系由蓝俊锋、殷涛策划，全书由蓝俊锋、殷涛、杨燕玲、管政编写，由殷涛统稿。李学云、郑建飞、涂进、邓耀强、徐宇坚等同志对本书进行了指导和审核，提出了许多宝贵意见。

由于我国 LTE FDD 的相关政策在本书创作过程中尚未明朗，LTE 发展仍存在变数，本书内容难免有不足之处，敬请读者批评指正。

广东省电信规划设计院有限公司
无线网新技术研究中心
2014 年 1 月

目　录

第1章 概 述

1.1 移动通信发展简史

早在 1897 年，意大利电气工程师伽利尔摩·马可尼（Guglielmo Marchese Marconi，于 1874～1937）在陆地和一只拖船之间用无线电进行了消息传输，开创了移动通信的先河。20 世纪 70 年代末以来，移动通信经历了第一代模拟蜂窝网电话系统、第二代数字蜂窝网电话系统的繁荣与衰退；目前，第三代移动通信系统已成为广泛应用的主要技术；第四代移动通信系统正迅猛发展并不断完善；第五代移动通信系统的研究也已经起航。

1.1.1 第一代移动通信系统

20 世纪 70 年代末，美国 AT&T 公司运用电话技术和蜂窝无线电技术研制了第一套蜂窝移动电话系统，取名为先进的移动电话系统，即 AMPS（Advanced Mobile Phone Service）。第一代无线网络技术的一大成就在于去除了电话机与网络之间的用户线，使用户第一次能够在移动的状态下拨打电话。这一代主要有 3 种窄带模拟系统标准，即北美蜂窝系统 AMPS，北欧移动电话系统 NMT 和全接入通信系统 TACS。我国采用的主要是 TACS 制式，频段为 890～915MHz/935～960MHz。第一代移动通信（1G）的各种蜂窝网系统有很多相似之处，但是也有很大的差异，它们只能提供基本的语音业务，不能提供非语音业务，并且保密性差，易被并机盗打。另外，它们之间还互不兼容，移动用户无法在各种系统之间实现漫游。

1.1.2 第二代移动通信系统

为了解决由于采用不同模拟蜂窝系统造成互不兼容，无法漫游的问题，1982 年北欧四国向欧洲邮电主管部门大会（European Conference of Postal and Telecommunications Administrations，CEPT）提交了一份建议书，要求制定 900MHz 频段的欧洲公共电信业务规范，建立全欧统一的蜂窝网移动通信系统；同年，成立了欧洲“移动通信特别小组”（Group Special Mobile），简称 GSM，后来 GSM 的含义演变为“全球移动通信系统”（Global System for Mobile Communications）。第二代移动通信（2G）数字无线标准主要有 GSM、D-AMPS、PDC 和 IS-95CDMA 等。我国第二代移动通信系统以 GSM 和 CDMA 为主。为了适应数据业务的发展，在第二代技术中还诞生了 2.5G、2.75G，也就是 GSM 系统的 GPRS、EDGE 和 CDMA 系统的 IS-95B、1x 等技术，提高了数据传送能力。第二代移动通信系统在引入数字无线电技术以后，数字蜂窝移动通信系统提供了更好的网络，不但改善了语音通话质量，提高了保密性，防止了并机盗打，还为移动用户提供了无缝的国际漫游。

1.1.3 第三代移动通信系统

第三代移动通信技术也就是 IMT-2000（Intertional Mobile Telecommunications-2000），也称为 3G（3rd-Generation）。相比第二代移动通信系统，它能提供更高的速率、更好的移动性和更丰富的多媒体综合业务。最具代表性的 3G 技术标准有美国提出的 cdma2000、欧洲提出的 WCDMA 和中国提出的 TD-SCDMA。

1. cdma2000

cdma2000 由美国牵头的 3GPP2（3rd Generation Partnership Project2）提出，是由 IS-95 系统演进而来的，并向下兼容 IS-95 系统。IS-95 系统是世界上最早的 CDMA 移动系统。cdma2000 系统继承了 IS-95 系统在组网、系统优化方面的经验，并进一步对业务速率进行了扩展，同时通过引入一些先进的无线技术，进一步提升了系统容量。在核心网络方面，它继续使用 IS-95 系统的核心网作为其电路域来处理电路型业务，如语音业务和电路型数据业务，同时在系统中增加了分组设备（PDSN 和 PCF）来处理分组数据业务。因此在建设 cdma2000 系统时，原有的 IS-95 的网络设备可以继续使用，只要新增加分组设备即可。在基站方面，由于 IS-95 与 1x 的兼容性，运营商只要通过信道板和软件更新即可将 IS-95 基站升级为 cdma2000 1x 基站。在我国，中国联通在其最初的 CDMA 网络建设中就采用了这种升级方案。在 2008 年电信行业重组时，中国电信收购了中国联通的整个 cdma2000 网络。

2. WCDMA

历史上，欧洲电信标准学会（ETSI）在 GSM 之后就开始研究 3G 标准，其中有几种备选方案是基于直接序列扩频码分多址的，而日本的第三代研究也是使用宽带码分多址技术。其后，以欧洲和日本为主导进行融合，在 3GPP（3rd Generation Partnership Project）组织中发展了第三代移动通信系统 UMTS，并提交给国际电信联盟（ITU）。ITU 最终接受 WCDMA 作为 IMT-2000 标准的一部分。目前 WCDMA 是世界范围内商用最多，技术发展最为成熟的 3G 制式。在我国，中国联通在 2008 年电信行业重组之后开始建设 WCDMA 网络。

3. TD-SCDMA

TD-SCDMA 是我国提出的第三代移动通信标准，也是 ITU 批准的 3 个 3G 标准之一，是以我国知识产权为主的、在国际上被广泛接受和认可的无线通信国际标准。

TD-SCDMA 技术标准的提出是我国电信史上重要的里程碑。相对于另两个 3G 标准（cdma2000 和 WCDMA），TD-SCDMA 起步较晚。

1998 年 6 月 29 日，原中国邮电部电信科学技术研究院（现大唐电信科技产业集团）向 ITU 提出了该标准。该标准将智能天线、同步 CDMA 和软件无线电 SDR（Software Defined Radio）等技术融于其中。

TD-SCDMA 的发展过程始于 1998 年初，在当时的邮电部科技司的直接领导下，由原电信科学技术研究院组织队伍在 SCDMA 技术的基础上，研究和起草符合 IMT-2000 要求的由我国主导的 TD-SCDMA 建议草案。该标准草案以智能天线、同步码分多址、接力切换、时分双工为主要特点，于 ITU 征集 IMT-2000 第三代移动通信无线传输技术候选方案的截止日 1998 年 6 月 30 日提交到 ITU，从而成为 IMT-2000 的 15 个候选方案之一。ITU 综合了各评估组的评估结果，在 1999 年 11 月赫尔辛基 ITU-R TG8/1 第 18 次会议上和 2000 年 5 月伊斯坦布尔 ITU-R 全会上，正式接纳 TD-SCDMA 作为 CDMA TDD 制式的方案之一。

经过一年多的时间、几十次的工作组会议、几百篇的文稿讨论后，2001 年 3 月在棕榈泉召开的 RAN 全会上正式发布了包含 TD-SCDMA 标准在内的 3GPP R4 版本规范，TD-SCDMA 在 3GPP 的融合工作中达到了第一个目标。

至此，TD-SCDMA 不论在形式上还是在实质上，都已在国际上被广大运营商、设备制造商所认可和接受，成为真正的国际标准。

但是，TD-SCDMA 起步比较晚，技术发展成熟度不及其他两大标准，同时市场前景不明朗，导致相关产业链发展滞后，最终全球只有中国移动一家运营商部署了商用 TD-SCDMA 网络。

1.1.4 第四代移动通信系统

从核心技术来看，通常所称的 3G 技术主要采用 CDMA（Code Division Multiple Access，码分多址）多址技术，而业界对第四代移动通信（4G）核心技术的界定则主要是指采用 OFDM（Orthogonal Frequency Division Multiplexing，正交频分复用）调制技术的 OFDMA 多址技术，可见 3G 和 4G 最大的区别在于采用的核心技术完全不同。从核心技术的角度来看，LTE、WiMAX（802.16e）及其后续演进技术 LTE-Advanced 和 802.16m 等均可以视为 4G；不过从标准的角度来看，ITU 对 IMT-2000（3G）系列标准和 IMT-Advanced（4G）系列标准的区分并不是以采用何种核心技术来划分的，而是以能否满足一定的参数要求来区分。ITU 在 IMT-2000 标准中要求，3G 必须满足传输速率在移动状态时为 144kbit/s、步行状态时为 384kbit/s、室内为 2Mbit/s，而 ITU 的 IMT-Advanced 标准中则要求 4G 在使用 100MHz 信道带宽时，频谱利用率应达 10（bit/s）/Hz，理论传输速率应达到 1000Mbit/s。目前，LTE、WiMAX（802.16e）均未达到 IMT-Advanced 标准的要求，因此严格来说仍隶属于 IMT-2000 系列标准，而 LTE-Advanced 和 802.16m 标准则正在朝 IMT-Advanced 标准的要求努力。

2008 年 2 月份，ITU-R WP5D 正式发出了征集 IMT-Advanced 候选技术的通函。经过两年时间的准备，ITU-R WP5D 在其第 6 次会议上（2009 年 10 月）共征集到 6 种候选技术方案，分别来自于两个国际标准化组织和 3 个国家。这 6 种技术方案可以分成两类：基于 3GPP 的技术方案和基于 IEEE 的技术方案。

（1）3GPP 的技术方案：LTE Release10&beyond（LTE-Advanced）。该方案包括 FDD 和 TDD 两种模式。由于 3GPP 不是 ITU 的成员，该技术方案由 3GPP 所属 37 个成员单位联合提交，包括我国三大运营商和 4 个主要厂商。3GPP 所属标准化组织（中国、美国、欧洲、韩国和日本）以文稿的形式表态支持该技术方案。最终该技术方案由中国、3GPP 和日本分别向 ITU 提交。

（2）IEEE 的技术方案：802.16m。该方案同样包括 FDD 和 TDD 两种模式。BT、KDDI、Sprint、诺基亚、阿尔卡特朗讯等 51 家企业、日本标准化组织和韩国政府以文稿的形式表态支持该技术方案，我国企业没有参加。最终该技术方案由 IEEE、韩国和日本分别向 ITU 提交。

经过 14 个外部评估组织对各候选技术方案的全面评估，最终得出两种候选技术方案完全满足 IMT-Advanced 技术需求。2010 年 10 月的 ITU-R WP5D 会议上，LTE-Advanced 技术和 802.16m 技术被确定为最终的 IMT-Advanced 阶段国际无线通信标准。我国主导发展的 TD-LTE-Advanced 技术通过了所有国际评估组织的评估，被确定为 IMT-Advanced 国际无线通信标准之一。

图 1-1 是从 2G 到 4G 主流移动通信系统的演进路线。

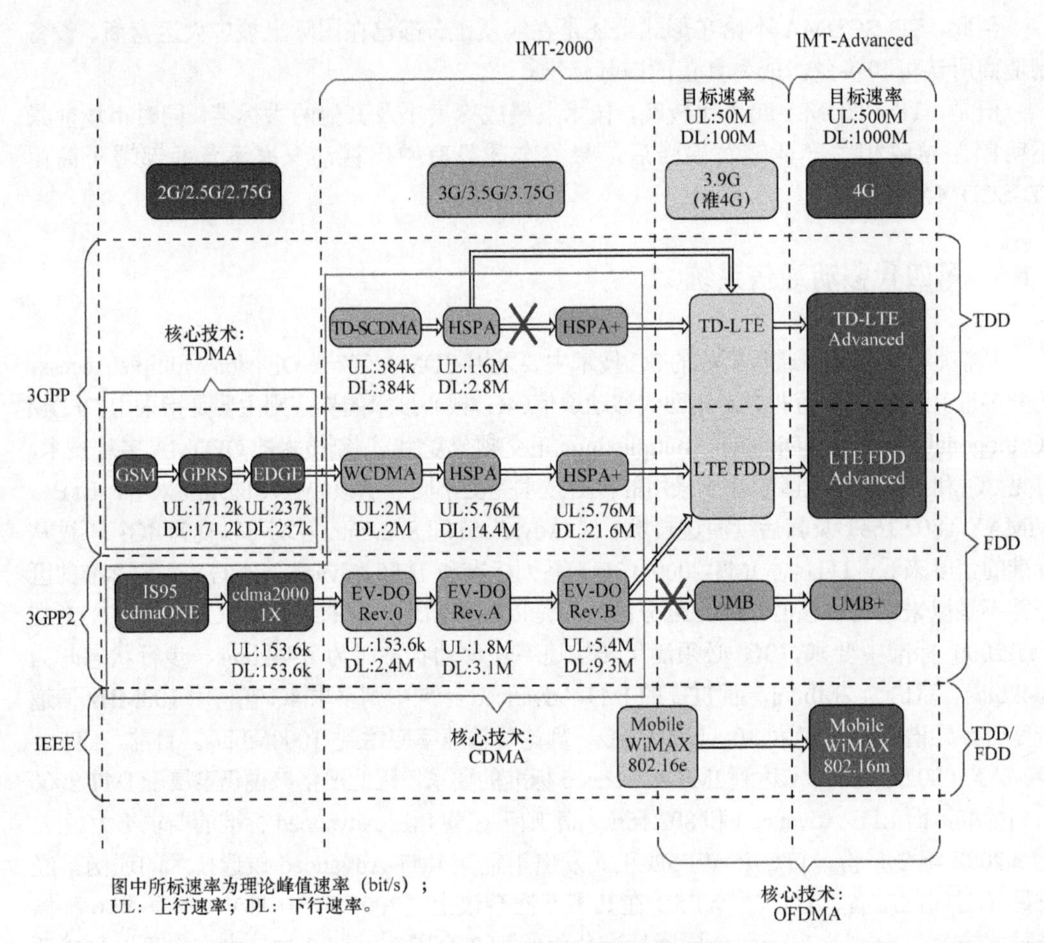

图 1-1 主流移动通信制式演进路线

从图 1-1 可以看出：

以阵营划分，GSM、TD-SCDMA、LTE 属于 3GPP；CDMA、cdma2000 1x&EV-DO 属于 3GPP2；WiMAX 802.16e、WiMAX 802.16m 属于 IEEE。

以技术阶段划分，GSM、CDMA、cdma2000 1x 属于 2G；WCDMA、cdma2000 1x EV-DO、TD-SCDMA 属于 3G；TD-LTE、LTE FDD 可以认为是 3.9G 或准 4G；TD-LTE-Advanced、LTE FDD Advanced 属于 4G。

以双工方式划分，GSM、CDMA、cdma2000 1x&EV-DO、WCDMA、LTE FDD、LTE FDD Advanced 属于频分双工 FDD；TD-SCDMA、TD-LTE、TD-LTE-Advanced 属于时分双工 TDD；WiMAX 则有 TDD 和 FDD 两种双工方式。

以核心技术划分，GSM 的核心技术是时分多址 TDMA；CDMA、cdma2000 1x&EV-DO、WCDMA、TD-SCDMA 采用了码分多址技术 CDMA；TD-LTE、LTE FDD、TD-LTE-Advanced、LTE FDD Advanced、WiMAX 802.16e、WiMAX 802.16m 均采用了正交频分多址技术 OFDMA。

1.1.5 第五代移动通信的研究和推进工作

关于第五代移动通信（5G）技术，目前还没有一个具体的标准，不过有消息报道韩国三星电子成功研发出第五代移动通信技术，手机在利用该技术后无线下载速度可以达到 3.6Gbit/s。这一新的通信技术名称为 Nomadic Local Area Wireless Access，简称 NoLA。三星电子以 2020 年实现该技术的商用化为目标，全面研发 5G 移动通信核心技术。随着三星电子研发出这一技术，世界各国的第五代移动通信技术的研究将更加活跃，其国际标准的出台和商用化也将提速。

2013 年 2 月，欧盟宣布，将拨款 5 000 万欧元，加快 5G 移动技术的发展，计划到 2020 年推出成熟的标准。

我国的移动通信发展在经历了 2G 追赶，3G 突破之后，已经开始部署 4G 网络。面对 5G 新的发展机遇，我国政府积极组织国内各方力量，开展国际合作，共同推动 5G 国际标准发展。2013 年，工信部、科技部、发改委联合成立了 IMT-2020（5G）推进组，该推进组依托原 IMT-Advanced 推进组的架构，设立了秘书处和各工作小组，如图 1-2 所示。

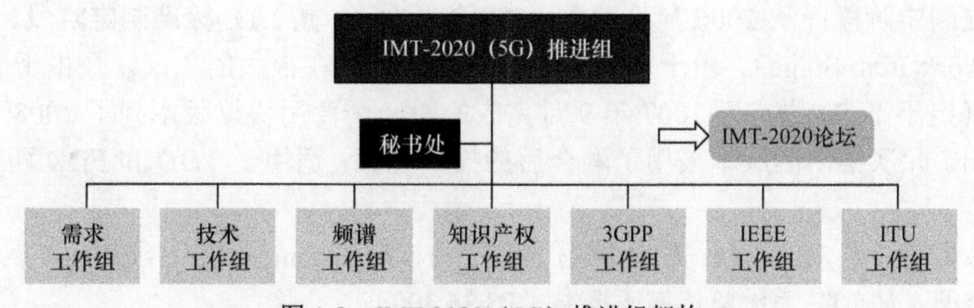

图 1-2 IMT-2020（5G）推进组架构

2013 年 4 月 19 日，IMT-2020（5G）推进组在北京召开了第一次会议。推进组还成立了 IMT-2020 论坛，将以更加开放、更加国际化的方式开展工作。

1.2 LTE 标准及其演进

LTE 是 3GPP 主导的通用移动通信系统 UMTS 技术的长期演进（Long Term Evolution，简称 LTE）。LTE 分为 LTE FDD 和 TD-LTE 两个版本，LTE FDD 是 FDD 版本的 LTE 技术，而 TD-LTE（TD-SCDMA Long Term Evolution）即 TD-SCDMA 长期演进，是 TDD 版本的 LTE 技术。LTE 关注的核心是无线接口和无线组网架构的技术演进问题。

2004 年 11 月，3GPP 在加拿大举办研讨会，讨论下一代移动通信技术的发展。3GPP 标准化组织的主要运营商和设备商成员单位积极发表各自意见，提出了对下一代移动通信系统的看法和建议，达成了“3GPP 需要马上开始进行下一代演进技术的研究和标准化，以保证未来竞争力”的共识。这种下一代移动通信系统被暂定名为“长期演进”(Long Term Evolution)，缩写为 LTE，这个暂定名一直沿用至今。LTE 标准的制定分为 3 个阶段：需求讨论阶段、标准研究阶段和标准制定阶段。

需求讨论阶段：从 2004 年 12 月到 2005 年 6 月，是 LTE 项目的需求讨论阶段。先定需求，再选用满足需求的可应用技术，是 LTE 标准制定的一个特点。基于此出发点，除了技术的先进性，器件芯片的成熟度、技术实现的复杂度和实现成本以及理论和实测效果等都将是 LTE 标准制定需要考虑的因素。全球多个运营商和设备厂商都参与了 LTE 需求的讨论和定义，如 Orange、摩托罗拉、阿尔卡特朗讯、诺西、三星、高通、华为、大唐移动、Vodafone 和 NTT Docomo 等。2007 年，中国移动为把 TDD 双工方式写入 LTE，也参与了 LTE 标准的制定。此阶段的主要成果为 LTE 需求报告（TR25.913）。

标准研究阶段：从 2005 年 6 月到 2006 年 9 月，是 LTE 标准研究阶段，即 SI 阶段（Study Item Stage）。由于前期 LTE 的频谱效率没有达到运营商的要求，原定于 2006 年 6 月完成的 SI 阶段直到 2006 年 9 月才完成可行性研究。

SI 阶段的主要成果为 TR25.xxx 系列文档，其中 TR 是 Technical Report，属于研究报告类型，如 LTE 可行性研究报告（TR25.912）、LTE 物理层研究报告（TR25.814）、LTE 无线接口研究报告（TR25.813）等。

标准制定阶段：从 2006 年 9 月到 2008 年 12 月，是 LTE 标准制定阶段，即 WI 阶段（Work Item Stage）。由于对物理层技术的选用存在很大的争议以及由于 LTE 的帧结构确定不下来，原定于 2007 年 9 月完成的第一个商用协议版本到了 2008 年底才得以推出。此次推出的版本采用了融合后的技术方案，适用于 TDD 和 FDD 两种双工方式。

LTE 主要涉及 TS 36.xxx 系列协议，其中，TS 是 Technical Specification，属技术协议细则类型，如 LTE 系统整体描述报告（TS 36.300）。

随后，LTE 通过国际电信联盟（ITU）的认证，成为国际通用标准。

LTE 标准各版本的制定进程如图 1-3 所示。

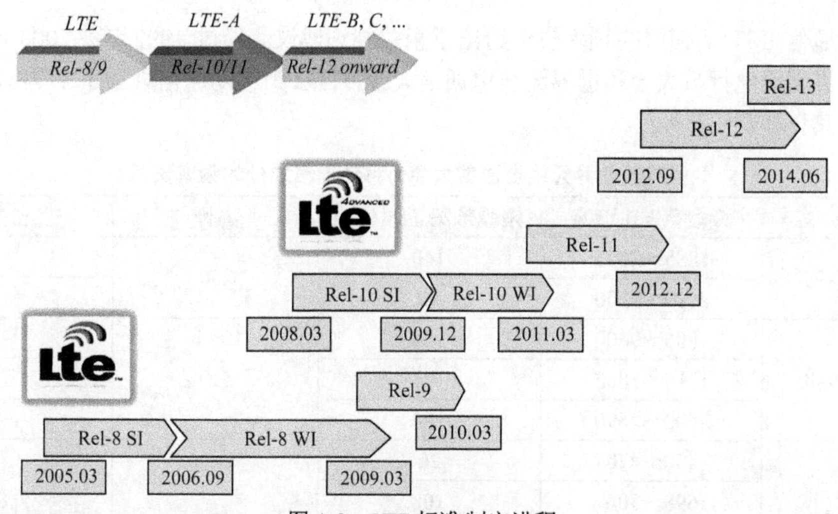

图 1-3　LTE 标准制定进程

LTE 及 LTE-A 的特性和标准化持续完善和演进，随着组网技术的研究和产业化能力的不断提高，网络与设备性能逐步提升和优化。LTE 各版本采用的主要新技术如图 1-4 所示。

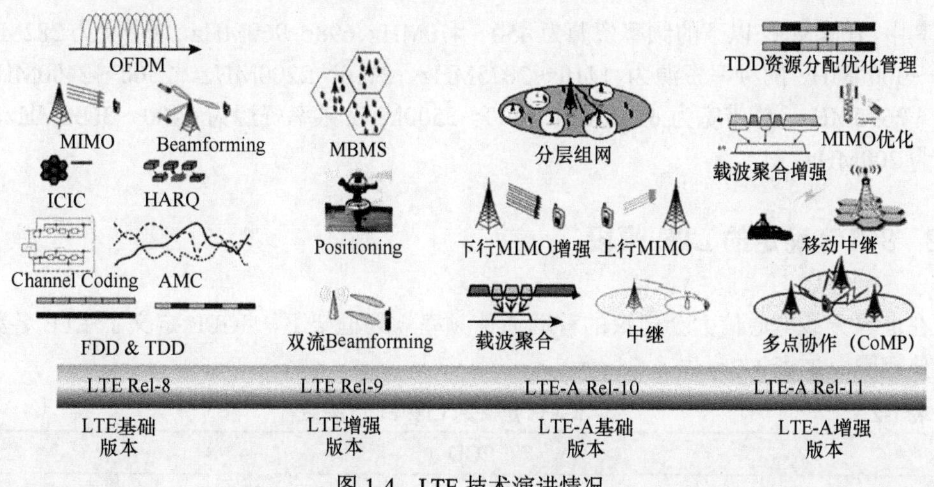

图 1-4　LTE 技术演进情况

在 3GPP 制定 LTE 技术规范的过程中，中国、日本、美国、欧洲等多个国家和地区的企业均参与其中。据统计，高通、爱立信、诺西、三星、阿尔卡特朗讯、NTT Docomo、Vodafone、华为、中兴、大唐等企业均提供了相关技术文稿。

1.3　LTE 频谱规划

1.3.1　世界无线电通信大会规划的移动通信频谱

频率是移动通信最重要的基础资源，为了协调各国的频率，国际电信联盟（ITU）针对蜂窝移动通信 IMT 所使用的频率资源给出了相关规划建议。经过 1992 年、2000 年、2007 年三届世界无线电行政大会和世界无线电通信大会，ITU 为移动通信规划了 1177MHz 的频率资源，具体如表 1-1 所示。

表 1-1　历届世界无线电通信大会为移动通信划分的频率资源

大会名称	频段范围(MHz)	频段带宽（MHz）	小计	备注
WARC-92	1885～2025	140	230	
	2110～2200	90		
WRC-2000	806～960	154	519	
	1710～1885	175		
	2500～2690	190		
WRC-07	450～470	20	428	在部分区域使用 790～862MHz
	698～806	108		
	2300～2400	100		
	3400～3600	200		
合计	1177MHz			

其中，1000MHz 以下的频率资源为 450～470MHz、698～960MHz，总带宽为 282MHz；1000～3000MHz 的频率资源为 1710～2025MHz、2110～2200MHz、2300～2400MHz、2500～2690MHz，总带宽为 695MHz；3000～3500MHz 频率资源为 3400～3600MHz，总带宽为 200MHz。

1.3.2　3GPP 确定的 LTE 频段

在世界无线电通信大会建议的移动通信频率规划框架下，3GPP 定义了 LTE 各频段的具体范围，如表 1-2～表 1-5 所示。

表 1-2　3GPP 定义的 LTE FDD 频段

FDD		
频段编号	频段名称	频率范围（MHz）
Band 1	IMT Core Band	1920～1980/2110～2170
Band 2	PCS 1900	1850～1910/1930～1990
Band 3	1800	1710～1785/1805～1880
Band 4	AWS	1710～1755/2110～2155
Band 5	850	824～849/869～894
Band 6	850（Japan #1）	830～840/875～885
Band 7	IMT Extension	2500～2570/2620～2690
Band 8	900	880～915/925～960
Band 9	1700（Japan #2）	1749.9～1784.9/1844.9～1879.9
Band 10	3G Americas	1710～1770/2110～2170

（续表）

FDD		
频段编号	频段名称	频率范围（MHz）
Band 11	1500（Japan #3）	1427.9～1447.9/1475.9～1495.9
Band 12	US 700 Lower A，B，C	699～716/729～746
Band 13	US 700 Upper C	777～787/746～756
Band 14	US 700 Upper D	788～798/758～768
Band 17	US 700 Lower B，C	704～716/734～746
Band 18	850（Japan #4）	815～830/860～875
Band 19	850（Japan #5）	830～845/875～890
Band 20	CEPT 800	832～862/791～821
Band 21	1500（Japan #6）	1447.9～1462.9/1495.9～1510.9
Band 23	US S-band	2000～2020/2180～2200
Band 24	US L-Band	1626.5～1660.5/1525～1559
Band 25	PCS 1900G	1850～1915/1930～1995
Band 26	E850	814～849/859～894

表 1-3 3GPP 定义的 LTE TDD 频段

TDD		
频段编号	频段名称	频率范围（MHz）
Band 33	TDD 2000 lower	1900～1920
Band 34	TDD 2000 upper	2010～2025
Band 35	TDD 1900 lower	1850～1910
Band 36	TDD 1900 upper	1930～1990
Band 37	PCS Center Gap	1910～1930
Band 38	IMT Extension Gap	2570～2620
Band 39	China TDD	1880～1920
Band 40	2300	2300～2400
Band 41	US 2600	2500～2690

表 1-4 3GPP 正在研究的 LTE FDD 频段

FDD Work in Progress		
频段编号	频段名称	频率范围（MHz）
Band 22	3500	3410～3490/3510～3590
待定	850 lower	806～824/851～869
待定	APT 700 LTE	703～748/758～803

表 1-5　　3GPP 正在研究的 LTE TDD 频段

TDD Work in Progress		
频段编号	频段名称	频率范围（MHz）
Band 42	3500	3400～3600
Band 43	3700	3600～3800
待定	APT 700	698～806

1.3.3　我国移动通信频谱

我国政府积极推进移动通信的发展，尤其重视推动自主产权技术标准的发展。2012 年 10 月在迪拜世界电信展期间召开的 TD-LTE 研讨会上，中国工信部无线电管理局谢存副局长介绍了我国新一代移动宽带技术频率资源的规划方案，并表示："中国已经决定将 2.6GHz 频段的 2500～2690MHz，全部 190MHz 频率资源规划为 TDD 频谱。"2013 年 11 月 19 日，在泰国举行的"TD-LTE 技术与频谱研讨会"上，中国工信部无线电管理局局长谢飞波在主题演讲中对我国 TDD 频谱规划使用做了详细的说明，明确了分配 TD-LTE 频谱给各家运营商：中国移动获得 130MHz 频谱资源，分别为 1880～1900MHz、2320～2370MHz、2575～2635MHz；中国联通获得 40MHz 频谱资源，分别为 2300～2320MHz、2555～2575MHz；中国电信获得 40MHz 频谱资源，分别为 2370～2390MHz、2635～2655MHz。具体的频段分配如图 1-5 所示。

中国移动	中国联通	中国移动	中国电信	中国联通	中国移动	中国电信
1880～1900MHz	2300～2320MHz	2320～2370MHz	2370～2390MHz	2555～2575MHz	2575～2635MHz	2635～2655MHz

图 1-5　TD-LTE 正式频段分配示意

谢飞波局长同时表示，中国政府正在积极考虑 1.4GHz、3.5GHz 用于 TDD 后续发展。2013 年 12 月 4 日，工信部向中国移动、中国电信、中国联通三家运营商发放了 TD-LTE 牌照。这都表明了我国政府推动 TD-LTE 产业发展的巨大决心。

我国 LTE 牌照发放原则是"混合牌照"、"先 TDD，后 FDD"、"共建共享"。TDD 与 FDD 的融合组网已经成为全球移动通信的重要发展方向，随着 TD-LTE 产业链的成熟，FDD 牌照的发放也必将提上日程。需要注意的是，目前用在 2G、3G 网络上的 FDD 频谱在 2G、3G 退网以后也可以用于 LTE FDD。因此，在分析频率资源时，应统筹考虑在用的频谱和新分配的频谱。

表 1-6 是我国陆地移动通信频谱一览表。

表 1-6 我国陆地移动通信频谱一览表（单位：MHz，截至 2013 年 12 月）

序号	频段名称	频段范围	频段带宽	双工方式	对应3GPP频段	频率分配				备注
						范围	带宽	单位	应用	
1	450M Hz频段	450～470	20	TDD	—	450～470	20	公众	集群通信	
2	700M Hz频段	698～806	108	TDD	APT700	698～806	108	广电	电视	
3	800M Hz频段	821～840/866～885	19×2	FDD	Band 5	821～825/866～870	4×2	铁道	铁路通信	
						825～835/870～880	10×2	中国电信	cdma2000 1x & EV-DO	
						835～840/880～885	5×2	长城	CDMA	
4	900M Hz频段	885～915/930～960	30×2	FDD	Band 8	885～890/930～935	5×2	铁道	铁路通信	EGSM 频段
						890～909/935～954	19×2	中国移动	GSM	
						909～915/954～960	6×2	中国联通	GSM	
5	1.8G Hz频段	1710～1785/1805～1880	75×2	FDD	Band 3	1710～1735/1805～1830	25×2	中国移动	GSM	
						1735～1740/1830～1835	5×2	未分配	—	
						1740～1755/1835～1850	15×2	中国联通	GSM	
						1755～1785/1850～1880	30×2	未分配	—	
6	1.9G Hz频段（F频段）	1880～1920	40	TDD	Band 39	1880～1900	20	中国移动	TD-SCDMA/TD-LTE	
						1900～1920	20	南方电信/北方联通	小灵通	事实在用
7	2G Hz频段（A频段）	2010～2025	15	TDD	Band 34	2010～2025	15	中国移动	TD-SCDMA	
8	2.1G Hz频段	1920～1980/2110～2170	60×2	FDD	Band 1	1920～1935/2110～2125	15×2	中国电信	cdma2000 1x EV-DO	3G 阶段暂未启用该频段
						1935～1940/2125～2130	5×2	未分配	—	
						1940～1955/2130～2145	15×2	中国联通	WCDMA	
						1955～1980/2145～2170	25×2	未分配	—	

（续表）

序号	频段名称	频段范围	频段带宽	双工方式	对应3GPP频段	频率分配				备注
						范围	带宽	单位	应用	
9	2.3G Hz频段（E频段）	2300～2400	100	TDD	Band 40	2300～2320	20	中国联通	TD-LTE	与无线电定位业务共用，运营商一般用于室内
						2320～2370	50	中国移动	TD-SCDMA/TD-LTE	
						2370～2390	20	中国电信	TD-LTE	
						2390～2400	10	未分配	—	
10	2.6G Hz频段（D频段）	2500～2690	190	TDD	Band 41	2500～2555	55	未分配	—	该频段又对应3GPP FDD Band 7和TDD Band 38
						2555～2575	20	中国联通	TD-LTE	
						2575～2635	60	中国移动	TD-LTE	
						2635～2655	20	中国电信	TD-LTE	
						2655～2690	35	未分配	—	

截至2013年12月，中国移动、中国联通、中国电信三大运营商获得的移动通信频率资源统计如表1-7（未计中国电信和中国联通小灵通在用的1900～1920MHz频段）所示。

表1-7　我国三大运营商移动通信频率资源统计

（单位：MHz，截至2013年12月）

运营商	TDD	FDD	合计	占比
中国移动	145	88	233	54%
中国联通	40	72	112	26%
中国电信	40	50	90	21%
合计	225	210	435	100%

1.4 产业发展进程

目前，全球LTE商用网络正在加速推进，整个产业链也在逐步走向成熟，其在下一代移动通信市场中的主导地位已经确立。在北美地区，美国已经成为全球LTE网络覆盖面最广、用户数最多的国家；加拿大、墨西哥也纷纷宣布全面商用LTE。在欧洲地区，英国、俄罗斯、荷兰等国家均部署了LTE网络。在亚太地区，日本、韩国是发展LTE最抢眼的国家，新加坡、菲律宾、老挝等国家也已宣布提供LTE商用服务。我国政府于2013年12月4日向中国移动、中国电信、中国联通三家运营商发放了 4G（TD-LTE）牌照，其中中国移动正在建设全球最大的 TD-LTE 网络，中国电信正在建设 TD-LTE 与 LTE FDD 混合组网的试验网，中国联通也在为 LTE 的建设做准备。

1. LTE 网络部署加快

据统计，截至 2013 年 12 月初，已有 499 家运营商在 143 个国家进行 LTE 产业的投资，包括在 134 个国家部署的 448 张 LTE 网络以及将在 9 个国家中展开试验的 51 个 LTE 网络。在已部署的 448 张 LTE 网络中，已有 244 个 LTE 商用网络在 92 个国家提供服务。

在上述 LTE 网络中，已经商用的 TD-LTE 网络有 25 张，另有 46 张 TD-LTE 商用网络正在部署或规划。

到 2013 年年末，全球 LTE 商用网络部署数量达到 260 张，如图 1-6 所示，比上一年增速高达 78%。

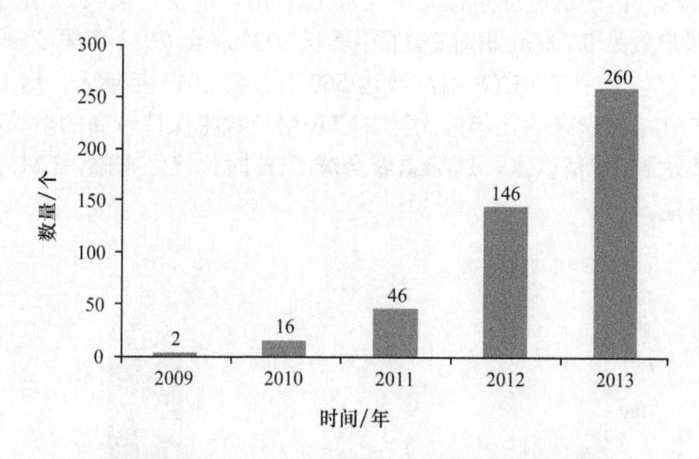

图 1-6　2009～2013 年全球 LTE 商用网络部署数量

2. 多国运营商积极推进 LTE 网络建设

随着移动宽带的快速发展、LTE 技术的不断成熟以及产业链的不断完善，全球主要运营商均积极部署 LTE 网络。现阶段，包括美国 Verizon、AT&T、Sprint，英国 UK broadband 和 Vodafone，日本 NTT Docomo、软银、KDDI，韩国 SK 电讯和韩国电信、波兰 Aero2，澳大利亚 NBN Co，俄罗斯 Mega Fon 和 MTS，荷兰 KPN 等运营商均已经开始部署 LTE 网络。此外，新加坡 Star Hub、菲律宾 Smart 通信、老挝电信 LTC 也已宣布商用 LTE 服务。

3. LTE 终端设备款数激增，智能手机占据最大比重

截至 2013 年 11 月，LTE 终端设备的款数达到了 1240 款（其中有 274 款可工作于 LTE-TDD 模式），如图 1-7 所示，终端制造商达到了 120 家。相对去年同期，LTE 新增款数为 680 款，增长率为 121%；终端生产厂家数量较 2012 年也大幅增加，增长率为 44%。在现有 LTE 终端设备款式中，智能手机占据 455 款（其中 TDD 智能手机 43 款），占据设备类型的比例为 36%，为占据份额最大的终端产品。同时，99%的 LTE 智能手机也可在 3G 网络模式（HSPA/HSPA+或 EV-DO 或 TD-SCDMA 技术）下工作。

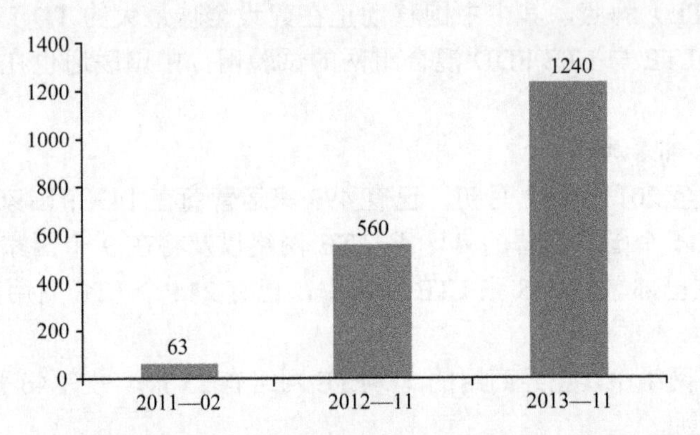

图 1-7 2011～2013 年全球 LTE 终端设备款数统计（单位：款）

4. 全球进入 LTE 用户数量快速增长时期

LTE 在世界范围内的迅速应用推动了全球 LTE 用户的快速增长。如图 1-8 所示，2012 年，全球 LTE 用户数为 0.7 亿，相对 2011 年增长 323%；至 2013 年第 3 季度，全球 LTE 用户数已达 1.57 亿，其中 TD-LTE 用户数达 500 万；到 2013 年年末，这一数字达到 1.9 亿，增长率为 176%。在未来的几年内，全球 LTE 用户数将保持较高的增长率，预计 2016 年，LTE 用户将达到 10 亿以上。这标志着全球 LTE 时代已经来临，LTE 用户数量已经进入快速增长时期。

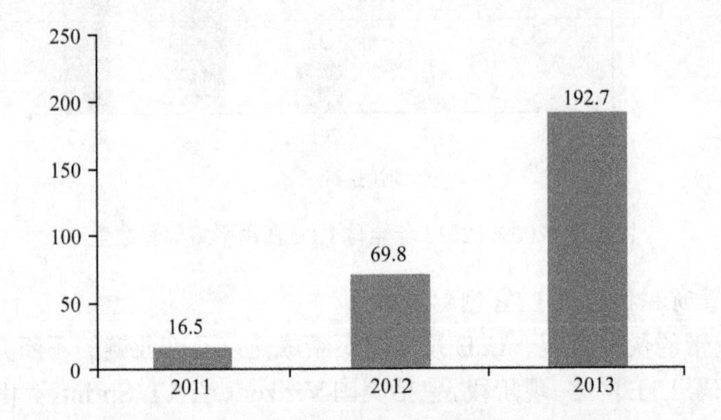

图 1-8 2011～2013 年全球 LTE 用户数量统计（单位：百万户）

第 2 章　LTE 关键技术

2.1　多址接入

传输技术和多址技术是无线通信技术的基础。传统的通信系统采用单载波传输（如 GSM），这种系统在数据速率不高时，信号带宽小于信道的相干带宽，接收端符号间干扰（ISI）不严重，只要采用简单的均衡器（Equalizer）就可以消除符号间干扰。随着数据速率的提高，信号带宽大于信道的相关带宽，均衡器的抽头数量和运算的复杂性提高，采用均衡器已经无法消除 ISI。为了解决这一问题，LTE 系统采用了多载波传输技术，下行采用正交频分多址（OFDMA，Orthogonal Frequency Division Multiple Access），上行采用单载波频分多址（SC-FDMA，Single Carrier Frequency Division Multiple Access），保证了不同频谱资源用户之间的正交性，以提高频谱效率，降低符号间干扰。

2.1.1　OFDMA

OFDMA 的技术基础是正交频分复用技术（OFDM，Orthogonal Frequency Division Multiple）。OFDM 技术被公认为是未来移动通信的核心技术，成为现在及未来的研究方向。OFDMA 一个传输符号包括 N 个正交的子载波，实际传输中，这 N 个正交的子载波是以并行方式进行传输的，真正体现了多载波的概念。

从频域上看，多载波传输将整个频段分割成许多子载波，将频率选择性衰落信道转化为若干平坦衰落子信道，从而能够有效地抵抗无线移动环境中的频率选择性衰落。由于子载波重叠占用频谱，OFDMA 能够提供较高的频谱利用效率和较高的信息传输速率。通过给不同的用户分配不同的子载波，OFDMA 提供了天然的多址方式，并且由于占用不同的子载波，用户间相互正交，没有小区内干扰。

从时域上看，多载波传输技术通过把高速的串行数据流变成多个低速并行的数据流，同时去调制多个载波，这样在每个载波上的符号宽度增加，由于信道时延扩展引起的 ISI 减小，同时，由衰落或干扰引起接收端的错误得以分散。

OFDM 将串行数据并行地调制在多个正交的子载波上，这样可以降低每个子载波的码元速率，增大码元的符号周期，提高系统的抗衰落和干扰能力。同时由于每个子载波的正交性，大大提高了频谱的利用率，所以非常适合移动场合中的高速传输，如图 2-1 所示。

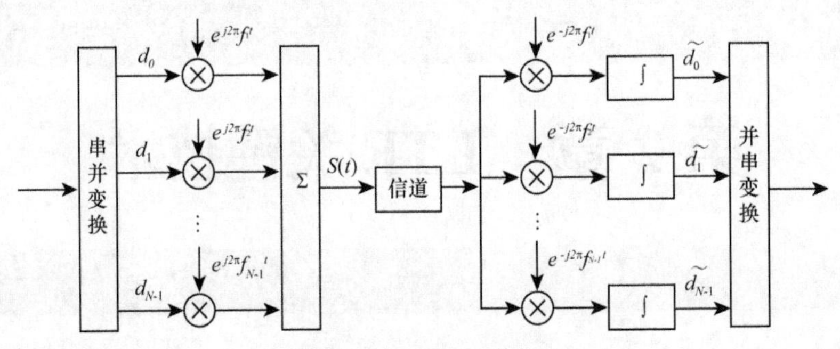

图 2-1　OFDM 原理

无线多径信道会使通过它的信号出现多径时延，这种多径时延如果扩展到下一个符号，就会造成符号间串扰，严重影响数字信号的传输质量。采用 OFDM 技术的最主要原因之一，是它可以有效地对抗多径时延扩展。通过把输入的数据流经过串/并变换分配到 N 个并行的子信道上，使得每个用于去调制子载波的数据符号周期可以扩大为原始数据符号周期的 N 倍，因此时延扩展与符号周期的比值也同样可降低为 $1/N$。在 OFDM 系统中，为了最大限度地消除符号间干扰，可以在每个 OFDM 符号之间插入保护间隔，而且该保护间隔的长度 T_g 一般要大于无线信道的最大时延扩展，这样一个符号的多径分量就不会对下一个符号造成干扰。

当多径时延小于保护间隔时，可以保证在 FFT（Fost Fourier Transformation，快速傅里叶变换）的运算时间长度内，不会发生信号相位的跳变。因此，OFDM 接收机所接收到的仅仅是存在某些相位偏移的、多个单纯连续正弦波形的叠加信号，这种叠加不会破坏子载波之间的正交性。然而，如果多径时延超过了保护间隔，则在 FFT 运算时间长度内可能会出现信号相位的跳变，因此在第一路径信号与第二路径信号的叠加信号内就不再只包括单纯的连续正弦波形信号，从而导致子载波之间的正交性有可能遭到破坏，就会产生信道间干扰（ICI），使得各载波之间产生干扰。

为了消除由于多径传播造成的信道间干扰（ICI），一种有效方法是将原来宽度为 T 的 OFDM 符号进行周期扩展，用扩展信号来填充保护间隔。我们将保护间隔内（持续时间用 T_g 表示）的信号称为循环前缀（Cyclic Prefix，CP）。在实际系统中，当 OFDM 符号送入信道之前，首先要加入循环前缀，然后进入信道进行传送。在接收端，首先将接收符号开始的宽度为 T_g 的部分丢弃，然后将剩余的宽度为 T 的部分进行傅里叶变换，再进行解调。在 OFDM 符号内加入循环前缀可以保证在一个 FFT 周期内，OFDM 符号的时延副本内所包含的波形周期个数也是整数，这样，时延小于保护间隔 T_g 的时延信号就不会在解调过程中产生信道间干扰（ICI），如图 2-2 所示。

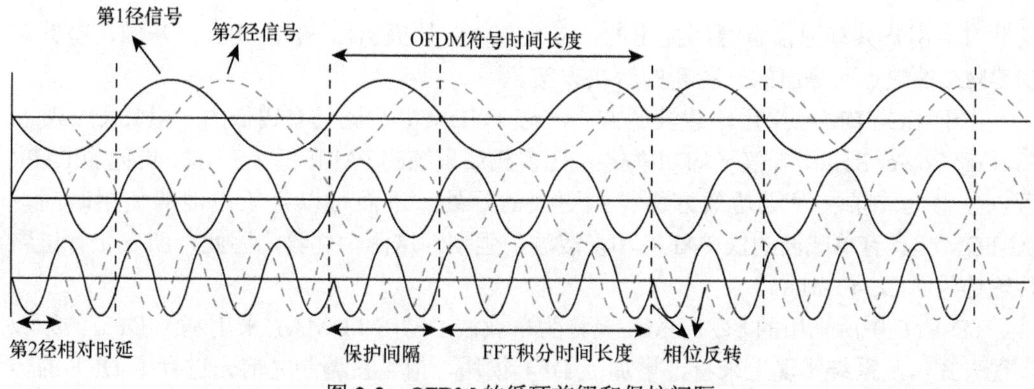

图 2-2　OFDM 的循环前缀和保护间隔

综上所述，一个完整的 OFDM 系统原理如图 2-3 所示。源信号在进行信道编码、交织后，插入 CP，采用 OFDM 调制技术进行多载波调制，输入已经过调制的复信号经过串 / 并变换后，进行 IDFT（DFT 逆变换）或 IFFT（FFT 逆变换）和并 / 串变换，然后插入保护间隔，再经过数 / 模变换后形成 OFDM 调制后的信号 $s(t)$。再经过模数变化经由天线发射出去。该信号经过信道后，接收到的信号 $r(t)$ 经过模 / 数变换，去掉保护间隔，以恢复子载波之间的正交性，再经过串 / 并变换和 DFT（Discrete Fourier Transform，离散傅里叶变换）或 FFT 后，恢复出 OFDM 的调制信号，再经过并 / 串变换后还原出输入符号。

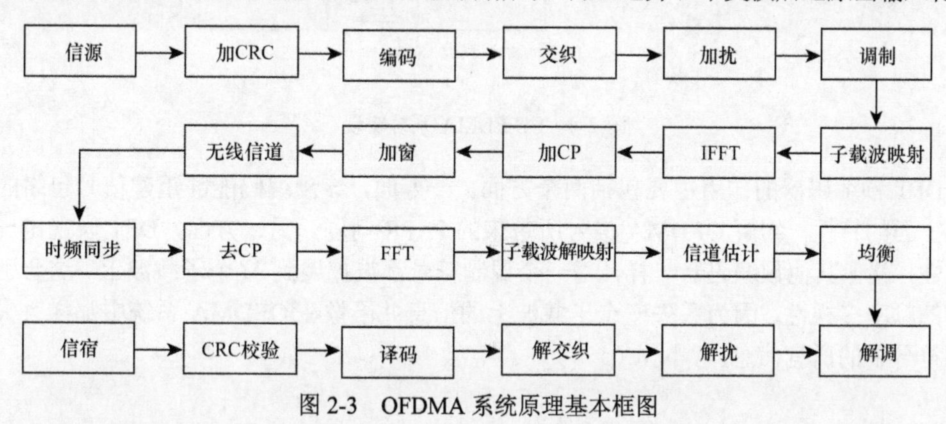

图 2-3　OFDMA 系统原理基本框图

尽管 OFDM 技术在频谱效率提高和干扰消除等方面有其独特的优势，但是也应该看到：由于 OFDM 的子载波互相交叠，只有保证接收端精确的频率取样才能避免子载波间干扰。这样带来了 OFDM 对频率偏移的敏感；同时，由于 OFDM 的子载波正交性要求信号落入 FFT 窗口内，提高了对时间同步的要求。OFDM 发送端的输出信号是多个子载波相加的结果，目前应用的子载波数量从几十个到几千个，如果各个子载波同相位，相加后就会出现很大的幅值，即调制信号的动态范围很大，高峰均比的特性对后级 RF 功率放大器的设计提出了很高的要求。

2.1.2　SC–FDMA

和其他多址接入方式（TDMA、FDMA、CDMA、OFDMA）一样，SC-FDMA 主要

是针对多用户共享通信资源所提出的。SC-FDMA 的提出以 OFDMA 为基础，是针对 OFDMA 的缺点而提出的一种新的解决方案。

由于 SC-FDMA 采用单载波的方式，与 OFDMA 相比具有较低的 PAPR（Peak to Average Power Ratio，峰值平均功率化），比多载波系统的 PAPR 低 1～3dB。更低的 PAPR 可以使移动终端在发送功效方面得到更大的好处，进而可以延长电池的使用时间。SC-FDMA 具有单载波的低 PAPR 和多载波的强韧性这两大优势，因此，LTE 上行链路传输选用了 SC-FDMA。

TD-LTE 中所采用的 SC-FDMA 又称为单载波 DFT-S-FDMA，采用基于 DFT 的频域实现方式，从系统实现上来看，增加了 DFT 模块，信号在调制之前先进行了 DFT 的转换，从时域变换到频域，再映射到频域的子载波上，解决了 OFDM 系统在 N 点 IDFT 输出端的每个符号作为 M 个独立变量的和，并且会逐渐地逼近高斯形态形成高包络变量的问题，其他处理与 OFDM 完全一致，如图 2-4 所示。

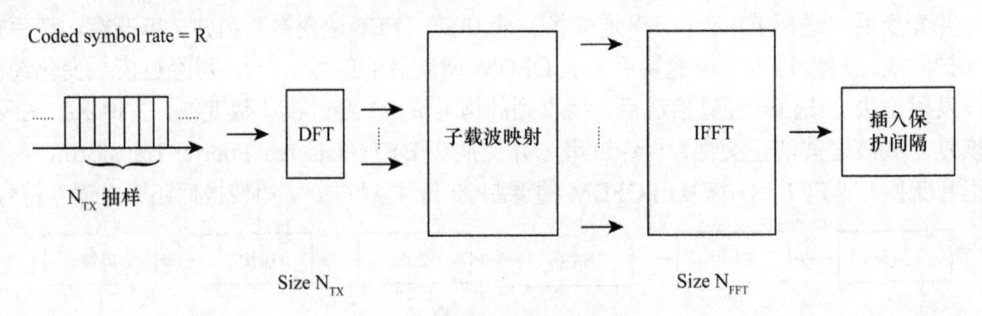

图 2-4 SC-FDMA 系统实现

DFT 预编码器的作用主要包括两个方面。一方面，该预编码能够重建信号包络的单载波方面的特性，缓解 OFDMA 信号所带来的 PAPR 问题。另一方面，DFT 表现出一种扩散性，就像其他预编码器一样，每一个调制符号都被扩展到 M 个子载波上。这会引入内建的频率多样性，因为丢失一个子载波上的信息并不像在 OFDMA 系统中那样丢失该调制符号中的所有信息。

2.2 MIMO 与智能天线

多天线是在密集多径散射环境中，在发射机和（或）接收机侧部署多根天线的技术，以获得用于对抗信号衰落的分集增益实现覆盖改善或者实现容量改善。TD-LTE 规定了 3 类多天线技术：MIMO（多入多出）、波束成形和分集方法。对提升信号鲁棒性、实现 LTE 系统性能要求来说，这 3 种技术都非常关键。

2.2.1 智能天线

智能天线通常被定义为一种安装于移动无线接入系统基站侧的天线阵列，通过一组带有可编程电子相位关系的固定天线单元，获取基站和移动台之间各个链路的方向特性。

不同天线单元对信号施以不同的权值，然后相加，产生一个输出信号，利用波的干涉原理可以产生强方向性的辐射方向图。采用数字信号处理方法在基带进行处理，使得辐射方向图的主瓣自适应地指向用户来波方向（DOA，Direction of Arrival），旁瓣或零陷对准干扰信号到达方向，达到高效利用移动用户信号并消除或抑制干扰信号的目的，以此来提高信号的载干比，降低发射功率，提高系统覆盖范围。同时，智能天线技术利用各个移动用户间信号空间特征的差异，通过阵列天线技术在同一信道上接收和发射多个移动用户信号而不发生相互干扰，使无线电频谱的利用和信号的传输更为有效。

智能天线子系统主要包括智能天线阵、射频前端模块（包括线性功率放大器、低噪放和监测控制电路）、射频段通滤波器、电缆系统（射频电缆、控制电缆以及射频防雷模块、低频防雷电路）。

TD-SCDMA 系统由于上下行无线链路使用同一载频，因此无线传播特性近似相同，能够很好地支持智能天线技术，智能天线的使用增加了 TD-SCDMA 的无线容量。智能天线利用用户空间位置的不同来区分用户，在相同时隙、相同频率或相同地址码的情况下，仍然可以根据信号不同的空间传播路径来区分。

TD-SCDMA 系统采用的是自适应智能天线阵，其中天线阵列单元的设计、下行波束赋形算法和上行来波方向预估是其核心技术。TD-SCDMA 系统通过智能天线主要实现两种波束：广播波束和业务波束。广播波束是在广播时隙形成，实现对整个小区的广播，所以要求波束宽度很宽，尽量做到小区无缝隙覆盖。业务波束是在建立具体的通话链路后形成，也就是形成跟踪波束，它会针对每一个用户形成一个很窄的波束，这些波束会紧紧地跟踪用户。由于波束很窄，因此能量比较集中。在相同功率情况下，智能天线能将有用信号强度增加，同时减小对其他方向用户的干扰，由于智能天线能很好地集中信号，所以发射机可以适当地减小发射功率。

在 TD-LTE 系统中，为智能天线应用进行了专门的标准化设计，定义了专门的传输模式。如 3GPP R8 支持的基于端口 5 专用导频的传输模式 TM7、3GPP R9 支持的基于端口 7 和端口 8 专用导频的传输模式 TM8，分别支持单流波束赋形技术和双流波束赋形技术。

所谓单流波束赋形，其实就是普通的智能天线波束赋形在 LTE 中的应用；所谓双流波束赋形，简单地说，就是多天线信道奇异值分解算法的典型应用。根据 3GPP 协议，在 LTE 系统的 eNodeB 端，通过智能天线技术，利用专用导频来实现波束赋形可提高系统的峰值速率，提升边缘用户吞吐量，提高小区覆盖范围。尤其是在智能天线与 MIMO 多天线结合后产生的双流波束赋形技术中，单用户的波束赋形可使单用户获得空间复用增益；在多用户波束赋形方式中，则可使系统获得多用户的分集增益。

2.2.2　波束赋形

波束赋形技术以天线阵列技术为基础，其主要原理是利用空间的强相关性及波的干涉原理产生强方向性的辐射方向图，使辐射方向图的主瓣自适应地指向用户来波方向，从而提高目标性噪比、系统容量或者覆盖范围，同时波束赋形能使移动台以更小的发射功率与宏基站建立通信。

在 TD-SCDMA 系统中，对干扰的抑制作用主要是通过智能天线的波束赋形实现的。

（1）波束赋形使得基站能针对不同的用户接收和发射很高的指向性，因此用户间的干扰在空间上能够得到很好的隔离；

（2）波束赋形对用户间干扰的空间隔离，明显增加了系统容量，结合联合检测技术，使得 TD-SCDMA 能够实现满码道配置；

（3）波束赋形能够实现广播波束宽度的灵活调整，使得 TD-SCDMA 在网络优化过程中小区广播覆盖范围的调整可以通过软件算法实现，从而明显提高了网优效率；

（4）通过对天线阵进行波束赋形，使得下行信号能够对准某个或多个不同位置的用户，这等效于提高了发射机的有效发射功率。

如前所述，波束赋形是 TD-LTE 所采用的三大多天线技术之一。TD-LTE 专门定义了针对波束赋形的标准传输模式：单流波束赋形技术和双流波束赋形技术。

单流波束赋形：支持基于专用导频的智能天线波束赋形，即单流波束赋形技术。在传输过程中，UE 需要通过对专用导频的测量来估计波束赋形后的等效信道，并进行相干检测。为了能够估计波束赋形后的传输所经历的信道，基站必须发送一个与数据同时传输的波束赋形参考信号，这个参考信号是 UE 专用的，也叫 UE 专有导频，走天线端口 5，用于 TM7 的业务解调。图 2-5 所示的波束赋形流程中，层映射与预编码都只是简单的一对一的映射，后面生成的波束赋形当然也相对简单。

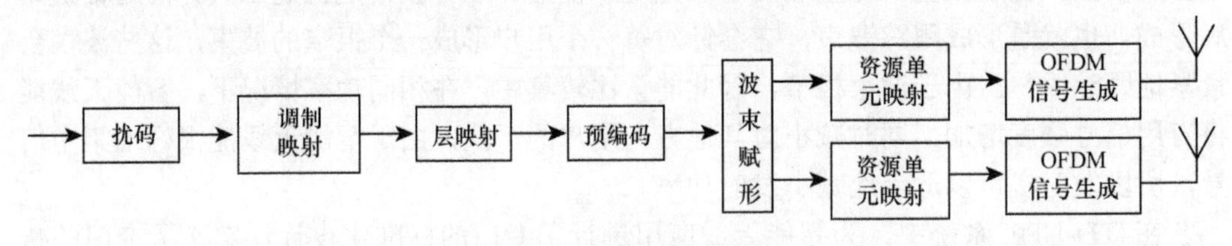

图 2-5 波束赋形流程

双流波束赋形：R9 版本引入了新的控制信令和天线配置（8×2），将波束赋形扩展到了双流传输，实现了波束赋形与 MIMO 空间复用技术的结合，即双流波束赋形技术。双流波束赋形应用可分为单用户波束赋形和多用户波束赋形。在双流波束赋形中，eNodeB 根据上行信道信息计算两个赋形矢量，利用该赋形矢量对要发射的两个数据流进行下行赋形。通过端口 7 和端口 8 分别发射两个参考信号给用户。对于单用户在某一时刻可以进行两个数据流传输，同时获得赋形增益和空间复用增益；对于多用户，可以利用智能天线的波束定向原理，实现多用户的空分多址。

2.2.3 MIMO

多入多出（MIMO）是指在发送端有多根天线，接收端也有多根天线的通信系统。一般将在发射端和接收端中的某一端拥有多天线的多入单出（MISO）、单入多出（SIMO）也看作是 MIMO 的一种特殊情况。

图 2-6 给出了 4 种基本的无线信号发射—接收模型，每个箭头表示两根天线之间所有信号路径的组合，包括直接视线（LOS）路径（应当存在一个），以及由于周围环境的

反射、散射和折射产生的大量多径信号。图 2-6 中包含：

（1）SISO（Single Input Single Output）；

（2）SIMO（Single Input Multiple Output）；

（3）MISO（Multiple Input Single Output）；

（4）MIMO（Multiple Input Multiple Output）。

后 3 种是通常称为的多天线技术。TD-LTE 系统的发射机天线数量配置为 1、2、4，接收机天线数量配置为 1、2、4，典型配置为下行链路 2×2，上行链路 1×2。同时，TD-LTE 系统支持采用 8 天线的智能天线技术。

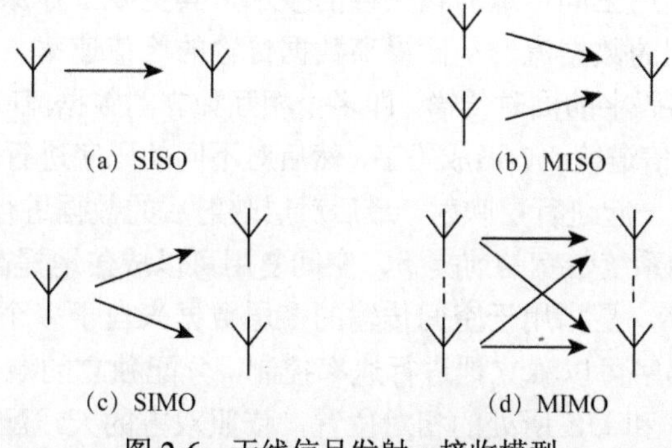

图 2-6 无线信号发射—接收模型

我们所说的 MIMO 通常指两个或多个发射天线和两个或多个接收天线的模式。该模式并非 MISO 和 SIMO 的简单叠加，因为多个数据流在相同频率和时间被同时发射，所以充分利用了无线信道内不同路径的优势。MIMO 系统内的接收器数必须不少于被发射的数据流数。

MIMO 在 LTE 中的应用模式主要有两种，一种用于提高链路质量，即 MIMO 空间分集；一种用于提高数据传输速率，即 MIMO 空分复用。

1. 空间分集

空间分集主要是利用空间信道的弱相关性，结合时间或频率上的选择性，为信号的传递提供更多副本，提高信号传输的可靠性，从而改善接收信号的信噪比。

在低速移动通信的场景中，多径效应与时变性可导致信号相位叠加后畸变失真，从而使得接收端无法正确解调。应用空间分集技术可以为接收机提供其他衰减程度较小的信号副本，其基本原理是将接收端多个不相关的信号按一定规则合并起来，使得组合后能还原信号本身。

空间分集技术可以分为发射分集和接收分集两种。发射分集就是在发射端使用多副发射天线发射相同的信息，接收端获得比单天线高的信噪比。接收分集则是多个天线接收来自多个信道的承载同一信息的多个独立的信号副本，由于信号不可能同时处于深衰落情况中，因此在任一给定的时刻至少可以保证有一个强度足够大的信号副本提供给接收机使用。实践证明，在发射端使用两副天线发送信号与接收端使用两副天线接收信号可以获得相同的分集增益。

为了进一步增强抗衰落效果，可以对信息本身进行处理，如在调整循环时延分集技术中，创建不同时延的信息副本，然后通过不同天线与原信息一同发送；又如在空时或空频分组码技术中，在第一根天线上传输原信号，在第二根天线上传输原信号的交织、共轭或取反后的副本信息。另外也可以将串并处理后的信号调制在不同的子载波上，然后在不同天线中进行发射。

目前具有代表性的LTE空间分集技术主要有空时/频分组编码（ST/FBC）、循环延时分集（CDD）和天线切换分集3种。

2. 空分复用

LTE实现MIMO技术的关键在于有效避免天线之间的干扰（IAI），区分多个并行的数据流，为此需要采用基于多码字传输的空间复用技术。

空间复用是一种利用空间信道弱相关性的技术，其主要工作原理是在多个相互独立的空间信道上传输不同的数据流，从而提高数据传输的峰值速率。

空间复用是基于多码字的同时传输，即多个相互独立的数据流映射到不同的层：对于来自上层的数据，进行信道编码，形成码字，然后对不同的码字进行调制，产生调制符号，再将这些调制信号组合一起进行层映射，最后对层映射后的数据进行预编码，映射到天线端口上发送。在不增加系统带宽的前提下，空间复用可以成倍地提高系统传输速率。

上面所说的多码字，是指用于空间传输的多层数据来自于多个不同的独立进行信道编码的数据流，每个码字可以独立地进行速率控制，分配独立的混合重传请求（HARQ）进程。EPC按eNodeB和UE所处的相对位置，依照双方的天线配置为其选择合适的传输模式，通过闭环或开环的空间复用匹配时变的信道，通过增加系统的自由度来谋求频谱效率的极大化。

3. 预编码

在点对多点的广播信道中，由于各用户在地理位置上的差异，不能协同接收，当各用户间的接收信号存在干扰时，也不能采用多用户检测的方法来避免干扰。因此解决无线通信多用户MIMO广播信道多用户干扰问题的主要方法是采用预编码技术。

如前所述，MIMO信道可以等效为多个并行的子信道，系统容量与各个子信道的特征值有关。如果发射机能提前通过某种方式获得一定的信道状态信息（CSI），就可以通过一定的预处理方式对各个数据流的功率/速率乃至发射方向进行优化，并有可能通过预处理在发射机预先消除数据流之间的部分或全部干扰，以获得更好的性能，这就是所谓的预编码技术。

在预编码系统中，发射机可以根据信道条件，对发送信号的空间特性进行优化，使发送信号的空间分布特性与信道条件相匹配，以降低对算法的依赖程度，获得较好的性能。预编码可以采用线性或非线性方法，目前无线通信系统中只考虑线性方式。线性方式处理时所采用的矩阵被称为预编码矩阵。根据使用的预编码矩阵集合的特点，可以将预编码分类为非码本方式的预编码和基于码本的预编码。基于码本的预编码有预先设定的码本，可用的矩阵只能从码本中选取，并由UE反馈矩阵编号；相对应的，非码本方式的预编码，并不对可选用的预编码矩阵个数进行限制，利用获取的信道信息生成所需预编码矩阵，由于减少了上行反馈开销，有利于下行矩阵的灵活选择。

LTE Rel-08中定义了基于码本预编码的多用户MIMO传输模式（模式6），其下行波束成形和解调基于公用参考信号，采用单用户MIMO优化的码本，每个用户的发送预编码的矢量从固定的码本中选取。由于没有与其共同调度的用户相关的下行信令，限制了基于用户的干扰抑制/消除的有效性，基站最多只能同时调度两个用户。LTE-A 多用户 MIMO 的应用对基站获取信道信息的能力提出了更高的要求，需要知道共同调度的用户所带来的干扰，采用了基于正交 DMRS 的预编码方式。

2.2.4 传输模式

3GPP 在 Rel-08 版本的 TS36.213 标准中共提出 7 种多天线的下行传输模式，随后在 Rel-09 版本中增加了第 8 种模式，这种模式为 UE 专用参考信号提供双流波束赋形的传输。而根据最新的 Rel-10 版本显示，多天线已经开发出第 9 种模式，该模式对秩为 8 的单用户 MIMO 传输以及单用户与多用户 MIMO 动态切换进行了规定。LTE 传输模式如表 2-1 所示。

表 2-1 LTE 传输模式表

传输模式	说明	应用场景	相关版本
TM1	单天线端口（端口 0）	兼容单天线传输的场合，多用于室分站	Rel-08
TM2	发送分集	适合于小区边缘信道情况比较复杂，干扰较大的情况，有时候也用于高速移动的情况	Rel-08
TM3	开环空分复用或发送分集	可支持模式内流间自适应，适用于终端（UE）高速移动的情况	Rel-08
TM4	闭环空间复用或发送分集	可支持模式内流间自适应，适用于信道条件较好的场合，用于提供较高的数据率传输	Rel-08
TM5	多用户 MIMO	主要用来提高小区的吞吐量	Rel-08
TM6	闭环空分复用	主要适合于小区边缘的情况（单流）	Rel-08
TM7	单流波束赋形（端口 5）	单天线 beamforing，主要也是小区边缘，能够有效对抗干扰	Rel-08
TM8	双流波束赋形	可支持模式内流间自适应，可用于小区边缘也可以应用于其他场景	Rel-09
TM9	替代 TM3、TM4、TM5 等早期版本的改进型模式	LTE-A 中新增加的一种模式，可以支持最大到 8 层的传输，主要为了提升数据传输速率	Rel-10

模式 1 虽然无法使用预编码和发射分集技术，但由于在 Rel-10 中依旧保留了 eNodeB 的单天线配置，因此意味着这种传输模式的使用场景仍然存在，同时 Rel-10 也指出 eNodeB 的 Un 接口会继续兼容模式 1。

模式 2 是 LTE 系统中默认的下行传输模式，主要用于提高空间传输的可靠性。在 LTE 网络中，由于 UE 的原因（包括高速移动、处于小区边缘、切换状态下）系统有可能无法准确获取信道的状态信息，这时候就需要采用这种传输模式。另外，模式 2 也可以与其他模式一同使用，由系统自适应完成。

模式 3 是系统利用多天线的空间弱相关性，通过配置循环时延分集技术来获取峰值传输速率。此模式下终端不需要反馈信道信息，发射端根据预定义的信道信息来确定发射信号。

模式4是指当UE处于慢速移动状态时，信道空间相关性较弱，系统能够准确获取信道信息，系统通过闭环空间复用方式就可以实现数据传输的高速率。此模式下终端需要反馈信道信息，发射端采用该信息进行信号预处理以产生空间独立性。

模式5是通过MU-MIMO提升小区吞吐量，当小区负载较大，且信道利于进行预编码传输时就可以采用这种模式。基站使用相同时频资源将多个数据流发送给不同用户，接收端利用多根天线对干扰数据流进行抵消和零陷。

模式6是模式4的一个特例，这种模式允许秩为1的闭环预编码。当空间相关性不允许进行多流传输，这时若采用基于DCI格式2的单流传输将降低系统吞吐量，但采用DCI格式1B进行传输则比较高效，此模式下终端反馈RI=1时，发射端采用单层预编码，使其适应当前的信道。

模式7在Rel-08标准中是针对TDD的一种强制模式，主要用于UE在小区边缘低速移动情形下提高接收信噪比和小区容量。此模式下发射端利用上行信号来估计下行信道的特征，在下行信号发送时，每根天线上乘以相应的特征权值，使其天线阵发射信号具有波束赋形效果。

模式8是优化的波速赋形，用于双流传输，前向兼容模式9。此模式下系统结合复用和智能天线技术进行多路波束赋形发送，既提高用户信号强度，又提高用户的峰值和均值速率。

模式9能提供最大8层的单用户MIMO传输、透明的多用户MIMO传输以及SU/MU自适应技术，模式9未来将取代TM3、TM4和TM5。

原则上，3GPP对天线数目与所采用的传输模式没有特别的搭配要求，但在实际应用中，移动台的速度、空间传播条件、硬件配置和业务服务类型等因素会影响系统对传输模式的选择。LTE资源管理与调度系统可以根据CSI、CQI、PMI、CSI-RS等信道状态信息，自适应地选择适合无线环境的MIMO传输模式，以便达到更好的覆盖效果或更高的数据传输速率。UE一般会根据eNodeB和UE自身的硬件条件选择其中的一种模式。当UE维持动态连接的时候，eNodeB会根据来自UE的反馈信号来决定使用哪一种天线传输方案，当信道条件发生变化后，传输模式将允许UE反复改变物理信道的传输方案。所以，同一个小区的不同UE可能采用不同的传输模式，一般情况下，单天线系统常用模式为TM1，2天线系统常用模式为TM2和TM3，而8天线系统常用模式为TM7和TM8。

2.3 高阶调制

QAM（Quadrature Amplitude Modulation，正交振幅调制）调制方式由调制载波的相位和幅度承载信令信息。类似于其他数字调制方式，QAM发射信号集可以用星座图方便地表示。星座图上每一个星座点对应发射信号集中的一个信号。如正交幅度调制的发射信号集大小为N，则称为N-QAM。

星座点经常采用水平和垂直方向等间距的正方网格配置，当然也有其他的配置方式。数字通信中的数据常采用二进制表示，这种情况下星座点的个数一般是 2 的幂。常见的 QAM 形式有 16QAM、64QAM、256QAM 等。星座点数越多，每个符号能传输的信息量就越大。但是，如果在星座图的平均能量保持不变的情况下增加星座点，会使星座点之间的距离变小，进而导致误码率上升。因此高阶星座图的可靠性比低阶要差，如图 2-7 所示。

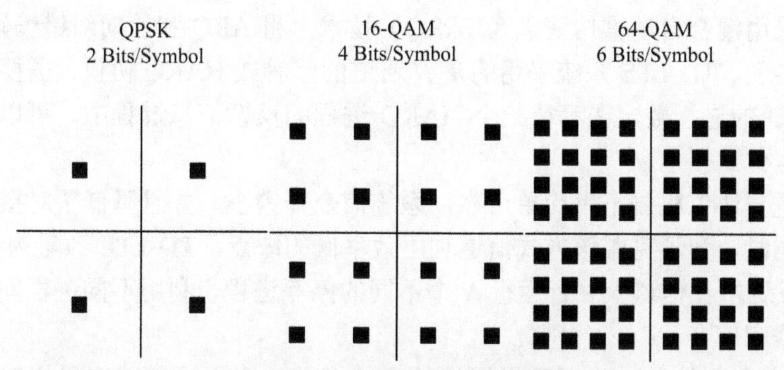

图 2-7 LTE 调制方式星座图

64QAM 高阶调制采用了 6 个连续符号，并通过串并转换成 I、Q 两路分支，其中 I 路分支上 3 个连续的符号，Q 路分支上 3 个连续的符号，I、Q 两路上的符号通过调制映射出 64 个星座。从理论上看，64QAM 调制方式的 1 个符号代表 6 个 bit，将频谱利用效率相比 16QAM 的 4 个连续符号，调制效率提高了 50%。

LTE 下行主要采用 QPSK、16QAM、64QAM 3 种调制方式。上行主要采用位移 BPSK（π/2-shift BPSK，用于进一步降低 DFT-S-OFDM 的 PAPR）、QPSK、8PSK 和 16QAM。在高信噪比环境下，LTE 采用 64QAM 调制能大幅提高频谱利用效率，特别是在室内场景下能得到比较充分的运用，进一步提高了 LTE 系统的理论峰值速率。

LTE 采用自适应调制编码技术（AMC）。在发送端，经编码后的数据根据所选定的调制方式调制后，经成形滤波器进行上变频处理，将信号发射出去；在接收端，接收信号经过前端接收后，所得到的基带信号需要进行信道估计。信道估计的结果一方面送入均衡器，对接收信号进行均衡，以补偿信道的对信号幅度、相位、时延等的影响；另一方面信道估计的结果将作为调制方式选择的依据，根据估计出的信道特性，按照一定的算法选择适当的调制方式。在 LTE 系统标准的物理层规范中定义了 29 种可选的 MCS（Modulation and Coding Scheme，调制与编码策略）等级，可供采用 AMC 技术时选用。

2.4 HARQ

差错控制重传技术是系统对抗传输误码的一种手段，在数字系统中，利用纠错码或检错码进行差错控制的方式大致有以下 3 类。

（1）重传反馈方式（ARQ，Automatic Repeatre Quest）；

（2）前向纠错方式（FEC，Forward Error Correction）；

（3）混合检错方式（HEC，Hybrid Error Correction）。

传统的 ARQ 技术由 RNC 控制完成，发送端除立即发送码字外，尚暂存一份备份于缓冲存储器中，若接收端解码器检出错码，则由解码器控制产生一重发指令（NACK），经过反向信道送至原发送端，发送端重发控制器控制缓冲存储器重发一次；若接收端解码器未发现错码，则经反向信道发出不需重发指令（ACK）。发送端继续发送后一码组，更新发送端的缓冲存储器中的内容。

LTE 中采用混合自动重传请求（HARQ）技术，将 ARQ 和前向纠错编码结合起来，由基站控制实现。TD-LTE 系统采用的是 *N* 通道的停等式 HARQ 协议，需要为系统配置相应的 HARQ 的进程数，在等待某个 HARQ 进程的反馈信息过程中，可以继续使用其他的空闲进程传数据包。

停等式重传协议机制不仅简单可靠，系统信令开销小，并且降低了对接收机缓存空间的要求，同时，为了克服该方式信道利用效率低的缺点，TD-LTE 改进为 *N* 通道的停等式协议，发送端在信道上并行运行 *N* 个不同的停等进程，利用不同进程间的间隙来交错地传递数据和信令。

在 TD-LTE 系统中，为了获得更好的合并增益，上下行链路中采用的是 Type III HARQ，同时下行采用异步自适应的 HARQ 技术，更能充分利用信道的状态信息，从而提高系统的吞吐量，也可以避免重传时资源分配发生冲突从而造成性能损失。上行链路采用同步非自适应的 HARQ 技术，减少了控制信令的开销问题。

1. 下行 HRAQ

下行异步 HARQ 操作是通过上行 ACK/NACK 信令传输、新数据指示、下行资源分配信令传输和下行数据的重传来完成的。每次重传的信道编码冗余版本是预定义好的，不需要额外的信令支持。由于下行 HARQ 重传的信道编码率已经确定，因此不进行完全的 MCS 的选择，仍可以进行调制方式的选择。调制方式的变化会同时造成 RB 数的不同，因此需要通过下行的信令资源分配指示给 UE，另外，还需要通过一个比特的新数据指示符（NDI）指示此次传输是新数据还是重传。

下行 HARQ 流程的时序实例如图 2-8 所示。

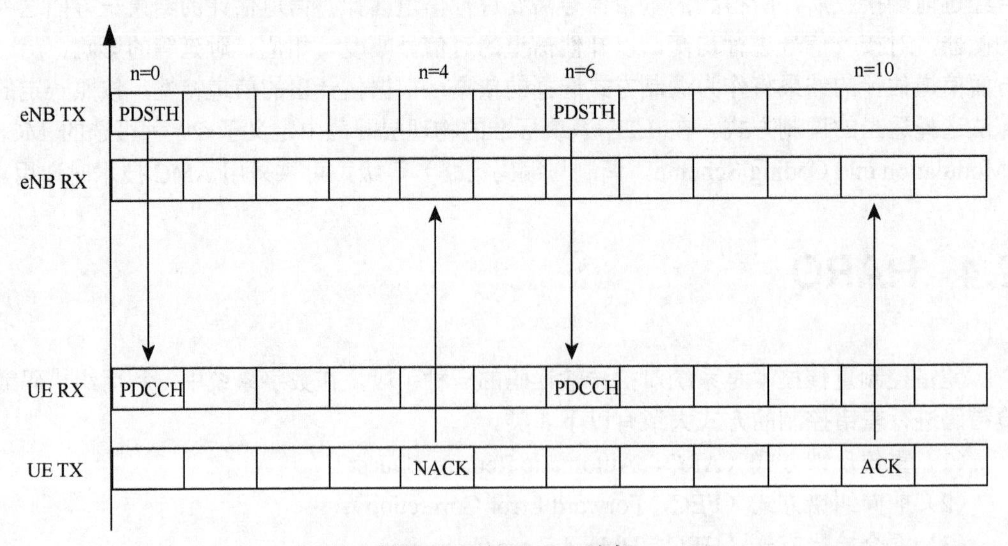

图 2-8 下行 HARQ 时序

假设下行跟上行的子帧同步，接收发送之间没有时延（实际上不可能，只是便于理解）：

（1）eNodeB 在时刻 0 的 PDSCH 信道发送一份下行数据；

（2）UE 监听到后进行解码，发现解码失败，它将在时刻 4 的上行控制信道（PUCCH）向 eNodeB 反馈上次传输的 NACK 信息；

（3）eNodeB 对 PUCCH 中的 NACK 信息进行解调和处理，根据下行资源分配情况对重传数据进行调度，eNodeB 根据情况来调度重传时间；

（4）假定在时刻 6 在 PDSCH 上发送重传，如果此时 UE 成功解码，那么它就在时刻 10 发送确认，完成 HARQ 过程。

2. 上行 HARQ 流程

上行同步 HARQ 操作是通过下行 ACK/NACK 信令传输、NDI 和上行数据的重传来完成的，每次重传的信道编码 RV 和传输格式是预定义好的，不需要额外的信令支持，只需通过 NDI 指示是新数据的传输还是重传。上行 HARQ 流程的时序如图 2-9 所示。

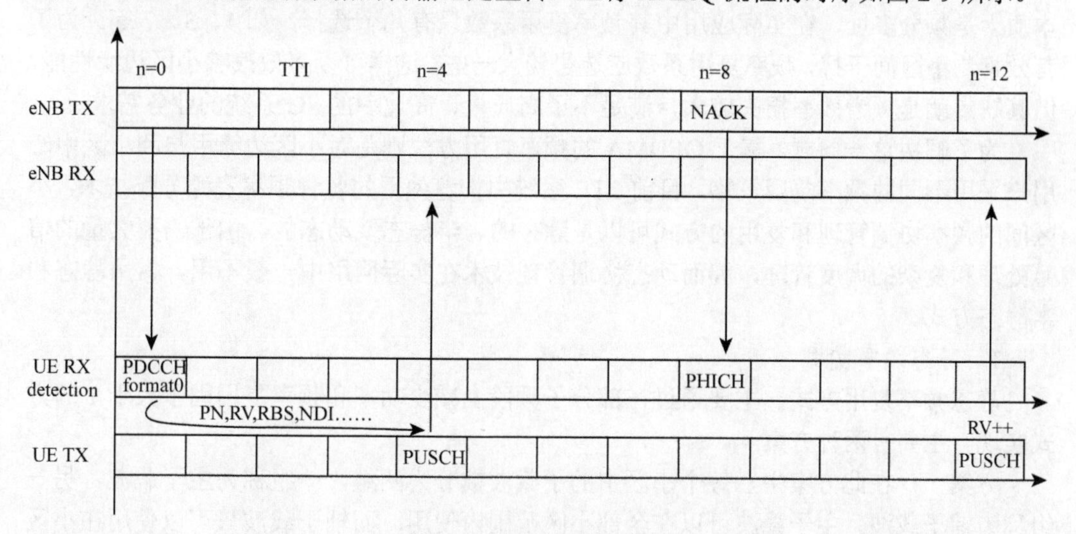

图 2-9 上行 HARQ 时序

相对应下行来说，上行采用同步 HARQ，其反馈跟重传的位置都是固定地按照 *n*+4 来处理，而下行重传时并没有规定好重传的时刻，eNodeB 可以根据情况来调度下行重传。

2.5 干扰抑制技术

LTE 子载波之间正交，使本小区内的用户信息承载在相互正交的不同载波上，这样会消除小区内部的干扰。但是由于复用必定存在，小区间的干扰依然存在，而且对网络性能产生了严重影响。

对于小区中心的用户来说，其本身离基站的距离就比较近，而外小区的干扰信号距离又较远，则其信噪比相对较大；对于小区边缘的用户，由于相邻小区占用同样载波资源的用户对其干扰比较大，加之本身距离基站较远，其信噪比相对就较小，导致虽然小区整体的吞吐量较高，但是小区边缘的用户服务质量较差，吞吐量较低。为了解决这一问题，LTE 采用了多种小区间干扰抑制技术。

2.5.1 频率复用

蜂窝移动通信技术的核心思想就是频率资源的复用，相隔一定距离的小区可以共用一个频率，蜂窝技术极大地提高了系统的容量，使通信技术能真正地走向大众。在目前频谱资源日益紧张的情况下，频率复用等扩容技术成为通信技术发展的关键。LTE 空中接口没有使用 CDMA 扩频技术，降低了小区边缘的干扰消除能力，频率复用技术成为 LTE 系统提高系统性能的有效手段。

在 OFDMA 系统中，如果频率复用系数为 1，即表示相邻小区使用相同的频率资源，此时相邻小区交界处的用户所产生的干扰很严重，小区服务质量急剧变差。OFDMA 的本质上是频分多址，在实际应用中其频率复用系数只有几个选择，如 1、3、7 等。为了有效抑制小区间干扰，频率复用系数应选得较大一些，这样可以有效改善小区边缘性能，但其缺点就是频谱效率损失较大，满足不了高质量、高速率的 4G 系统的业务需求。

为了解决这一问题，基于 OFDMA 的频率复用方法则是对小区边缘用户和小区中心用户采用不同的频率复用策略。目前 LTE 系统中推荐使用的各种频率资源分配技术，小区间的频率协调管理和复用的方式可以是静态的、半静态及动态的。由于需要大量的信号处理和复杂的调度管理，因而动态协调管理技术在实际网络中一般不用，常用静态和半静态方式。

1. 静态频率复用

静态频率复用方式，主要通过在部分子频段上减少功率和频率复用因子大于 1 的方式实现。主要有两种方案。

方案一：在此方案中，每个小区中的子载波被分为两组，一组称为主子载波，另一组称为辅子载波。主子载波可以在全部小区范围内使用，而辅子载波只可以使用在小区的中心区域。这样要求子载波的分配方式使得相邻小区边界使用的子载波均应相互正交，使用相同频率子载波的用户距离足够远，从而有效地避免或减小相邻小区边缘用户的同频干扰。

对于小区中心的用户，由于其本身距离基站较近，且收到外小区的干扰较小，所以可以采用比较低的功率进行传输，而对于小区边缘的用户则恰好相反。所以一般情况下，主子载波允许的最大发射功率比辅子载波的高。在功率谱密度一定的情况下，分配给主子载波更多的功率意味着为主子载波分配了更宽的带宽，辅子载波与主子载波的发射功率比可在 0～1 之间进行调整，对应的有效频率复用系数则从 3～1 间变化。当 Power Radio 为 0 时，相当于无辅载波，频率复用因子为 3；当 Power Radio 为 1 时，相当于载波不分组，频率复用因子为 1。这样，业务量分布决定功率比设置，当高业务量发生在小区边缘时，功率比设定为相对较小的值来获得较高的小区边缘吞吐量；相反，当业务量主要集中在小区内部时，可以设置较大的功率比。

方案二：只有一部分子载波用于小区边缘用户，该部分子载波可采用全功率发射并且相邻小区间的载波是正交的，从而避免绝大部分干扰的产生。而小区中心的用户可以使用全部带宽载波，但对收发的功率有一定限制，从而即使同一载波被复用也不会产生太多的干扰。

2. 准静态频率复用

以静态方案为基础，准静态方式可以根据用户分布和业务负载的变化调整静态方案中的频率资源划分比例和功率分配比例。主要有4种方案。

方案一：将整个频域资源S在系统初始化阶段被分割为N个波段子集，且互相正交，所有小区都被划分为内、外两层。对于内层的移动终端，被分配到的传输子载波可以是波段集合的任一子集。当移动终端运动到外层区域时，小区只会在正交子集中分配相应资源给该终端传输数据，即处在其边缘区域的用户只可能分配整个系统资源的一部分，这样可以确保边缘区域的用户所分配到的频域资源不会相交，从而可以在一定程度上降低小区间的干扰。

方案二：此方案基于小区负载半静态调整。整个工作频段被分为N个子波段，其中n个子波段服务于小区边缘用户，其余的N–3n个子波段服务于小区中心用户。服务于小区边缘的n个子波段与相邻小区之间是正交的，而服务于小区中心用户的N–3n子波段可以用于所有小区。小区边缘用户使用的频率会根据小区负载的变化而变化，也就是说，如果有多于一个子波段被用于小区边缘用户，则服务于小区中心用户的子波段就要相应地减少3个。通常会根据终端的位置信息（接收相邻小区功率与接收本小区功率的比值）来分配终端具体使用哪个子载波组。

方案三：此方案基于优先级的资源分配。在相邻小区中，对于不同的频率块赋予不同的优先级。该方法将整个频段分成多个子波段，每个小区的各个子波段的分配被赋予不同的优先级，每个具有较高优先级的子波段将被分配给具有较高发射功率的终端，尽量使相邻小区间采用高功率传输的重叠区的配置最小化，另外也可以将多个子波段赋予同样的优先级。

方案四：此方案基于预留频率子波段进行资源分配。频率子波段的分配数量取决于小区边缘的负载情况。如果此时相邻小区在边缘处也有类似的传输速率要求，整个频率资源将会被平分为3份，每个小区使用1/3的频率资源；如果其中一个小区的速率要求低于其相邻小区的边缘速率要求，则后者可以在边缘区域使用多于1/3的频率资源。这样，既可以保证频率资源得到有效的利用，同时还避免了对小区边缘终端的过度干扰。

2.5.2　干扰协调

干扰协调（ICIC）的核心思想是通过小区间的协调，对一个小区的可用资源进行某种限制，以减少本小区对相邻小区的干扰，提高相邻小区在这些资源上的信噪比以及小区边缘的数据速率和覆盖。由于LTE的网络结构变得扁平化，原来位于RNC中的RRM功能也部分下移至eNodeB中了，因此对于小区间干扰协调（ICIC）的功能将在eNodeB中考虑并得以实现。

ICIC的任务是通过管理无线资源（主要是无线资源块）来控制小区间的干扰，从而提高小区及其边缘的吞吐量。ICIC是多小区无线资源管理功能的一部分，多小区无线资源管理功能需要考虑的信息包括资源使用状态、业务负荷状况和用户数等。

ICIC 的调度和实现是与频率复用技术紧密相关的。根据 LTE 频率复用优化方案，采用小区内外不同的频率复用因子来实现。在小区内部全部频谱资源都可用，但发射功率在不同的频段是不同的，相邻小区会用到的频段，在本小区内部对应的发射功率就比较小；而在小区边缘，只会用到部分频谱资源，相邻小区用到的部分带宽，本小区边缘就不会再用。eNodeB 可以通过 UE 发送的 CQI 得到下行信道干扰情况，也可以通过测量 SRS 或是 DM-RS 的 SINR，还有 IOT 测算得到上行信道干扰的综合情况。eNodeB 通过 X2 接口互相合作完成小区间资源分配和调度以及相应的功控，提升了 LTE 的系统性能。

ICIC 分类如下。

（1）静态 ICIC。边缘频段和中心频段分配固定，频段划分好后不需要调整边缘频段。

（2）半静态 ICIC。有边缘频段和中心频段初始划分，后续可以根据服务小区和邻区实际的边缘负荷动态调整边缘频段。

（3）动态 ICIC。没有边缘频段和中心频段初始划分，完全根据服务小区和邻区实际的边缘负荷动态调整边缘频段。

在 3GPP 规范的 R10 版本中，增加了 CoMP 功能，这样小区间的干扰协调机制将会大大地得到加强：

（1）相邻的几个基站对小区边缘的用户同时提供服务，可以大大提高小区边缘用户的性能，提高其吞吐量。

（2）变邻区干扰为有用信号，消除小区中心和边缘的差别。

2.5.3 干扰随机化

干扰随机化能将干扰随机化为“白噪声”，从而抑制小区间干扰的危害，因此又称为“干扰白化”。干扰随机化的方法包括加扰、交织多址（IDMA）和跳频等。干扰随机化只是白化了干扰，并没有真正减少系统的干扰信号，因此带来的信噪比改善程度有限，研究结果表明，单独应用干扰随机化并不能满足未来通信系统的信噪比要求。

基本上来说，小区间干扰随机化目标在于随机化干扰信号，从而提供接收端的干扰抑制，与扩频增益的方法一致。小区间干扰随机化的方法包括：

（1）小区特定加扰，在信道编码和交织以后应用伪随机扰码；LTE 采用 504 个小区扰码（与 504 个小区 ID 绑定）区分小区，进行干扰随机化。

（2）小区特定交织（也称交织多址 IDMA），可由伪随机码产生，各种跳频等。小区特定加扰和小区特定交织本质上有相同的性能，对各小区的信号在信道编码后采用不同的交织图案进行信道交织，以获得干扰白化效果。交织图案与小区 ID 一一对应。相距较远的两个小区间可以复用相同的交织图案。该技术尚未成熟，目前 LTE 尚未采用。UMTS 规范采用的是小区特定加扰，LTE 沿用这一成熟的功能。

小区间干扰随机化需要发射波形特性支持随机化小区间干扰的方法，接收机只要用本小区的伪随机扰码去解扰，就可以达到干扰随机化的目的。

2.5.4　干扰消除

干扰消除技术来源于多用户检测技术，可以将干扰小区的信号解调、解码，然后利用接收机的处理增益从接收信号中消除干扰信号分量。小区间干扰消除与小区间干扰协调相比，其优势在于对小区边缘的频率资源没有限制，可以实现小区边缘频谱效率为 1 和总频谱效率为 1。但是小区间干扰消除实现复杂度大，对接收机的处理能力要求高，只能利用预先固定的频率资源来做干扰消除，对小区间的同步要求高。

目前有两种方法可以实现干扰消除。

（1）多天线的空间抑制方法，又称为干扰抑制合并（Interference Rejection Combining，IRC）。其需要 UE 多天线的空间分集技术，不依赖发射端配置，利用从两个相邻小区到 UE 的空间信道独立性来区分服务小区和干扰小区的信号，配置双天线的 UE 可以区分两个空间信道。

（2）基于干扰重构/减去的干扰消除。若能将干扰信号分量准确分离，剩下的就是有用信号和噪声，这种方式是干扰消除的最理想方法。串行干扰抵消是其中的技术之一，从输入信号中重构信号和干扰，然后和信号相减，再进行检测。

小区间干扰消除技术可以显著改善小区边缘的系统性能，并实现频率复用系数为 1，获得较高的频谱效率，但在频率资源块的分配方面受到一定的限制，尤其难以应用于带宽较小的业务（如 VoIP）。

2.6　语音解决方案

LTE 具备高带宽、低时延、高频谱利用率等特点，能够满足数据业务高速增长的需求，但语音业务在很长一段时间内仍将是不可或缺的重要业务，因此，LTE 不仅需要支持迅猛增长的数据业务，也应继续提供高质量的语音业务。

基于 LTE 面向分组域优化的系统设计目标，LTE 的网络架构不再区分电路域和分组域，采用统一的分组域架构。在新的 LTE 系统架构下，不再支持传统的电路域语音解决方案，IMS 控制的 VoIP 业务作为未来 LTE 网络中的语音解决方案。同时，在 LTE 发展初期，受覆盖规模的限制和考虑到保护运营商先前的投资等原因，LTE 网络将会和 2G/3G 网络长期并存。为了保证在 LTE 网络中也能进行语音业务并且保证用户在 LTE 网络和 2G/3G 网络间切换时的业务连续性，在现有网络基础上，形成了 3 种不同的语音解决方案，分别为多模双待、CSFB 和 SR-VCC。

1. 多模双待

多模双待方案采用定制终端，终端可以同时待机在 LTE 网络和 2G/3G 网络，而且可以同时从 LTE 和 2G/3G 网络接收和发送信号。双待终端在拨打电话时，可以自动选择从 2G/3G 模式下进行语音通信。也就是说，双待终端利用其仍旧驻留在 2G/3G 网络的优势，从 2G/3G 络中接听和拨打电话；而 LTE 网络仅用于数据业务。

双待终端分为单卡和多卡，以及双卡可见一卡的形式，其中考虑用户体验，单卡形式为首选，这种方式需要用 2 个芯片（1 个 2G/3G 芯片和 1 个 LTE 芯片）或 1 个多模芯片来实现，解决方案简单。双待终端的 LTE 与 2G/3G 模式之间没有任何互操作，终端不需要实现异系统测量，技术实现相对简单；但是对于终端，要确认 LTE 模式下不执行 LTE 和 2G/3G 网络的联合位置更新，并且分组域只能存在一个附着，防止乒乓效应。

多模双待语音解决方案的实质是使用传统 2G/3G 网络，与 LTE 无关，对网络没有任何要求，LTE 网络和传统的 2G/3G 网络之间也不需要支持任何互操作。无 TD-LTE 覆盖时，终端回退到单待模式。

以中国移动为例，目前常用的双待终端芯片组合模式有以下两种。

（1）GSM+TD-SCDMA/TD-LTE/LTE FDD 双待终端

这种组合语音/短信业务基于 GSM 实现，用户体验较好，不支持 TD-SCDMA 视频通话，彩信业务优选 LTE，次选 TD-SCDMA，再选 GSM。该模式的业务体验最好，可以保证业务在 TD-SCDMA/TD-LTE 之间的连续性，适合于各类 LTE 覆盖场景。

（2）GSM/TD-SCDMA+TD-LTE/LTE FDD 双待终端

这种组合的语音/短信业务基于 GSM/TD-SCDMA 实现，用户体验较好，支持 TD-SCDMA 视频通话，彩信业务优选 LTE，次选 TD-SCDMA，再选 GSM。由于无法确保业务在 TD-SCDMA/TD-LTE 之间的连续性，业务体验一般，适合于 LTE 覆盖范围较大场景。

2. CSFB

3GPP TS 23.272 V8.5.0 提供了一种电路域回落的机制，保证用户同时注册在 EPS 网络和传统的电路域网络，在用户发起语音业务时，由 EPS 网络指示用户回落到目标电路域网络之后再发起语音呼叫。该语音解决方案就是语音回落（Circuit Switched Fallback in Evolved Packet System），简称 CSFB。

CSFB 语音方案满足在部署 LTE 初期就提供语音服务但又不愿意过早部署 IMS 的运营商的需求。最大化地利用现有 2G/3G 网络的覆盖和业务质量等资源，保护运营商的投资利益最大化。

CSFB 基本原理如下。

（1）无业务时，MME 通过 SGs 接口（MME 与 MSC 之间的借口）进行 CS 域移动性管理。

（2）有语音业务时，MME 将 UE 回落到 2G/3G 网络，通过 2G/3G 网络为 UE 提供语音服务。

（3）有短消息业务时，MME 通过将短消息信令在 MSC 和 UE 之间转发的方式，为 UE 提供短消息业务。

具体的工作流程如下：

（1）开机选网。终端开机→LTE 及 2G/3G 电路域联合注册→驻留 LTE。

（2）业务流程。典型的 CSFB 业务流程主要包括联合附着、位置更新、主叫（MO）CSFB 流程、被叫（MT）CSFB 流程及去附着等。

主叫语音业务流程：

（1）UE 发起主叫语音业务；

（2）MME 指示 eNodeB 需要将 UE 回落到 2G/3G 网络；

（3）eNodeB 根据 UE 能力采取对应的方式，将 UE 回落到 2G/3G 网络；

（4）UE 在 2G/3G 网络发起主叫语音业务。

被叫语音业务流程：

（1）MSC 通知 MME 有 UE 的被叫语音业务；

（2）MME 指示 eNodeB 需要将 UE 回落到 2G/3G 网络（如果 UE 处于空闲态则需要先指示 eNodeB 发起寻呼流程，待 UE 重新接入到 LTE 网络后再指示 eNodeB 将 UE 回落到 2G/3G 网络）；

（3）eNodeB 根据 UE 能力采取对应的方式，将 UE 回落到 2G/3G 网络；

（4）UE 在 2G/3G 网络建立电路域连接完成语音通话。

CSFB 操作流程如图 2-10 所示。

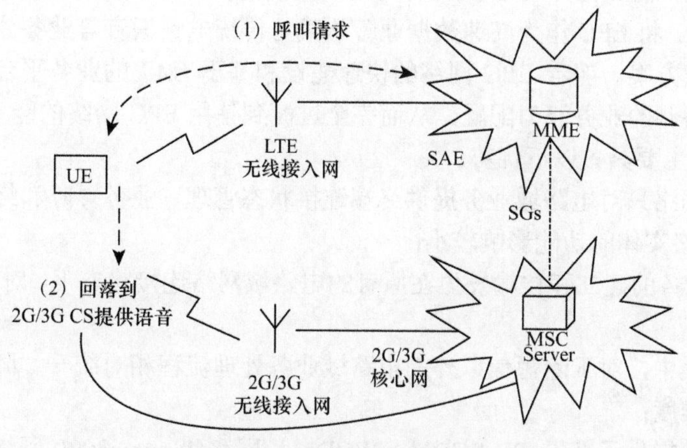

图 2-10 CSFB 工作流程示意

进行 CSFB 语音回落过程的一个重要接口就是 SGs 接口，如图 2-11 所示，CSFB 和 SMS 都是通过 MME 与 MSC Server 之间的接口 SGs 来完成互连的。SGs 参考节点是用于移动性管理和 EPS 与 CS 电路域之间的连接过程，它基于 Gs 接口，同时还提供移动源和移动终端的短信。

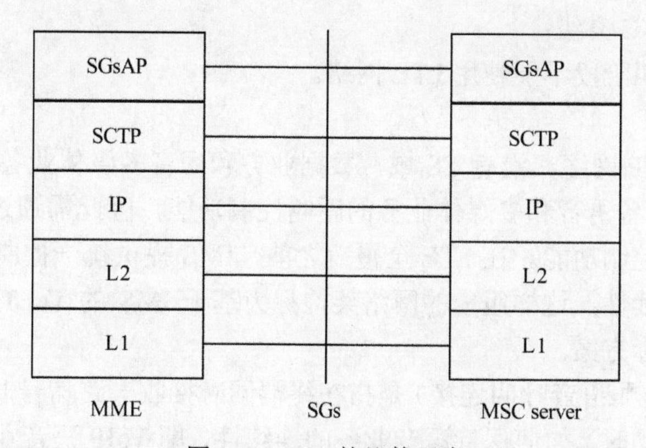

图 2-11 SGs 协议栈示意

多模单待手持终端在给 MME 发送的附着请求消息中携带支持 CSFB 能力的指示。MME 在收到用户的联合附着请求后，在进行 EPS 附着的同时，会推导出相关 CS 域的

VLR信息，并向这个VLR发起位置更新请求，VLR收到位置更新请求以后，会将该用户标记为已经进行EPS附着了，并保存用户的MME的IP地址，这样，VLR中就创建了用户的VLR与MME间的SGs关联。随后，MSC Server/VLR会进行CS域位置更新并把用户的TMSI和LAI（位置区标识）传给MME，从而在MME中建立SGs关联。最后，MME把VLR给用户分配的TMSI及LAI等信息包含在附着请求接受消息中发送给UE，此时就表明用户的联合附着已经成功了。联合附着成功之后，启用CSFB能力的用户在LTE网络中就可以处理电路域业务了。

从CSFB的实现方式看，这是一个非常轻载的实现方式，非常适合于在EPC早期建设阶段。根据EPC部署范围小、2G/3G网络广泛的情况，适合在EPC主要提供数据业务的时间段采用，能够充分利用2G/3G网络电路域提供语音、短信、定位等成熟的电路业务。在此阶段，将EPC作为高速数据业务承载与传统电路语音等业务分离管理仅仅是一个短期的过渡方案。随着EPC网络的快速建设和基于IMS的业务平台部署，很容易更新终端到网络侧的业务能力配置，从而完全过渡到使用EPC网络的能力。

CSFB方案主要具备以下优势：

（1）EPC网络只对电路域业务提供终端连接状态管理、业务寻呼和终端网络切换控制，对EPC网络实体的功能影响较小；

（2）实际业务的建立和传输发生在原有的电路域网络连接状态下，对EPC网络的资源占用较小；

（3）该方案中，对于除短信以外的电路域业务处理流程相对统一，降低了网络实体和终端实现的难度；

（4）该方案提供了基于TD-SCDMA/WCDMA网络和cdma2000网络演进过程中的电路域共存方案，适用于不同网络基础的运营商向EPC平滑地过渡；

（5）与EPC IMS业务的共存可通过MME能力配置来实现，也能够通过该方式实现对EPC全业务的快速过渡。

CSFB方案的主要劣势如下：

（1）相关标准尚不完善，如呼叫建立过程中的时延要求并未明确标明；

（2）需要对MSC升级；

（3）在语音呼叫阶段不能使用LTE网络。

3. SR-VCC

LTE网络是全IP网络，没有CS域，数据业务和语音多媒体业务都承载在LTE上。由于EPC网络不具备语音和多媒体业务的呼叫控制功能，因此需通过IMS网络来提供多媒体通信业务的控制功能。在LTE全覆盖之前，IMS提供统一控制，实现LTE与CS之间的语音业务连续性，这样组成的网络架构称为基于IMS的VoLTE方案，成为LTE语音解决的最终目标方案。

SR-VCC（单射频-语音呼叫连接）是指在终端同时接收一路信号时，UE在支持VoIP业务的网络之间移动时，如何保持语音业务的连续性，即VoIP语音业务与CS域之间的平滑切换技术。

SR-VCC的基本工作原理为：话音业务在LTE覆盖范围内采用VoLTE，在呼叫过程中移动出LTE覆盖范围时同MSC进行切换以支持语音业务连续性。为实现该技术，网络结构上需要做以下调整：在 MSC Server 和 MME 之间定义 Sv 接口，提供异构网络间接入层切换控制；通过设置 IWF 互通网元，终结 Sv 接口，避免对原有电路域设备的改造；IMS 网络作为会话锚定点，统一进行会话层切换，保证会话跨网切换的连续性，支持 SR-VCC 的 LTE 网络结构如图 2-12 所示。

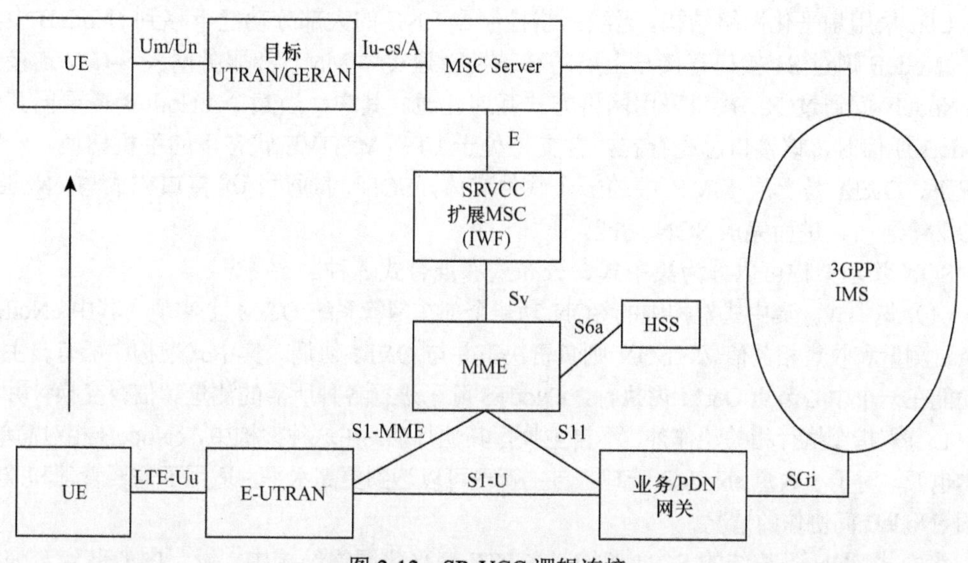

图 2-12　SR-VCC 逻辑连接

3 类方案的优劣势如下：

（1）多模双待方案在业务体验、网络改造和实施方面优势明显，可部署时间相对较早，但终端实现较为复杂，需借鉴业界已成熟的双待机研发经验。

（2）CSFB 在终端实现、产业支持和国际化程度方面占有较大优势，但其对网络改造要求较高，业务体验较差，在商用时还需较长时间深入优化网络参数配置以保证业务质量。

（3）SR-VCC 对 LTE 网络覆盖要求高，且对网络存在一定改造要求。

在 LTE 网络部署初期，LTE 网络规模、覆盖连续性不足以支撑所有的 4G 用户业务需求，语音业务建议仍然由 2G/3G 网络承载，采用 Single Radio 终端以控制终端成本，降低用户使用 LTE 网络的门槛，LTE 网络和 2G/3G 网络之间提供增强的 CSFB 方案保证语音业务的优先。在 VoIP 成熟的情况下，可以考虑提供 VoIP 业务，网络需要 SR-VCC 这样的解决方案以保证语音业务的连续性，为 LTE 网络提供覆盖补充。

2.7　SON

自组织网络 SON（Self-Organising Network）是在 LTE 网络的标准化阶段由移动运营商主导提出的概念。SON 是由一组带有无线收发装置的移动终端节点组成的无中心网络，是一种不需要依靠现有固定通信网络基础设施的、能够迅速展开使用的网络体系，是没有任何中心实体、自组织、自愈的网络。各个网络节点相互协作，通过无线链路进行通信、交换信息，实现信息和服务共享。网络中两个无法直接通信的节点可以借助于其他节点进行分组转化，形成多跳的通信模式。SON 通过无线网络的自配置、自优化和自愈功能来提高网络的自组织能力，减少网络建设和运营的高成本人工，从而有效降低网络的部署和运营成本。

LTE 采用扁平化网络结构，无线网络控制器 RNC 的大部分功能下移到 eNodeB 中实现。eNodeB 通过 S1 接口直接与上层的移动性管理实体 MME 和服务网关 S-GW 连接，各 eNodeB 间通过 X2 接口采用网格方式互连互通。其中，当某个 eNodeB 需要同其他 eNodeB 通信时，该接口总是存在，并支持处于 LTE_ACTIVE 状态下的手机切换。一般情况下，O&M 是上层 MME 中的一个软件实体，SON 可通过标准接口完成与 eNodeB 或 O&M 通信，进而完成 SON 功能。

SON 管理架构可以分为集中式、分布式和混合式 3 种。

（1）集中式。集中式架构中的 SON 功能全部在网管系统 O&M 上实现。其中 eNodeB 仅负责测量和收集相关信息，SON 则负责决策并与 O&M 协调。集中式架构中所有自主管理功能在一个中心节点 O&M 内执行，eNodeB 除了进行各种所需的测量和信令交换，并根据中心节点指令执行相关动作外，不自主执行其他行动。在这种架构中，eNodeB 相对简单，成本也低，对于小数量 eNodeB 管理，自主管理可以达到更高水平，适用于需要管理和监测不同 eNodeB 间协作的情况。

集中式 SON 是传统的 SON 架构，在 LTE 扁平化网络结构中，设置中心节点会使得存在 eNodeB 直连到中心节点较为困难。如果出现中心点失败问题，当中心节点控制失败时，会致使整个系统不可用。同时，中心节点也限制了整个 SON 系统的性能和扩展性，在经常变化的复杂网络中，是处理和通信功能的瓶颈。

（2）分布式。分布式架构中的 SON 全部置于各自的 eNodeB 上，SON 功能由 eNodeB 通过分布方式实现。其中 eNodeB 不仅负责测量和收集相关信息，还要负责决策和与上层 O&M 及其他基站间的协调。在分布式 SON 中，自主管理功能在 eNodeB 本地实现，同时 eNodeB 间直接进行信息交互，对于基于独立小区如拥塞控制参数优化等最为适用，可以避免不必要的反应时间，提高管理效率。分布式 SON 还可有效地避免中心点失败对系统带来的致命损失。

当需要实现众多 eNodeB 相互协调和信息交换的 SON 功能时，分布式 SON 是复杂的，eNodeB 的可靠性和实现成本也较高，这些缺陷将导致系统自主管理范围存在一定的局限。同时，还可能引发 eNodeB 间交换的信息相互冲突等情况，必须建立冲突处理机制。此外，由于 eNodeB 间需要自主传递和共享信息，因而会产生大量的信令开销，给网络带来很大负担，因此需要将信令开销控制在允许范围之内。

（3）混合式。混合式架构是集中式和分布式 SON 架构的结合。在混合式 SON 中，存在一个或多个中心节点，中心节点执行自主管理功能，并根据需要向其管理的 eNodeB 发出指示。eNodeB 也具备一定的自主管理功能，拥有与其他被管 eNodeB 间的直接交互接口，可根据自己和相邻 eNodeB 的测量数据执行相应的自主管理活动。混合式 SON 适用于有较多的自主管理任务可以由 eNodeB 自身完成，但一些复杂任务又需要通过一个中心节点统筹管理的场景。

混合式将一些自主管理功能从中心节点转移到 eNodeB 中，使得这些 eNodeB 的复杂度高于集中式的 eNodeB 复杂度。相对于集中式，它提高了系统性能和可扩展性，但没有完全克服中心点失败的缺点。相对于分布式，它的 eNodeB SON 功能的复杂度较低。

总之，集中式的优点是控制较大、互相冲突较小，缺点是速度较慢、算法复杂。分布式与其相反，可以达到更高的效率和速率，且拓展性较好，但彼此间难以协调。混合式虽有两者优点，但设计更为复杂。

目前 LTE 的 SON 网络具有 3 种功能。

（1）自配置功能

SON 网络中新部署的 eNodeB 支持即插即用，可通过自动安装过程获取软件、系统运行无线和传输等参数，以及自动检测邻区关系的自动管理过程。据 3GPP R9，自配置主要包括：eNodeB 站址、容量和覆盖，新 eNodeB 无线传输参数，针对所有邻接节点规划数据调整，eNodeB 硬件安装，射频设置，节点鉴权，O&M 安全通道建立和接入网关设置，自动资产管理，eNodeB 自动软件加载，自测试，Home eNodeB 配置等规划功能。

自配置可以大大减轻网络开通过程中工程师重复手动配置参数的工作，降低网络建设成本和难度。目前，应用于 TD-LTE 系统中的自配置主要有物理小区标识 PCI 码配置和邻居关系表 NRT 建立。系统通过自配置，每个基站可自动选择物理小区标识并建立自己的邻区信息表。

（2）自优化功能

SON 的自优化是指在网络运行中，通过 UE 和 eNodeB 的测量，根据网络设备运行状况，自动调整网络运行参数，达到优化网络性能的目的。自优化可降低网络维护成本。传统的网络优化通常包含无线参数优化（如发射功率、小区切换门限）和机械/物理优化（如天线倾角、方向）。SON 自优化包括覆盖与容量、节能、移动健壮性 MRO、移动负载均衡 MLB、随机接入信道 RACH、自动邻区关系、降低小区间干扰和 PCI 子配置等优化功能。

（3）自治愈功能

SON 的自治愈功能是指通过自动检测发现故障时，能即时告警并定位故障来源。针对不同级别故障提供自愈机制，如温度过高将会降低输出功率，以达到对故障的即时隔离与修复。显然，自治愈功能可提高网络性能和用户感受。一般来讲，对于自治愈功能的部署应有如下考虑：

① 单小区中断的自治愈。单小区在软硬件性能出现劣化或故障时，将引起单个小区的中断，为了确保单小区能够迅速回到正常工作状态，不至于扩展到邻区，可以通过如中断技术进行灵活高效的治愈，此方案适用于分布式或混合式 SON 架构。

② 多小区联合自治愈。当一个或多个小区发生了软硬件故障导致不可用，且不能通过本小区自治愈功能恢复时，可以通过扩展邻区的覆盖范围来完成停用小区的覆盖。在这个过程中，包括小区停用预测、侦测和补偿等功能。显然，该方案需要多个 eNodeB、UE 及 O&M 的测量数据，非常适合集中式或混合式 SON 架构。

从运维角度来看：在传统的网络维护中，网络优化工作需通过人工进行，数据采集、输入、分析的流程十分复杂，这对运营商而言，这意味着大量 OPEX。而异构网中，小功率节点数量数以万计，不能以传统的思路去考虑网规网优操作。从资源配置层面来看，异构网多节点、多制式、多重覆盖的网络部署模型面临频谱资源冲突、多种无线接入技术共存、干扰更加复杂的问题。从网络管理层面来看，不同设备厂商、不同制式之间的技术相互独立，即使是实现同一功能，算法也彼此相异，难以协同。为了提高网络的操作和维护性能，降低配置和管理的人工成本，3GPP 将自组织网络特性引入 LTE 标准。

SON 分为网络自配置与网络自优化两个部分。其中自配置主要指设备上电、小区初始无线参数自动配置，自优化指无线网络运行过程中的参数自适应调整。LTE 标准中，SON 包括自规划、即插即用、移动性优化、负荷均衡等功能，其应用范围涵盖从网络开通到运行的整个生命周期。以网络分层的视角来看，异构网的组成包括宏蜂窝网络和微蜂窝网络两部分。在网络特性上，前者用户众多，但基站数量有限，可通过人工规划；而后者数量庞大，部署环境复杂，不可能全部通过人工开展，自部署、自开通的特性是基本需求。针对微蜂窝节点特殊的无线环境，要求参数有动态自适应的能力。除保证微蜂窝可以自部署、自开通外，也能限制微蜂窝引入到无线网络的干扰总量。

在异构网的部署中，SON 功能可重点解决如下问题。

（1）基站自开通

异构网中大量部署的微蜂窝节点，有多种设备共存，部署环境不同，运行版本和配置数据各异，很难在设备发售时即进行正确的设定。

一种可行的方法是，设备安装完毕后，在上电之初，连接公用的地址服务器和安全网关，自动分配 IP 地址并建立安全隧道后，再连接到网管系统，利用网管系统来获取对应型号的正确软件版本和配置数据。微蜂窝节点还可以对周边的无线环境进行测量，解析邻接小区下发的系统信息，从而得到邻区的无线配置，再根据这些基础信息来自动设置自身的无线参数，建立小区。

（2）邻区关系自建立

异构网中的邻区关系远比单纯的宏网络更为复杂，一是因微小区的数量庞大，二是小区间的包含覆盖、同覆盖等场景众多。这就要求服务小区能够通过微蜂窝节点或终端的无线测量功能来识别邻接小区，并动态地将其加入到自身的邻区关系中。

如果邻接小区退服（如微蜂窝节点关闭），则无线测量无法检测到该小区。在相当长一段时间内侦测不到的话，服务小区即可将该小区从邻区关系中移除。

（3）宏微干扰

在异构网络中，微蜂窝节点的发射功率相对于宏基站而言较低，只有距离这些基站非常近的用户才可能接入到低功率的发射节点，这降低了微蜂窝网络为系统带来的容量增益。为解决此问题，可采用 CRE（Cell Range Extension）技术，通过配置功率偏置的方式来扩展低功率基站覆盖范围，使更多的用户接入到低功率基站。但此时蜂窝下行扩展区域受到宏蜂窝节点的干扰更加严重，需要有效的抗干扰措施。

ICIC 技术通过管理无线资源使小区间干扰得到控制，但传统 ICIC 利用将邻区划分为不同频域来避免干扰，而在异构网中多为同覆盖或包含覆盖关系，此方法不适用，因此在时域中引入了几乎空白子帧（Almost Blank Subframe，ABS）的概念，即 eICIC，通过时域上的协调来降低干扰。ABS 子帧中只包含必要信号，如 PSS/SSS、CRS 等，发射功率较低。干扰小区中配置 ABS 子帧，被干扰小区使用这些 ABS 子帧为原来在小区中受较强干扰的边缘用户提供业务，即可减轻干扰。

（4）负荷均衡

微蜂窝节点的部署场景之一是希望其能够吸收流量，减轻宏蜂窝负荷。通过重选切换参数的初始配置，让覆盖区域内的用户更容易接入微小区。对于实时负荷的快速冲高，需要更灵活的应对策略。

移动负荷均衡允许多层小区之间通过信令接口或操作维护系统来交互实时负荷。在发现小区的当前负荷较高，而周边存在低负荷的小区时，可调整切换门限参数，使得覆盖交叠地带的终端从高负荷小区向低负荷小区迁移。在异构网中，多用于宏小区向微小区迁移负荷。为了避免对宏网络造成影响，一般调整微小区的切换参数。

（5）节能操作

在小区负荷较低时，降低节点的发射功率或关断部分载波，即可实现节能效果。在多层网络覆盖的场景下，则可实现更为灵活的节能策略，如可由一个或多个异层小区作为补偿小区。在目标小区进入节能状态时，则由补偿小区维持对该区域的基本覆盖；而在补偿小区的负荷趋重时，它们可以选择将相邻的节能小区唤醒。

第 3 章　LTE 原理

3.1　LTE 系统架构

3.1.1　LTE 系统网络架构

为了简化网络和减小延迟，实现低时延、低复杂度和低成本的要求，根据网络结构“扁平化”、“分散化”的发展趋势，LTE 改变了传统的 3GPP 接入网 UTRAN 的 NodeB 和 RNC 两层结构，将上层 ARQ、无线资源控制和小区无线资源管理功能在 NodeB 完成，形成“扁平”的 E-UTRAN 结构，如图 3-1 所示。

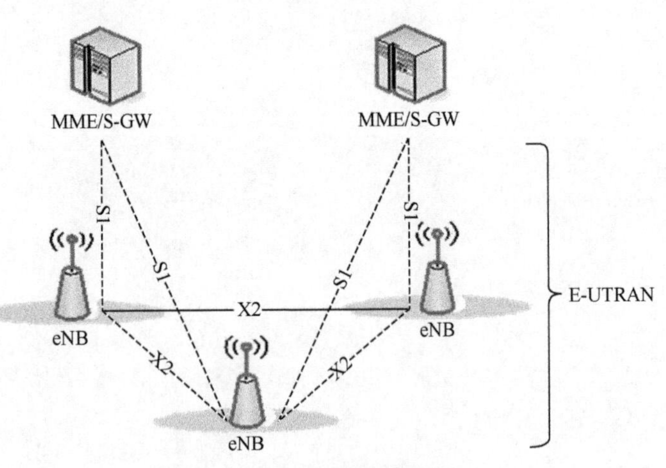

图 3-1　E-UTRAN 网络结构

整个 TD-LTE 系统由 3 部分组成：核心网（EPC，Evolved Packet Core）、接入网（eNodeB）和用户设备（UE）。其中 EPC 分为 3 部分：MME（Mobility Management Entity）负责信令处理部分，S-GW（Serving Gateway）负责本地网络用户数据处理

部分，P-GW（PDNGateway）负责用户数据包与其他网络的处理。接入网由演进型NodeB（eNB）和接入网关（aGW）构成；LTE的eNodeB除了具有原来NodeB的功能外，还承担了原来RNC的大部分功能，包括物理层（包括HARQ）、MAC层（包括ARQ）、RRC、调度、无线接入许可、无线承载控制、接入移动性管理和inter-cell RRM等。

eNodeB与EPC之间通过S1接口连接，支持多对多连接方式；eNodeB之间通过X2接口相连，支持eNodeB之间的通信需求；eNodeB与UE之间通过Uu接口连接。

3.1.2 E-UTRAN与EPC的功能划分

LTE的重要逻辑节点为eNodeB、MME和S-GW，其中各节点的主要功能如下。

1. eNodeB功能

（1）无线资源管理，包括无线承载控制、无线接入控制、连接移动性控制、UE的上下行动态资源分配。

（2）IP头压缩和用户数据流加密。

（3）UE附着时的MME选择。

（4）用户面数据向S-GW的路由。

（5）寻呼消息调度和发送。

（6）广播信息的调度和发送。

（7）移动性测量和测量报告的配置。

2. MME功能

（1）分发寻呼信息给eNodeB。

（2）接入层安全控制。

（3）移动性管理涉及核心网节点间的信令控制。

（4）空闲状态的移动性管理。

（5）SAE承载控制。

（6）非接入层（NSA）信令的加密及完整性保护。

（7）跟踪区列表管理。

（8）PSNGW与S-GW选择。

（9）向2G/3G切换时的SGSN选择。

（10）漫游。

（11）鉴权。

3. S-GW功能

（1）终止由于寻呼原因长生的用户平面数据包。

（2）支持由于UE移动性产生的用户面切换。

（3）合法监听。

（4）分组数据的路由与转发。

（5）传输层分组数据的标记。

（6）运营商间计费的数据统计。

（7）用户计费。

图 3-2 以 LTE 在 S1 接口的协议栈结构图来描述了逻辑节点、功能实体和协议层之间的关系以及功能划分。

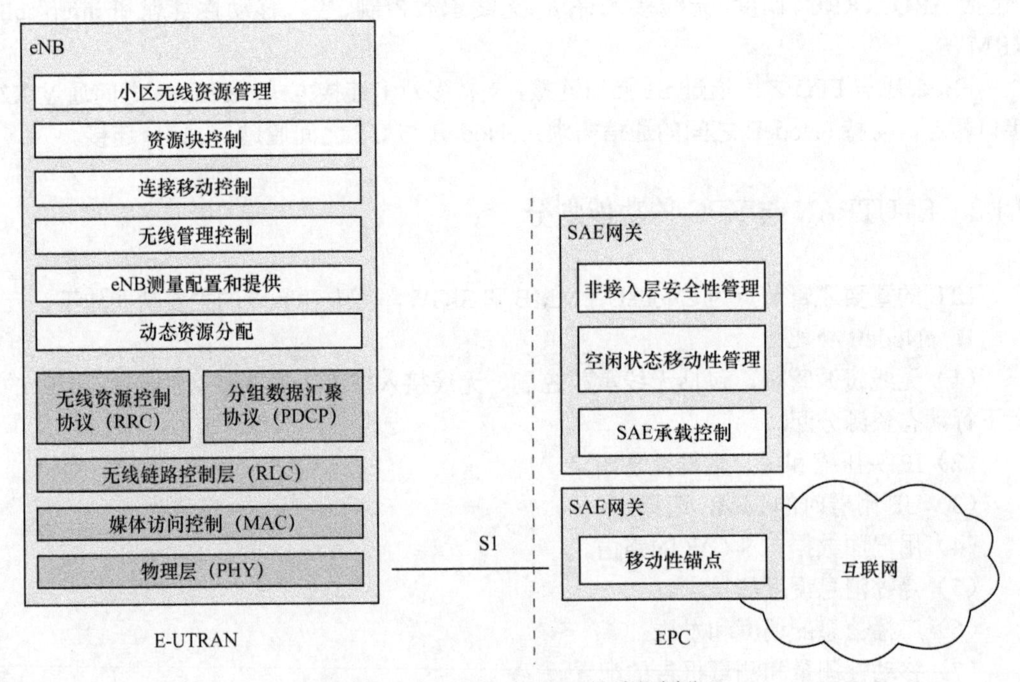

图 3-2 E-UTRAN 与 EPC 的功能划分

3.2 LTE 系统标准体系

LTE 标准体系包括物理层规范、高层规范、接口规范、射频规范及终端一致性规范等，本节将对协议族的各个系列分别进行描述。

（1）物理层规范，见表 3-1。

表 3-1 LTE 物理层规范

规范编号	规范名称	内容
TS36.201	LTE 物理层——总体描述	物理层综述协议，主要包括物理层在协议结构中的位置和功能，包括物理层 4 个规范 36.211、36.212、36.213、36.214 的主要内容和相互关系等
TS36.211	物理信道和调制	主要描述物理层信道和调制方法，包括物理资源的定义和结构，物理信号的产生方法，上行和下行物理层信道的定义、结构、帧格式，参考符号的定义和结构，下行 OFDM 和上行 SC-FDMA 调制方法描述，预编码设计，定时关系和层映射等内容
TS36.212	复用和信道编码	主要描述了传输信道和控制信道数据的处理，主要包括：复用技术，信道编码方案，第一层/第二层控制信息的编码、交织和速率匹配过程

（续表）

规范编号	规范名称	内容
TS36.213	物理信道过程	定义了 FDD 和 TDDE-UTRA 系统的物理过程的特性，主要包括：同步过程（包括小区搜索和定时同步）、功率控制过程、随机接入过程、物理下行共享信道相关过程（CQI 报告和 MIMO 反馈）、物理上行共享信道相关过程（UE 探测和 HARQACK/NACK 检测）、物理下行共享控制信道过程（包括共享信道分配）、物理多点传送相关过程
TS36.214	物理层——测量	主要描述物理层测量的特性，主要包括：UE 和 E-UTRAN 中的物理层测量、向高层和网络报告测量结果、切换测量、空闲模式测量等
TS36.216	物理层的中继操作	描述了物理信道和调制、复用和信道编码、中继节点程序

（2）高层规范，见表 3-2。

表 3-2　LTE 高层规范

规范编号	规范名称	内容
TS36.300	E-UTRA 和 E-UTRAN 的总体描述	提供了 E-UTRAN 无线接口协议框架的总体描述，主要包括：E-UTRAN 协议框架、E-UTRAN 各功能实体功能划分、无线接口协议栈、物理层框架描述、空口高层协议栈框架描述、RRC 服务和功能、HARQ 功能、移动性管理、随机接入过程、调度、QoS、安全、MBMS、RRM、S1 接口、X2 接口、自优化的功能等内容
TS36.302	物理层提供的服务	主要描述了 E-UTRA 物理层向高层提供的功能，主要包括：物理层的服务和功能、共享信道、广播信道、寻呼信道和多播信道传输的物理层模型、物理信道传输组合、物理层可以提供的测量等内容
TS36.304	Idle 状态的 UE 过程	主要描述了 UE 空闲模式下的过程，主要包括：空闲模式的功能以及空闲模式下的 PLMN 选择、小区选择和重选、小区登记和接入限制、广播信息接收和寻呼
TS36.305	E-UTRAN 中 UE 的功能说明	主要描述了 UE 的定位功能，包括 E-UTRANUE 的定位架构、定位相关的信令和接口协议、主要定位流程、定位方法和配套程序
TS36.306	UE 的无线接入能力	主要描述 UE 的无线接入能力，包括 UE 等级划分方式、UE 各个参数的能力定义
TS36.314	层 2——测量	主要针对所有空口高层测量的描述和定义，这些测量用于 E-UTRA 的无线链路操作、RRM、OAM 和 SON 等
TS36.321	媒体接入控制（MAC）协议规范	主要是对 MAC 层的描述，包括：MAC 层框架、MAC 实体功能、MAC 过程、MAC PDU 格式和定义等
TS36.322	无线链路控制（RLC）协议规范	主要是对 RLC 层的描述，包括：RLC 层框架、RLC 实体功能、RLC 过程、RLC PDU 格式和参数等
TS36.323	分组数据汇聚协议（PDCP）规范	描述了 PDCP 层协议，主要包括：PDCP 层框架、PDCP 结构和实体、PDCP 过程、PDCP PDU 格式和参数等
TS36.331	无线资源控制（RRC）协议规范	主要是对对 RRC 层的描述，包括：RRC 层框架、RRC 层对上下层提供的服务、RRC 功能、RRC 过程、UE 使用的变量和计数器、RRC 信息编码、特定和非特定的无线框架、通过网络节点转移 RRC 信息、UE 的能力相关的制约和性能要求
TS36.355	LTE 定位协议（LPP）	主要是对 LTE 定位协议的描述

（3）接口规范，见表 3-3。

表 3-3　LTE 接口规范

规范编号	规范名称	内容
TS36.401	架构描述	主要是对 E-UTRAN 整体架构和整体功能的描述，包括：用户平面和控制平面协议、E-UTRAN 框架结构、E-UTRAN 主要功能和接口介绍
TS36.410	S1 总体方面和原理	主要是对 S1 接口的总体描述，包括 S1 接口协议和功能划分、S1 接口协议结构、S1 接口的 3GPP TS36.41X 技术规范
TS36.411	S1 接口层 1	主要描述支持 S1 接口的物理层功能
TS36.412	S1 信令传输	定义了在 S1 接口使用的信令传输的标准
TS36.413	S1 应用协议（S1AP）	主要描述 S1 应用协议，是 S1 接口最主要的协议，包括 S1 接口信令过程、S1 AP 功能、S1 AP 过程、S1 AP 消息
TS36.414	S1 数据传输	定义了用户数据传输协议和相应的信令协议，以通过 S1 接口建立用户面传输承载
TS36.420	X2 总体方面和原理	主要是对 X2 接口的总体描述，包括 X2 接口协议结构、X2 接口功能、X2 接口的 3GPP TS36.42X 技术规范
TS36.421	X2 接口层 1	描述了 X2 接口层 1
TS36.422	X2 信令传输	主要描述 X2 信令承载协议栈承载能力
TS36.423	X2 应用协议	主要描述 X2 应用协议，是 X2 接口最主要的协议，包括 X2 接口信令过程、X2AP 功能、X2 AP 过程、X2 AP 消息
TS36.424	X2 数据传输	主要描述 X2 接口用户平面协议栈及功能
TS36.440	支持 E-UTRAN 中 MBMS 的接口的总体方面和原理	主要是对 MBMS 的框架的总体情况介绍，包括 MBMS 的总体架构，用于支持 MBMS 业务的 M1、M2、M3 接口功能，以及 MBMS 相关协议的介绍
TS36.441	支持 E-UTRAN 中 MBMS 的接口的层 1	描述支持 MBMS M1，M2，M3 接口的物理层功能
TS36.442	支持 E-UTRAN 中 MBMS 的接口的信令传输	主要是 M2 接口的 M2 应用协议栈及功能，M3 接口的 M3 应用协议栈及功能
TS36.443	M2 应用协议（M2AP）	主要是 M2 接口的 M2 应用协议控制平面信令，包括 M2AP 业务、功能、过程以及消息描述
TS36.444	M3 应用协议（M3AP）	主要是 M3 接口的 M3 应用协议控制平面信令，包括 M3AP 业务、功能、过程以及消息描述
TS36.445	M1 数据传输	主要是 M1 接口的用户平面传输承载、用户平面协议栈及功能
TS36.446	M1 用户平面协议	
TS36.455	LTE 定位协议 A（LPPa）	主要描述 LTE 定位协议 A，包括：定位辅助信息的获取和传输、定位相关测量信息和位置信息的交互等

（4）射频规范，见表 3-4。

表 3-4 LTE 射频规范

规范编号	规范名称	内容
TS36.101	UE 无线发送和接收	描述 FDD 和 TDDE-UTRAUE 的最小射频（RF）特性
TS36.104	BS 无线发送与接收	描述 E-UTRABS 在成对频谱和非成对频谱的最小 RF 特性
TS36.106	FDD 直放站无线发送与接收	描述 FDD 直放站的射频要求和基本测试条件
TS36.113	BS 与直放站的电磁兼容	包含对 E-UTRA 基站、直放站和补充设备的电磁兼容（EMC）评估
TS36.124	移动终端和辅助设备的电磁兼容的要求	建立了对于 E-UTRA 终端和附属设备的主要 EMC 要求，保证不对其他设备产生电磁干扰，并保证自身对电磁干扰有一定的免疫性。定义了 EMC 测试方法、频率范围、最小性能要求等
TS36.133	支持无线资源管理的要求	描述支持 FDD 和 TDDE-UTRA 的无线资源管理需求，包括对 E-UTRAN 和 UE 测量的要求，以及针对延迟和反馈特性的点对点动态性和互动的要求
TS36.141	BS 一致性测试	描述对 FDD/TDDE-UTRA 基站的射频测试方法和一致性要求
TS36.143	FDD 直放站一致性测试	描述了 FDD 直放站的一致性规范，基于 36.106 中定义的核心要求和基本方法，对详细的测试方法、过程、环境和一致性要求等进行详细说明
TS36.171	支持辅助全球导航卫星系统（A-GNSS）的要求	描述了基于 UE 和 UE 辅助 FDD 或 TDD 的辅助全球导航卫星系统终端的最低性能
TS36.307	UE 支持零散频段的要求	定义了终端支持与版本无关频段时所要满足的要求

（5）终端一致性规范，见表 3-5。

表 3-5 终端一致性规范

规范编号	规范名称	内容
TS36.508	UE 一致性测试的通用测试环境	主要描述终端一致性测试公共测试环境的配置，包含小区参数配置以及基本空口消息定义等
TS36.509	UE 的特殊一致性测试功能	主要描述了终端为满足一致性测试而支持的特殊功能定义，包括数据回环测试功能等
TS36.521-1	一致性测试	描述了终端一致性射频测试中对于终端收发信号能力等的测试
TS36.521-2	实现一致性声明	描述了终端一致性射频测试中终端为支持测试而需满足的特性条件
TS36.521-3	无线资源管理一致性测试	主要描述了终端一致性射频测试中对无线资源管理能力的测试
TS36.523-1	协议一致性声明	描述了终端一致性信令测试的测试流程
TS36.523-2	实现一致性声明形式规范	描述了终端一致性信令测试中终端为支持测试而满足的特性条件
TS36.523-3	测试套件	描述了终端一致性信令测试 TTCN 代码
TS36.571-1	最低性能的一致性	
TS36.571-2	协议一致性	

（续表）

规范编号	规范名称	内容
TS36.571-3	实现一致性声明	
TS36.571-4	测试套件	
TS36.571-5	UE 的定位测试场景和辅助数据	

3.3 LTE 协议栈

3.3.1 整体协议栈

LTE 的协议栈根据用途分为用户平面协议栈和控制平面协议栈。

用户面和控制面协议栈均包括 PHY、MAC、RLC 和 PDCP 层，控制面向上还包括 RRC 层和 NAS 层。由于没有了 RNC，空中接口的用户平面（MAC/RLC）功能由 eNodeB 进行管理和控制，如图 3-3 所示，用户面各协议体主要完成信头压缩、加密、调度、ARQ 和 HARQ 等功能。

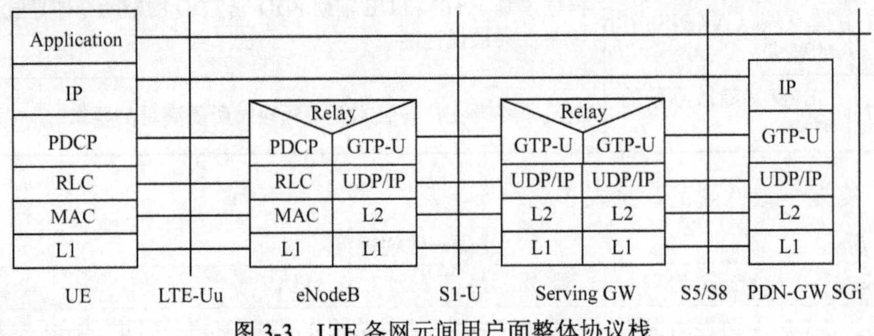

图 3-3　LTE 各网元间用户面整体协议栈

控制面协议栈由 RRC 完成广播、寻呼、RRC 连接管理、RB 控制、移动性功能和 UE 的测量报告和控制功能。RLC 和 MAC 子层在用户面和控制面执行功能没有区别，如图 3-4 所示。由于没有了 RNC，空中接口的控制平面（RRC）功能由 eNodeB 进行管理和控制。

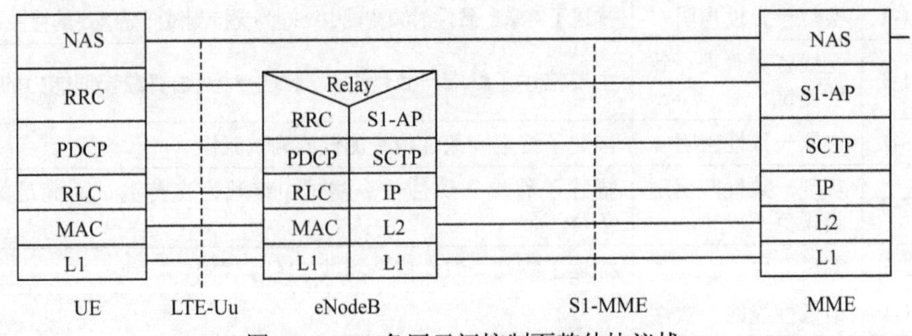

图 3-4　LTE 各网元间控制面整体协议栈

3.3.2 无线接口协议栈

无线接口协议也分为用户面和控制面协议。用户面协议栈与 UMTS 相似，主要包括 PDCP、RLC 和 MAC 层，主要执行头压缩、调度、加密等功能，如图 3-5 所示。区别于 TD-SCDMA，LTE 无线接口用户面的加密和解密功能由 PDCP 子层完成，仅存在一个 MAC 实体。

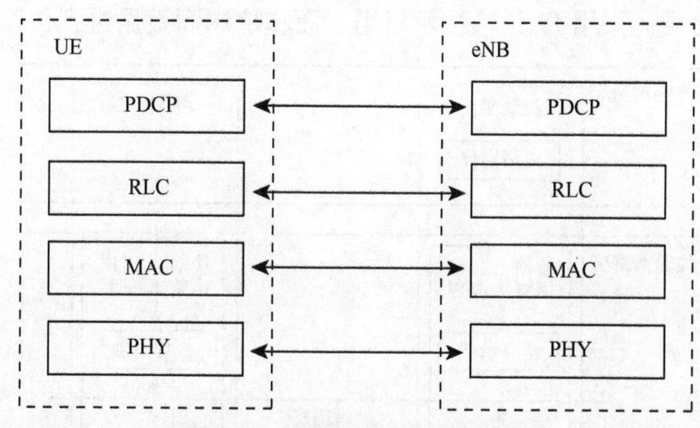

图 3-5 无线接口用户面协议栈

控制平面协议栈如图 3-6 所示，主要包括 NAS、RRC、PDCP、RLC、MAC 5 层，其中 PDCP、RLC 和 MAC 的功能和用户平面的一样。RRC 协议终止于 eNodeB，主要实现以下功能：

（1）广播；

（2）寻呼；

（3）RRC 连接管理；

（4）RB 控制；

（5）移动性方面；

（6）终端的测量和测量上报控制。

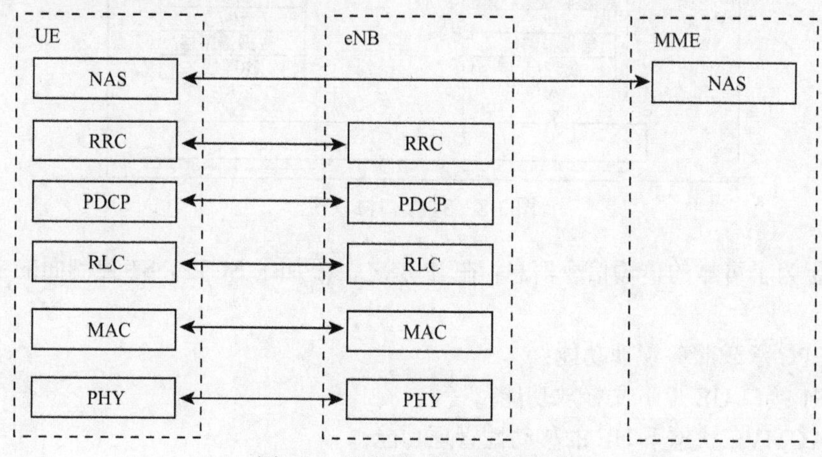

图 3-6 无线接口控制面协议栈

3.3.3 其他接口协议栈

eNodeB 与 EPC 之间通过 S1 接口连接，支持多对多连接方式；eNodeB 之间通过 X2 接口相连，支持 eNodeB 之间的通信需求，E-UTRAN 定义了 S1 接口和 X2 接口的通用协议模型，如图 3-7 所示，其控制面和用户面相分离，无线网络层与传输网络层相分离。

（1）无线网络层：实现 E-UTRAN 的通信功能。

（2）传输网络层：采用 IP 传输技术对用户面和控制面数据进行传输。

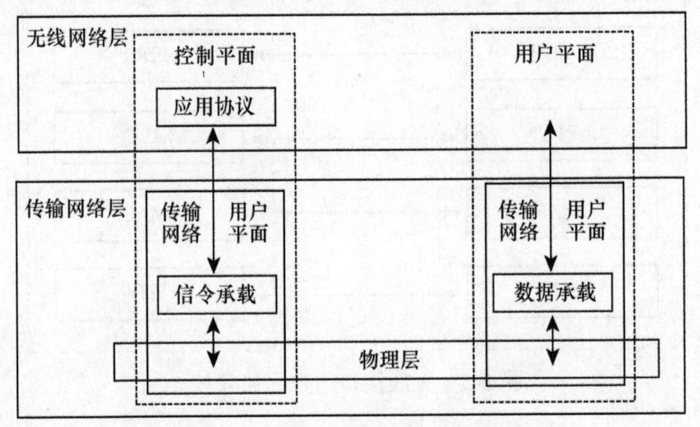

图 3-7 E-UTRAN 接口通用协议模型

1. S1 接口协议栈

S1 接口协议栈如图 3-8 所示。

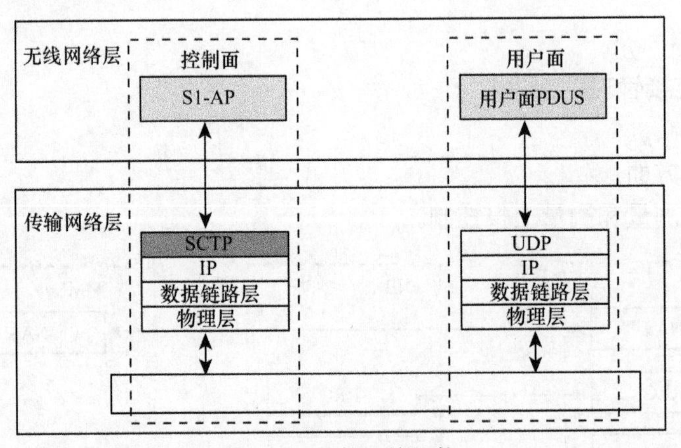

图 3-8 S1 接口协议栈

控制层为了可靠的传输信令消息，在 IP 层之上添加了 SCTP，S1 控制面的主要功能如下：

（1）EPC 承载服务管理功能；

（2）S1 接口 UE 上下文释放功能；

（3）ACTIVE 状态下 UE 的移动性管理功能；

（4）S1 接口的寻呼；

（5）NAS 信令传输功能；

（6）漫游于区域限制支持功能；

（7）NAS 节点选择功能；

（8）初始上下文建立过程。

UDP/IP 之上的 GTP-U 用来传输 S-GW 与 eNodeB 之间的用户平面 PDU，S1 用户面的主要功能如下：

（1）在 S1 接口目标节点中指示数据分组所属的 SAE 接入承载；

（2）移动性过程中尽量减少数据的丢失；

（3）错误处理机制；

（4）MBMS 支持功能；

（5）分组丢失检测机制。

2. X2 接口协议栈

X2-U 接口协议栈与 S1-U 接口协议栈完全相同，X2 接口协议栈如图 3-9 所示。

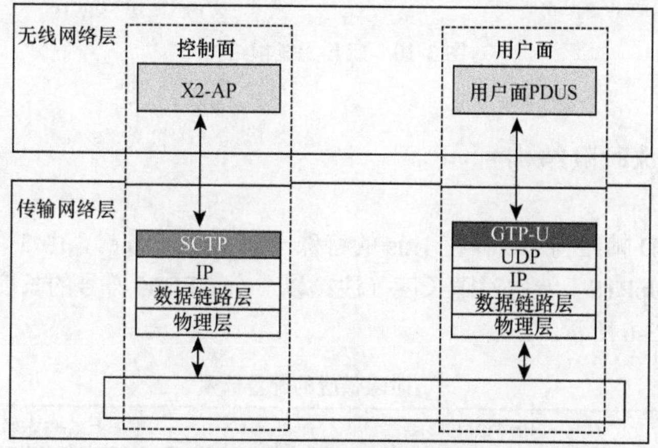

图 3-9　X2 接口协议栈示意

X2 接口用户面提供 eNodeB 之间的用户数据传输功能。LTE 系统 X2 接口的定义采用了与 S1 接口一致的原则，X2 接口应用层协议主要功能如下：

（1）支持 LTE_ACTIVE 状态下 UE 的 LTE 接入系统内的移动性管理功能；

（2）X2 接口自身的管理功能，如错误指示、X2 接口的建立与复位，更新 X2 接口配置数据等；

（3）负荷管理功能。

3.4 帧结构

3.4.1 LTE 帧结构

LTE 支持两种帧结构，分别是 FDD、TDD，无线帧长度为 10ms，如图 3-10 所示。

在 FDD 中 10ms 的无线帧分为 10 个长度为 1ms 的子帧（Subframe），每个的子帧由两个长度为 0.5ms 的时隙（Slot）组成。

在 TDD 中 10ms 的无线帧由两个长度为 5ms 的半帧（Half Frame）组成，每个半帧由 5 个长度为 1ms 的子帧组成，其中有 4 个普通的子帧和 1 个特殊子帧。普通子帧由 2 个 0.5ms 的时隙组成，特殊子帧由 3 个特殊时隙（UpPTS、GP 和 DwPTS）组成。

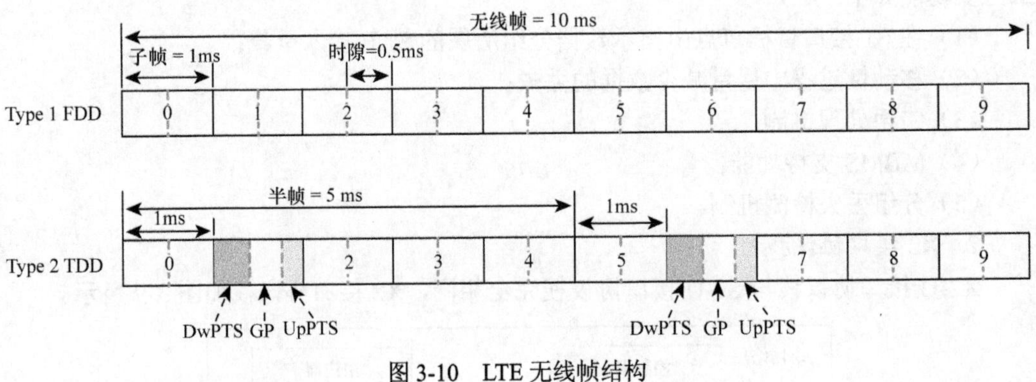

图 3-10　LTE 无线帧结构

3.4.2　TDD 特殊时隙结构

在 Type2 TDD 帧结构中，存在 1ms 的特殊子帧（Subframe），由 3 个特殊时隙组成：DwPTS、GP 和 UpPTS。特殊时隙长度（注：以一个 OFDM 符号的长度作为基本单位）的配置选项如表 3-6 所示。

表 3-6　时隙长度的配置选项

配置选项	Normal CP			Extended CP		
	DwPTS	GP	UpPTS	DwPTS	GP	UpPTS
0	3	10	1	3	8	1
1	9	4	1	8	3	1
2	10	3	1	9	2	1
3	11	2	1	10	1	1
4	12	1	1	3	7	2
5	3	9	2	8	2	2
6	9	3	2	9	1	2
7	10	2	2			
8	11	1	2			

特殊时隙的帧结构如图 3-11 所示。

（1）DwPTS 的长度可配置为 3～12 个 OFDM 符号，其中，主同步信道位于第 3 个符号，相应的，在这个特殊的子帧中 PDCCH 的最大长度为 2 个符号；

（2）UpPTS 的长度可配置为 1～2 个 OFDM 符号，可用于承载随机接入信道和/或者 Sounding 参考信号；

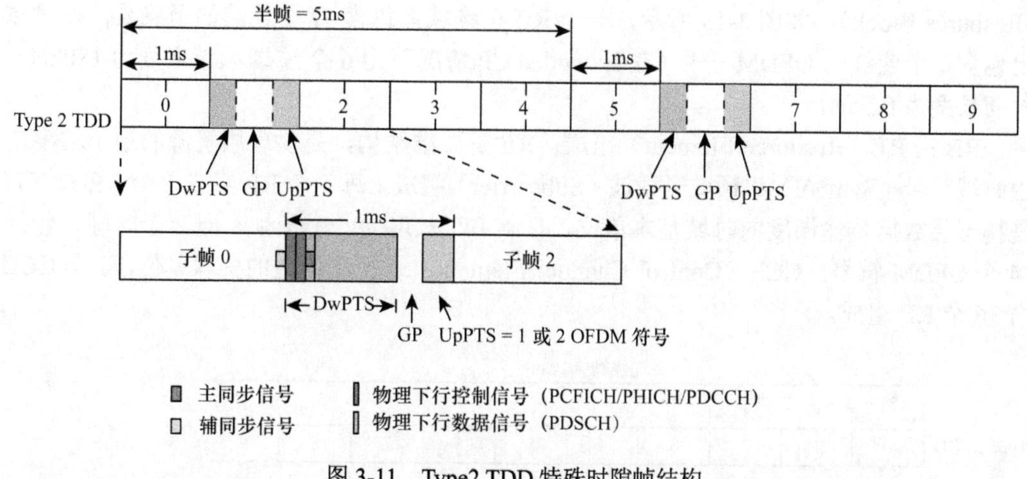

图 3-11 Type2 TDD 特殊时隙帧结构

（3）GP 用于上下行转换的保护，主要由“传输时延”和“设备收发转换时延”构成。

TD-LTE 中支持不同的上下行时间配比，可以根据不同的业务类型，调整上下行时间配比，以满足上下行非对称的业务需求。支持 7 种不同的上下行配比选项，在广播消息 SI-1 中使用 3bit 指示 TDD 的上下行配比信息，如图 3-12 所示。

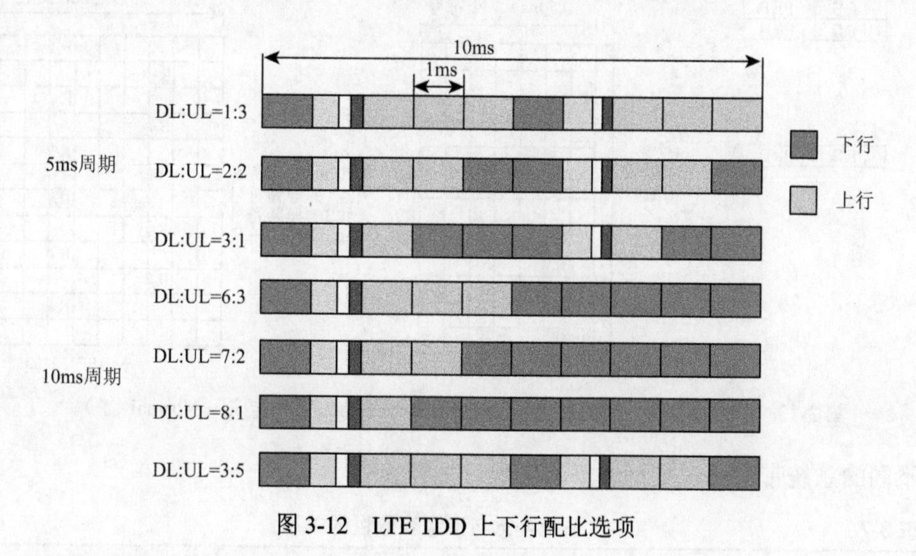

图 3-12 LTE TDD 上下行配比选项

3.5 物理资源

3.5.1 物理资源块

LTE 具有时域和频域的资源，物理层数据传输的资源分配的最小单位是资源块 RB

（Resource Block），如图 3-13 所示，一个 RB 在频域上包含 12 个连续的子载波，在时域上包含 7 个连续的 OFDM 符号（在 Extended CP 情况下为 6 个），即频域宽度为 180kHz，时间长度为 0.5ms。

RB 由 RE（Resource Element）组成；RE 是二维结构，是物理层资源的最小粒度，由时域符号（Symbol）和频域子载波（Subcarrier）组成，每 4 个 RE 组成 1 个 REG。TTI 是物理层数据传输调度的时域基本单位，1 个 TTI 长度为一个子帧，即 2 个时隙，包括 14 个 OFDM 符号。CCE（Control Channel Element）是控制信道的资源单位，1 个 CCE 由 36 个 RE 组成。

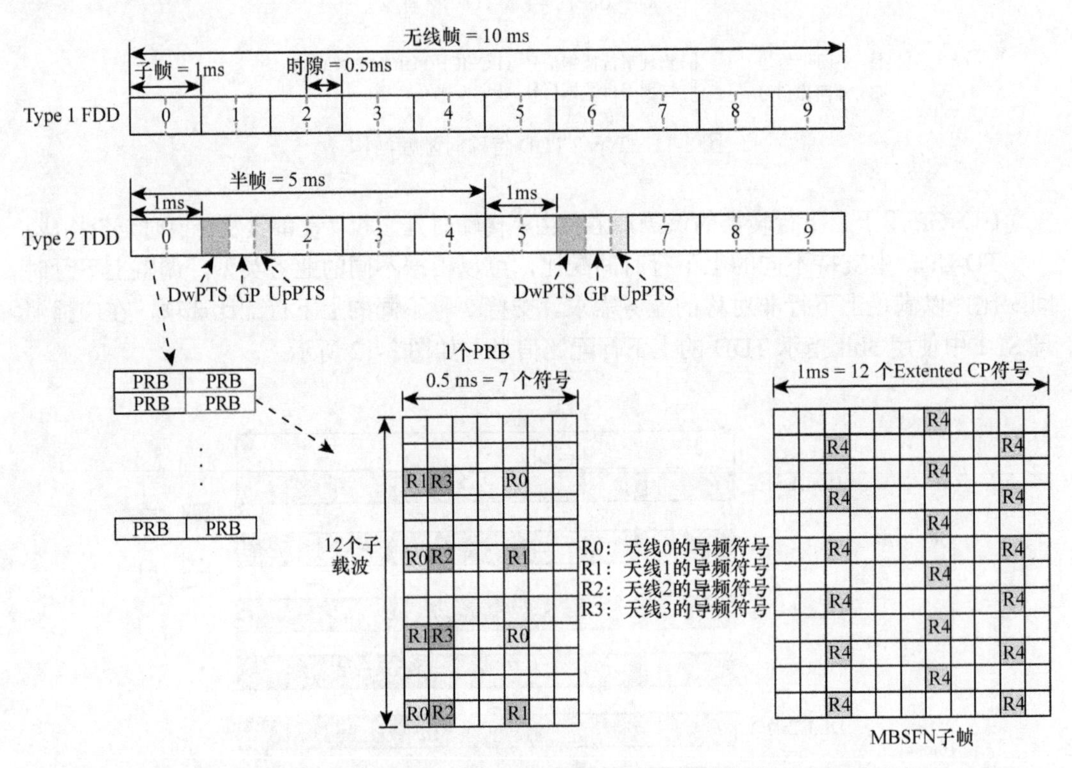

图 3-13　物理资源块（PRB，PhysicalResource Block）的定义（Normal CP）

不同的系统带宽可以支持的资源块数目见表 3-7。

表 3-7　系统带宽与资源块数目的关系

系统带宽	子载波数目（含 DC）	PRB 数目
1.25MHz	73	6
5MHz	301	25
10MHz	601	50
20MHz	1201	100

3.5.2　资源分配：逻辑资源块

为了方便物理信道向空中接口时频域物理资源的映射，在物理资源块之外还定义了逻辑资源块。逻辑资源块的大小与物理资源块相同，且逻辑资源块与物理资源块具有相同的数目，但逻辑资源块和物理资源块分别对应各自的资源块序号 n_{VRB} 和 n_{PRB}。协议规定了两种类型的逻辑资源块——集中式（Localized VRB）和分布式（Distributed VRB）。LVRB 直接影射到 PRB 上，即资源按照 VRB 进行分配并映射到 PRB 上，对应 PRB 的序号 n_{PRB} 等于 VRB 序号（可以看作一种直接按照 PRB 直接分配映射的过程），一个子帧中两个时隙的 LVRB 将映射到相同频域位置的两个 PRB 上；而 DVRB 采用分布式的映射方式，即一个子帧中两个时隙的 DVRB 将映射到不同频域位置的两个 PRB 上，某时隙的物理资源 PRB 对应的频域位置序号可以表示为 $n_{PRB}=f(n_{VRB}, n_s)$，其中 n_s 时无线帧内的时隙号码。如图 3-14 所示。

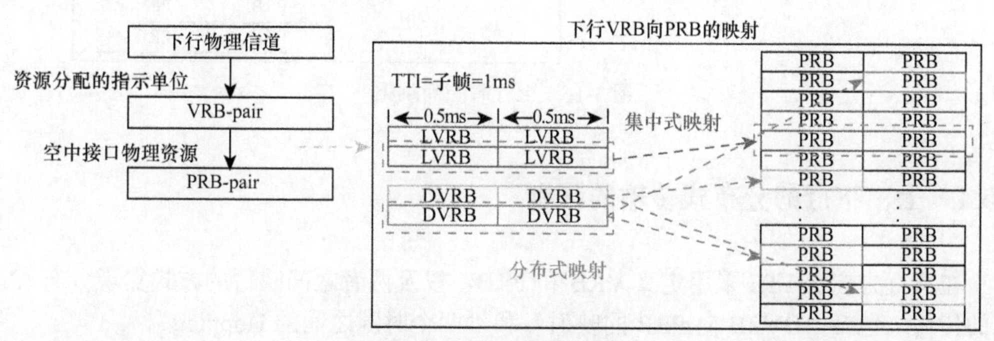

图 3-14 下行资源分配

3.5.3 上行资源分配：物理资源块

在上行方向上 LTE 仅采用 Compact 方式分配 VRB，通过集中式的 PRB 分配（保持单载波特性）结合时隙间 Hopping 实现分布式方式的传输，如图 3-15 所示。与下行不同，上行不支持时隙（0.5ms）内的分布式传输，而是采用跳频来实现频域分集的效果。

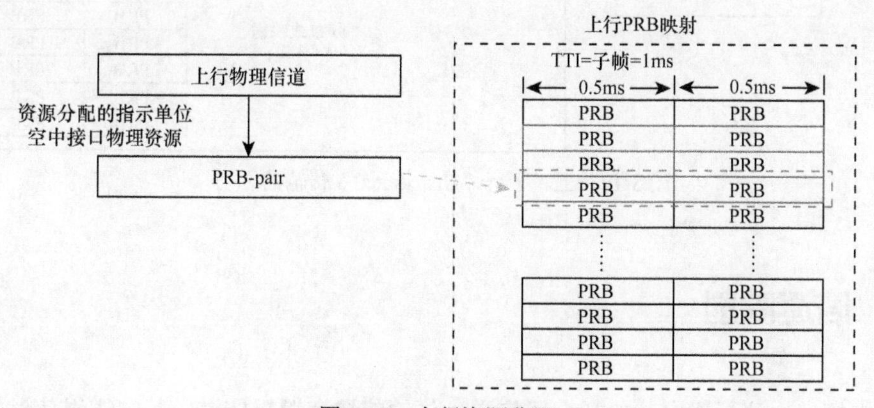

图 3-15 上行资源分配

在 2 个 RB-pair 的情况下，只能实现 2 分集的效果，如图 3-16 所示。

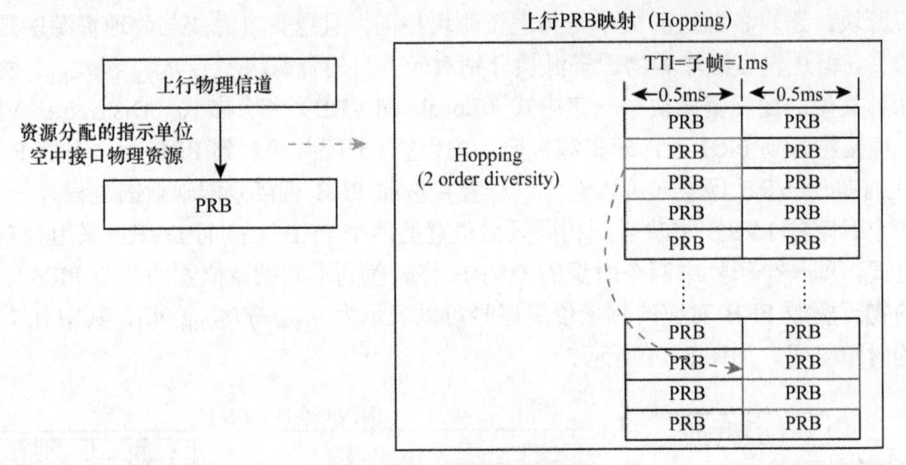

图 3-16　上行时隙间跳频

3.5.4　上、下行的分布式传输的区别

在下行方向上 LTE 采用定义 VRB 和 PRB，以及两者之间映射的方式实现分布式方式的传输，包括“DVRB 向 PRB 的映射”和“两个时隙之间的 Hopping”。

在 2 个 DVRB-pair 的情况下，可以实现 4 分集的效果（上行通过时隙间 Hopping 实现子帧内的分布式传输，2 个 RB-pairs 的情况下只能实现 2 分集的效果），如图 3-17 所示。

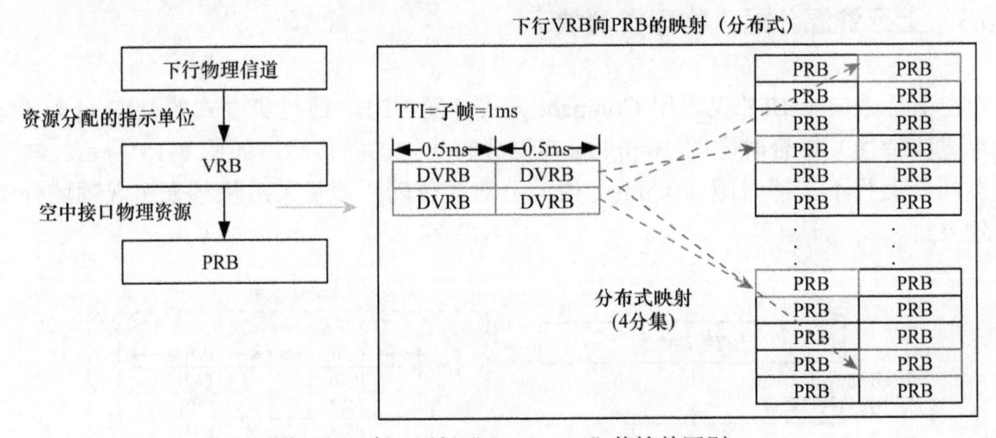

图 3-17　上、下行“Distributed”传输的区别

3.6　信道映射

空中接口协议层次中，包括物理信道、传输信道和逻辑信道，其中逻辑信道描述了信息类型，传输信道描述信息的传输方式，物理信道则由物理层用于具体的信号传输。在协议层次中，MAC 层实现逻辑信道向传输信道的映射，而物理层实现传输信道向物

理信道的映射，以传输信道为接口向上层提供数据传输的服务。

LTE 的信道类型和映射关系从传输信道的设计方面来看，信道数量将比 WCDMA 系统有所减少。最大的变化是将取消专用信道，在上行和下行都采用共享信道（SCH）。

LTE 的逻辑信道可以分为控制信道和业务信道两类来描述，控制信道包括广播控制信道（BCCH）、寻呼控制信道（PCCH）、公共控制信道（CCCH）、多播控制信道（MCCH）和专用控制信道（DCCH）。业务信道分为专用业务信道（DTCH）和多播业务信道（MTCH）。

LTE 的传输信道按照上下行区分，下行传输信道包括寻呼信道（PCH）、广播信道（BCH）、多播信道（MCH）和下行链路共享信道（DL-SCH）。上行传输信道包括随机接入信道（RACH）和上行链路共享信道（UL-SCH）。

LTE 的物理信道按照上下行区分，下行物理信道包括公共控制物理信道（CCPCH）、物理数据共享信道（PDSCH）和物理数据控制信道（PDCCH）。上行物理信道包括物理随机接入信道（PRACH）、物理上行控制信道（PUCCH）、物理上行共享信道（PUSCH）。

具体的信道映射关系如图 3-18 和图 3-19 所示。

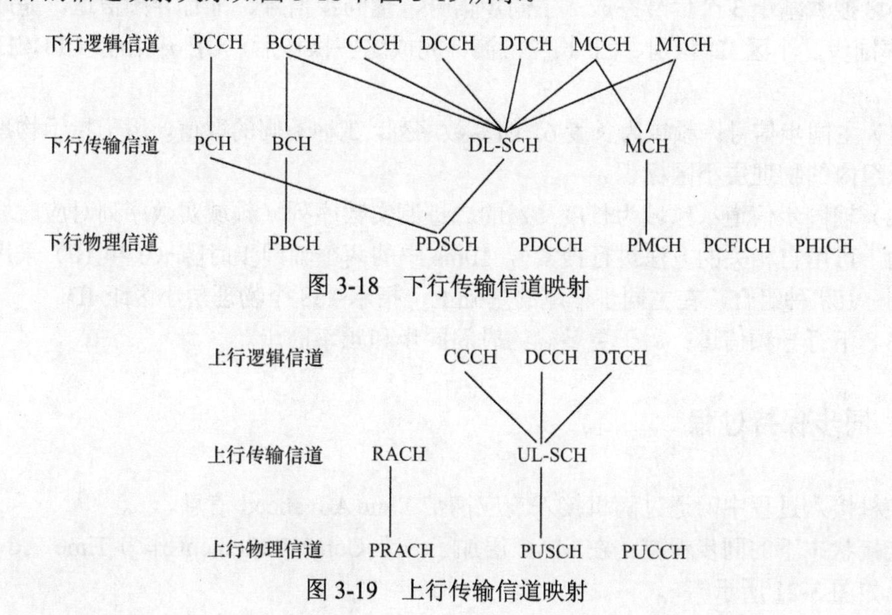

图 3-18　下行传输信道映射

图 3-19　上行传输信道映射

3.7　物理过程

3.7.1　小区搜索过程

小区搜索是 UE 进入小区的第一步操作，UE 通过完成小区搜索行为获得与基站的下行同步。小区搜索的过程如图 3-20 所示。

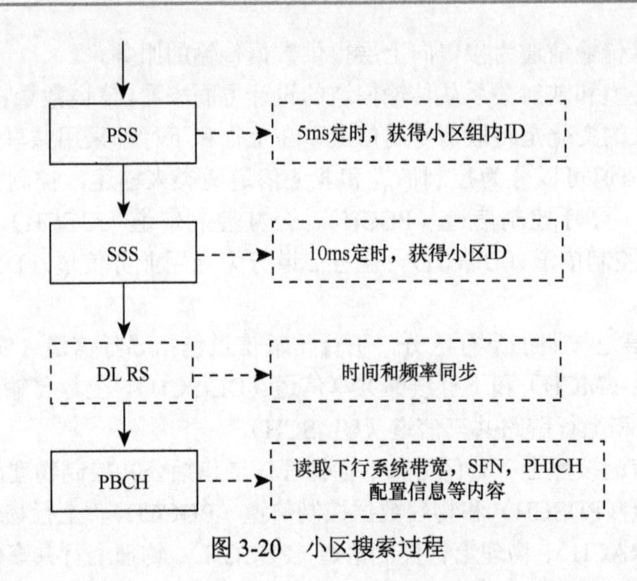

图 3-20　小区搜索过程

小区搜索基于 3 个信号完成：主同步信号、辅同步信号、下行导频信道。完成：时间/频率同步、小区 ID 识别、CP 长度检测。完成这些操作后，UE 开始读取 PBCH 信道信息。

（1）主同步信号：频域为长度 62 的复数序列，3 种不同的取值，用于指示物理层小区标识组内的物理层小区标识。

（2）辅同步信道：频域为长度 62 的二进制实数序列（频域实数序列对应时域对称的结构，可用自相关的方法进行搜索），10ms 中的两个辅同步时隙（0 和 10）采用不同的序列，168 种组合，在主同步信道的基础上，指示 168 个物理层小区组 ID。

（3）下行导频信道：用于更精确的时间同步和频率同步。

3.7.2　同步保持过程

随机接入过程中，通过随机接入响应携带 Time Advanced 信息。

连接状态下的同步保持：在 MAC 层加了一个 Control Element 作为 Time Advanced 指示，如图 3-21 所示。

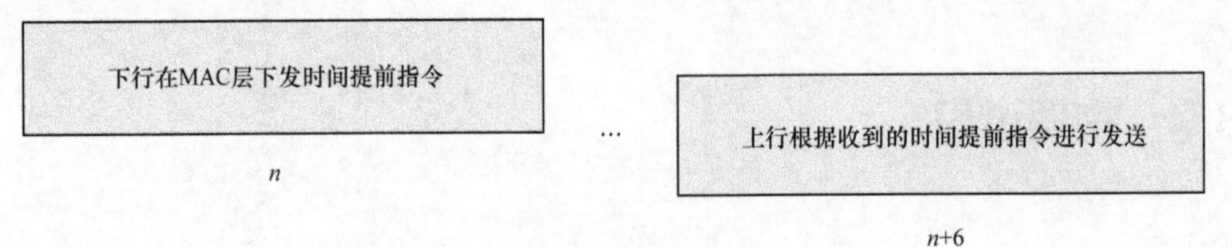

图 3-21　同步保持过程

（1）使用无线链路质量测量来判断链路是否失步。

（2）使用绝对的门限来判断无线链路的质量问题。

① 终端可以检测 RS 和 PCFICH 的质量。

② RAN4 定义具体的门限值。

（3）向上层报告链路质量问题。

在标准中规定终端的检测周期。

3.7.3 随机接入过程

LTE 中，随机接入流程如图 3-22 所示，主要分为 4 个步骤。

步骤 1：UE 随机选择一个前置码，在 PRACH 上发送。

步骤 2：NodeB 在检测到有前置码发送后，下行发送随机接入响应，随机接入响应中包含以下信息：

① 所收到的前置码的编号；

② 所收到的前置码对应的时间调整量；

③ 为该终端分配的上行资源位置指示信息。

步骤 3：UE 在收到随机接入响应后，根据其指示，在分配的上行资源上发送上行消息。该上行消息中至少应包含：

该终端的唯一 ID（TMSI）或者随机 ID。

步骤 4：NodeB 接收 UE 的上行消息，并向接入成功的 UE 返回竞争解决消息。该竞争解决消息中至少应包含：

接入成功的终端的唯一 ID（TMSI）或者随机 ID。

关于终端对于 RACH 的处理时延，即从 message2 到 message3 之间的时延：TDD 终端与 FDD 终端的时延要求均为 4ms。

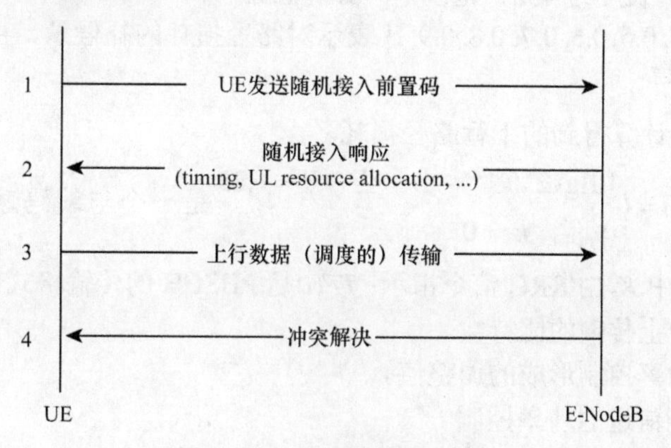

图 3-22 LTE 随机接入过程

3.7.4 功率控制过程

针对上行和下行信号的不同特点，LTE 定义了相应的功率控制机制。对于上行信号，采用闭环功率控制机制，控制终端在上行单载波符号上的发射功率；对于下行信号，采用开环功率分配机制，控制各个子载波的发射功率，以抑制小区间干扰。

1. 上行功率控制

上行功率控制控制各个终端到达基站的接收功率，使得不同距离的用户都能以适当的功率到达基站，避免“远近效应”，避免小区间的同频干扰。上行功控决定了每个DFT-S-OFDM 符号上的能量分配。

为了支持小区间干扰协调，在 X2 接口上传输两种信息：

（1）Over load indicator;

（2）Indicator to indicate PRB that E-NodeB schedule celledge user。

定义上行的测量量 RIP（Receive Interference Power），测量基站上行每个 RB 上接收到的干扰功率（包括干扰和白噪）。

（1）上行物理数据信道的功率控制

上行物理数据信道 PUSCH 在子帧 i 的发送功率由下式给出：

$$P_{\text{PUSCH}}(\text{i}) = \min\{P_{\text{MAX,}}\ 10\lg(M_{\text{PUSCH}}(i)) + P_{0\_\text{PUSCH}}(j) + \alpha(j) \bullet PL + \Delta_{\text{TF}}(TF(i)) + f(i)\} \quad [\text{dBm}]$$

其中：

① P_{MAX} 表示终端的最大发射功率。

② $M_{\text{PUSCH}}(i)$ 表示传输所使用的 RB 数目。

③ $P_{0\_\text{PUSCH}}(j) = P_{0\_\text{NOMINAL\_PUSCH}}(j) + P_{0\_\text{UE\_PUSCH}}(j)$ 是一个半静态设置的功率基准值，可用于对不同的上行传输数据包设定不同的值。

a. j 的值为 0 或者 1，对于由 PDCCH format0 分配的上行新数据包传输 j=1，否则 j=0。

b. $P_{0\_\text{NOMINAL\_PUSCH}}(j)$ 由高层信令指示，长度为 8bit，范围是[−126，24]；而 $P_{0\_\text{UE\_PUSCH}}(j)$ 由 RRC 信令配置，长度为 4bit，范围是[−8，7]dB。

④ $\alpha \in \{0, 0.4, 0.5, 0.6, 0.7, 0.8, 0.9, 1\}$ 表示对路径损耗的补偿量，由高层信令指示，长度为 3bit。

⑤ PL 是终端计算得到的下行路径损耗。

⑥ $\Delta_{\text{TF}}(TF(i)) = \begin{cases} 10\lg(2^{\text{MPR}\cdot Ks} - 1) & \text{当} \quad k_{\text{s}} = 1.25 \\ 0 \quad \text{当} \quad k_{\text{s}} = 0 \end{cases}$ 是一个与编码速率和调制方式相对应的偏移量。其中 K_{s} 由 RRC 信令指示；$TF(i)$是 PUSCH 的传输格式；MPR=$N_{\text{INFO}}/N_{\text{RE}}$，表示每个资源符号上传输的比特数。

⑦ $f(i)$是由功率控制形成的调整值。

（2）上行控制信道的功率控制

上行物理控制信道（PUCCH）在 Subframe i 的传输功率由下式给出：

$$P_{\text{PUCCH}}(i) = \min\{P_{\text{MAX}},\ P_{0\_\text{PUCCH}} + PL + \Delta_{\text{F\_PUCCH}}(F) + g(i)\} \quad [\text{dBm}]$$

① $P_{0\_\text{PUCCH}} = P_{0\_\text{NOMINAL\_PUCCH}} + P_{0\_\text{UE\_PUCCH}}$ 是一个半静态设置的功率基准值。

a. $P_{0\_\text{NOMINAL\_PUCCH}}$ 由高层指示，长度为 5bit，动态范围是[−127，−96]dBm。

b. $P_{0\_\text{UE\_PUCCH}}$ 由 RRC 信令指示，长度为 4bit，动态范围是[−8，7]dB。

② PL 是终端计算得到的下行路径损耗。

③ $\Delta_{\text{F\_PUCCH}}(F)$ 表示 PUCCH 不同 format 形成的相对于 format0 的偏移量。

④ $g(i)$ 是由功率控制形成的调整值。

2. 下行功率分配

下行功率分配控制基站各个时隙在各个子载波上的发射功率，下行 RS 一般以恒定功率发射，下行共享信道（PDSCH）的发射功率是与 RS 发射功率成一定比例的。下行功控根据 UE 上报的 CQI 与目标 CQI 的对比，调整下行发射功率。下行功控决定了每个 RE 上的能量 EPRE（Energy per Resource Element）。

3.7.5 数据传输过程

1. 下行数据传输基本过程

图 3-23 下行数据传输基本过程

图 3-23 是进行下行数据传输时的基本过程，包括下行数据的调度传输（PDCCH+PDSCH），以及上行 ACK/NAK 的反馈。

2. 上行数据传输基本过程

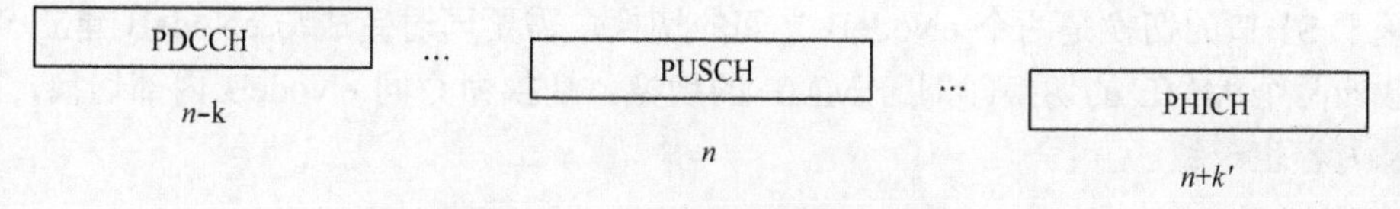

图 3-24 上行数据传输基本过程

图 3-24 是进行上行数据传输时的基本过程，包括上行数据的调度（PDCCH format0），上行数据的传输（PUSCH），以及下行 ACK/NAK 的反馈（PHICH）。在有 Uplink Grant 情况下可以使用 PDCCH format0 中的 NDI 来替代对前一包 ACK/NAK（即新包代表 ACK，重传代表 NAK），这样就不需要 PHICH 再发。在 TDD 情况下，不同下行子帧对应的上行 ACK/NAK 时延（k）可能不同，如图 3-25 所示。

图 3-25 TDD 模式下的下行数据传输基本过程

3.7.6 切换过程

LTE 的切换分为同一个 eNodeB 内的切换，基于 X2 口的切换，基于 S1 口的切换 3 种。总体的切换流程如下：

（1）基站根据不同的需要利用移动性管理算法给 UE 下发不同种类的测量任务，在

RRC 重配消息中携带 MeasConfig 信元给 UE 下发测量配置；

（2）UE 收到配置后，对测量对象实施测量，并用测量上报标准进行结果评估，当评估测量结果满足上报标准后向基站发送相应的测量报告；

（3）基站通过终端上报的测量报告决策是否执行切换；

（4）若决定执行切换，则进行切换准备，目标网络完成资源预留；

（5）源基站通知 UE 执行切换，UE 在目标基站上连接完成；

（6）源基站释放资源、链路，删除用户信息，切换完成。

1. eNodeB 内的切换

eNodeB 发送 RRC CONNECTION RECONFIGURATION 消息给 UE，消息中携带切换信息 mobility Control Info（包括目标小区 ID、载频、测量带宽给用户分配的 C-RNTI）、通用 RB 配置信息（包括各信道的基本配置、上行功率控制的基本信息等），给用户配置专用随机接入参数，避免用户接入目标小区时有竞争冲突。UE 按照切换信息在新的小区接入，向 eNodeB 发送 RRC CONNECTION RECONFIGURATION COMPLETE 消息，表示切换完成，正常切入到新小区。

2. 基于 X2 口的切换

基于 X2 的切换，即两个 eNodeB 之间切换，MME 不变，切换命令同 eNodeB 内部切换，携带的信息内容也一致。

3. 基于 S1 口的切换

基于 S1 口的切换是两个 eNodeB 之间的切换，需要同时完成与 eNodeB 建立 S1 接口承载的两个 MME 的切换，即跨 MME 的切换。切换命令同 eNodeB 内部切换，携带的信息内容也一致。

3.8 无线资源管理

无线资源管理就是对移动通信系统的空中接口资源的规划和调度，目的就是在有限的带宽资源下，为网络内的用户提供业务质量保证，在网络话务量分布不均匀、信道特性因信道衰落和干扰而起伏变化等情况下，灵活分配和动态调整无线传输部分和网络的可用资源，最大限度地提高无线频谱利用率，防止网络阻塞，并保持尽可能小的信令负荷。LTE 系统中，无线资源管理对象包括时间、频率、功率、多天线、小区、用户，涉及一系列与无线资源分配相关的技术，主要包括资源分配、接入控制、负载控制、干扰协调等。

3.8.1 资源分配

LTE 系统采用共享资源的方式进行用户数据的调度传输，eNodeB 可以根据不同用户的不同信道质量，业务的 QoS 要求以及系统整体资源的利用情况和干扰水平来进行综合调度，从而更加有效地利用系统资源，最大限度地提高系统的吞吐量。

LTE 系统中，每个用户会配置有其独有的无线网络临时标识（RNTI，Radio Network

Temporary Identifier），eNodeB 通过用 UE 的 RNTI 对授权指示 PDCCH 进行掩码来区分用户，对于同一个 UE 的不同类型的授权信息，可能会通过不同的 RNTI 进行授权指示。如对于动态业务，eNodeB 会用 UE 的小区无线网络临时标识（C-RNTI）进行掩码，对于半静态调度业务，使用半静态小区无线网络临时标识（SPS-C-RNTI）等。

LTE 下行采用 OFDM，上行采用 SC-FDMA。时间和频率是 LTE 中主要控制的两类资源。包括集中式（Localized）和分布式（Distributed）两种基本的资源分配方式。

（1）集中式资源分配

为用户分配连续的子载波或资源块。这种资源分配方式适合于低度移动的用户，通过选择质量较好的子载波，提高系统资源的利用率和用户峰值速率。从业务的角度讲，这种方式比较适合于数据量大、突发特征明显的非实时业务。这种方式的一个缺点是需要调度器获取比较详细的信道质量指示（CQI，Channel Quality Indicator）信息。

（2）分布式资源分配

为用户分配离散的子载波或资源块。这种资源分配方式适合于移动的用户，此类用户信道条件变化剧烈，很难采用集中式资源分配。从业务的角度讲，比较适合突发特征不明显的业务，如 VoIP 业务，可以减少信令开销。

根据传输业务类型的不同，LTE 系统中的分组调度支持动态调度和半静态调度两种调度机制。

（1）动态调度

动态调度中，由 MAC 层（调度器）实时、动态的分配时频资源和允许的传输速率。动态调度是最基本、最灵活的调度方式。资源分配采用按需分配方式，每次调度都需要调度信令的交互，因此控制信令开销很大，因此，动态调度适合突发特征明显的业务。

（2）半静态调度

半静态调度是动态调度和持续调度的结合。所谓持续调度方式，就是指按照一定的周期，为用户分配资源。其特点是只在第一次分配资源时进行调度，以后的资源分配均无需调度信令指示。半静态调度中，由 RRC 在建立服务连接时分配时频资源和允许的传输速率，也通过 RRC 消息进行资源重配置。与动态调度相比，这种调度方式灵活性稍差，但控制信令开销较小，适合突发特征不明显、有保障速率要求的业务，如 VoIP 业务。

下面对动态资源调度进行详细介绍。

（1）下行调度

在 TD-LTE 系统中，下行调度器通过动态资源分配的方式将物理层资源分配给 UE，可分配的物理资源块包括 PRB、调制编码方式（MCS，Modulation and Coding Scheme）、天线端口等，然后在对应的下行子帧通过 C-RNTI 加扰的 PDCCH 发送下行调度信令给 UE。在非 DRX 状态下，UE 一直监听 PDCCH，通过 C-RNTI 识别是否有针对该 UE 的下行调度信令，如果 UE 检测有针对该 UE 的调度信令，则在调度信令指示的资源块位置上接收下行数据。

（2）上行调度

在 TD-LTE 系统中，下行调度器通过动态资源分配的方式将物理层资源分配给 UE，然后在第 $n\text{–}k$ 个下行子帧上通过 C-RNTI 加扰的 PDCCH 将第 n 个上行子帧的调度信令发送给 UE，即上行调度信令与上行数据传输之间存在一定的定时关系。在非 DRX 状态下，

UE 一直监听 PDCCH，通过 C-RNTI 识别是否有针对该 UE 的上行调度信令。如果有针对该 UE 的调度信令，则按照调度信令的指示在第 *n* 个上行子帧上进行上行数据传输。

与下行不同的是，上行的数据发送缓存区位于 UE 侧，而调度器位于 eNodeB 侧，为了支持 QoS-aware 分组调度和分配合适的上行资源，eNodeB 侧需要 UE 进行缓存状态的上报，即 BSR 状态上报，从而使 eNodeB 调度器获知 UE 缓存区状态。UE 上报 BSR 采用分组上报的方式，即以无线承载组（RBG，Radio Bearer Group）为单位进行上报，而不是针对每个无线承载。上行定义了 4 种 RBG，RB 与 RBG 的对应关系由 eNodeB 的 RRC 层进行配置。

LTE 中常用的动态资源调度算法主要有 3 种：

（1）轮询调度算法（RR，Round Robin）

轮循调度算法（RR）假设所有用户具有相同的优先级，保证以相等的机会为系统中所有用户分配相同数量的资源，使用户按照某种确定的顺序占用无线资源进行通信。其主要思想是，以牺牲吞吐量为代价，公平地为系统内的每个用户提供资源。由于 RR 算法不考虑不同用户无线信道的具体情况，虽然保证了用户时间公平性，但吞吐量是极低的。通常 RR 调度算法的结果被作为时间公平性的上界。

（2）最大载干比调度算法（MaxC/I，Maximum Carrierto Interference）

最大载干比调度算法（MaxC/I）保证具有最好链路条件的用户获得最高的优先级。无线信道状态好的用户优先级高，使得数据正确传输的几率增加，错误重传的次数减少，整个系统的吞吐量得到了提升。通常 MaxC/I 调度算法的结果被作为系统吞吐量的上界。

（3）比例公平算法（PF，Proportional Fair）

PF 算法给小区内每个用户分配一个相应的优先级，小区中优先级最大的用户接受服务。该算法中，第 i 个用户在 t 时刻的优先级定义如下：

$$R_i(t) = \frac{(C/I)_i(t)}{\lambda_i(t)}$$

这里 $(C/I)_i(t)$ 指第 i 个用户在 t 时刻的载干比，而 $\lambda(t)$ 指该用户在以 t 为结尾的时间窗内的吞吐量。显然，在覆盖多个用户的小区中，当用户连续通信时，$\lambda(t)$ 逐渐变大，从而使该用户的优先级变小，无法再获得服务。PF 算法是用户公平性和系统吞吐量的折中。

3 种分组调度算法的简单比较见表 3-8。

表 3-8 3 种调度算法比较

调度算法	吞吐量	公平性	算法复杂度	信道状态跟踪	QoS 保证机制	适合业务类型
RR	低	最好	低	无	无	单业务
MaxC/I	最高	差	中	有		
PF	较高	较好	较高	有		

3.8.2 接纳控制

接纳控制算法应用的场景包括以下三项。

（1）用户开机、在空闲状态下发起呼叫或者接收到寻呼消息需要建立 RRC 连接时，用户向 eNodeB 发送 RRC 连接请求消息，eNodeB 收到 RRC 连接建立请求消息后判断是否可以建立 RRC 连接。

（2）核心网节点 MME 向 eNodeB 发送承载建立请求消息，请求新的数据无线承载，在承载建立请求消息中携带了请求接纳的承载列表以及每个承载的 QoS 参数信息，eNodeB 根据收到的消息判断是否可以接纳消息中携带的承载列表中的承载。

（3）核心网节点 MME 向 eNodeB 发送承载修正请求消息，更新已建立承载的 QoS 参数信息，如果 QoS 参数要求提高，如保证比特速率值增加，则需要 eNodeB 判断是否可以接纳。

当一个连接状态的用户切换到其他小区时，目标小区需要对请求切换的用户进行接纳判决。

在接入网侧，承载类型包括信令无线承载（SRB，Signaling Radio Bearer）和数据无线承载（DRB，Data Radio Bearer），接纳控制算法包括对 SRB 的接纳控制和对 DRB 的接纳控制。上述的接纳控制算法应用的场景中，（1）为 SRB 的接纳控制场景，其他为 DRB 的接纳控制场景。

在设计接纳控制算法时，需要考虑的因素包括：

（1）硬件负载信息，包括硬件可以支持的用户数及承载数目；

（2）空口的资源利用；

（3）用户的服务情况；

（4）核心网节点的负荷；

（5）承载的接入保持优先级；

（6）用户的最大速率限制；

（7）承载的 QoS 特性，包括速率要求、时延及丢包率要求。

SRB 的接纳判决需要综合考虑无线接口的负荷状况以及核心网节点的负荷。当小区处于拥塞状态或者核心网节点过载时，会拒绝部分 SRB 建立请求。

LTE 系统为共享资源系统，所有用户通过调度共享资源，小区中的用户数主要受限于小区中总的资源数量。DRB 的接纳主要基于资源利用率进行接纳，设定一个合适的资源利用率门限，当上行和下行同时满足下述条件时，接纳成功，否则接纳失败。

$$\frac{R_{\mathrm{old}} + R_{\mathrm{new}}}{R_{\mathrm{total}}} \times 100\% < TH$$

式中，R_{old} 为现有用户资源利用数，R_{new} 为新增业务资源需求的预测值，R_{total} 为系统总的可用资源数，TH 为资源利用率门限。

LTE 系统采用共享调度分配资源，当系统中只有几个大数据量的用户时，也有可能占满所有资源，测量得到的所有业务的已有资源利用率并不能真正反映小区的负荷水平，因此，判决条件中的现有用户资源利用量并不是实际测量值，需要经过一定的处理，处理后的值需要反映小区的负荷状况。

在 3G 系统中，存在 QoS 协商过程，如果 eNodeB 按照核心网指示的承载 QoS 参数不能够接纳，NodeB 会尝试降低 QoS 参数要求进行接纳判决，然后，核心网再决定是否接受 NodeB 所提供的降低的 QoS 参数。在 LTE 系统中改变了过去 3G 中 NodeB 可以参与 QoS 参数协调的 QoS 控制方式，定义了基于运营商的由网络控制的 QoS 授权过程，用户申请某项业务或者应用，核心网通过预设的运营机制和策略映射表，将业务映射到某一种 QoS，不存在 eNodeB 或 UE 参与的 QoS 协商过程，即如果 eNodeB 根据核心网指示的 QoS 参数不能够接纳某个承载，则 eNodeB 指示核心网承载接纳失败。

3.8.3 负载均衡

负载均衡用于均衡多小区间的业务负荷水平，通过某种方式改变业务负荷分布，使无线资源保持较高的利用效率，同时保证已建立业务的 QoS。当判定某个小区负荷较高时，将会修改切换和小区重选参数，使得部分 UE 离开本小区，转移到周围负荷较轻的邻区或者同覆盖的小区，这样就达到了将负荷从高的小区重新分布到低的小区的目的。

负荷均衡算法包括 LTE 系统内的负荷均衡及系统间的负荷均衡，负荷均衡算法的目标包括：

（1）各个小区之间的负荷更加均衡；

（2）系统间的负荷更加均衡；

（3）系统的容量得到提升；

（4）尽可能减小人工参与网络管理与优化的工作；

（5）保证用户的 QoS，减少拥塞造成的性能恶化。

根据负荷均衡实现的方式不同，负荷均衡可以采取分布式架构、集中式架构和混合式架构。在分布式架构中，eNodeB 间交互负荷信息，由 eNodeB 执行负荷均衡的决策；在集中式架构中，各个 eNodeB 上报给 O&M 各自的负荷信息，由 O&M 执行负荷均衡的决策；在混合式架构中，各个 eNodeB 交互负荷信息，并做出负荷均衡的决策，eNodeB 做出决策后由 O&M 进行确认，得到确认后 eNodeB 才可以执行后续均衡的操作。其中，集中式和混合式结构都涉及 O&M 的操作，这里只介绍分布式构架下 eNodeB 的负荷均衡操作。

对于 LTE 系统内的负荷均衡算法，考虑的负荷包括资源利用率、硬件负荷指示、传输网络层负荷指示、综合负荷指示。对于系统间的负荷均衡，考虑的负荷包括可利用无线资源、最大吞吐量、最大用户数目。所有系统内和系统间的负荷参数，上下行分别统计。

负荷均衡还需要考虑的因素包括：

（1）用户目前的业务信息；

（2）用户的能力信息；

（3）用户签约信息相关的频率和系统优先级；

（4）各个系统对业务的支持程度，如对于数据业务，LTE 系统可以获得更高的速率。

负荷均衡算法包含如下几个功能模块。

（1）负荷评估

各个小区监控本小区负荷。

（2）负荷信息交互

eNodeB 根据一定的机制触发负荷信息交互过程。例如，如果发现某个小区负荷较高，这个小区请求邻区发送负荷信息，收到请求消息的邻小区根据请求消息中的指示报告自己的负荷信息。

（3）均衡策略

触发负荷信息交互的小区比较获取的本区和邻区的负荷信息，判定是否需要执行均衡操作。如果需要，则触发均衡操作，修改切换和小区重选参数，可以调整的参数包括小区个性偏移、频率和系统优先级等。

（4）参数协商

源小区将修改的切换相关参数发送给相关的邻小区，目标小区判断是否可以接受源小区的参数建议，如果可以，则参数协商成功。否则，目标小区回复参数修改建议，重新进行参数协商过程。

3.9 TD-LTE 与 LTE FDD

LTE 依据其双工方式的不同，可分为 FDD（频分双工）和 TDD（时分双工）两种制式。这两种制式共同在 3GPP 框架内进行标准制定，将两种制式的协议实现在相同的规范中描述，并尽可能的保证其协议实现相同，如遇到无法融合的差异，则仅对差异部分进行分别描述，这一指导思想为两种制式的共平台，低成本实现奠定了基础。

3.9.1 系统设计差异

TD-LTE 与 LTE FDD 上层结构高度一致，也就是说在层 2 与层 3 及更上层结构高度一致，其区别仅在于物理层，而物理层的差异又集中体现在帧结构上。

FDD 模式下，10ms 的无线帧被分为 10 个子帧，每个子帧包含两个时隙，每时隙长 0.5ms，如图 3-26 所示。

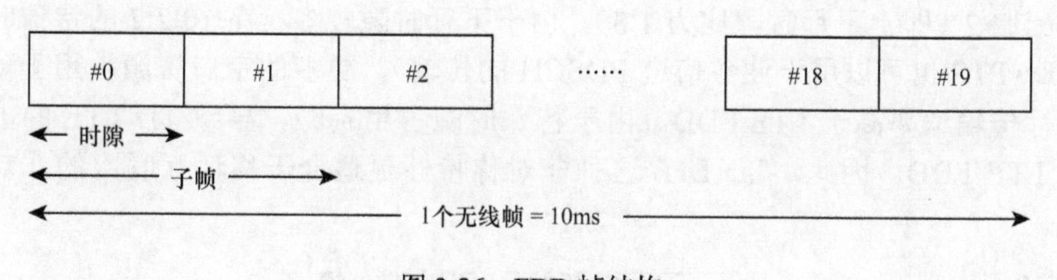

图 3-26 FDD 帧结构

TD-LTE 和 LTE FDD 系统的无线帧长均为 10ms，1 个无线帧分为 10 个 1ms 子帧，其差别在子帧的使用上。对于 LTE FDD，所有子帧同时用于上行或者下行传输。TD-LTE 的子帧则分为用于上行和下行传输的子帧和特殊子帧。一帧内上行子帧和下行子帧的比例可根据上下行业务比例等系统需求配置，共有 7 种配置模式。特殊子帧中包括 3 个特殊时隙：DwPTS、GP 和 UpPTS，如图 3-27 所示。特殊时隙的长度同样可根据网络需求配置。如时隙配置 2（上下行时隙配比为 1∶3）和特殊时隙配置 5（3∶9∶2，即 DwPTS、GP、UpPTS 各占用 3、9 和 2 个 OFDM 符号）的系统，其下行传输能力高于上行，且可以与上下行时隙配比为 2∶4 的 TD-SCDMA 系统共存。

DwPTS 占用 3～12 个 OFDM 符号（正常 CP 下），可用于下行主同步信号（PSS）、控制信道（PCFICH、PDCCH、PHICH）和业务信道（PDSCH）的传输。UpPTS 占用 1 或 2 个 OFDM 符号，主要用于传输上行导频信号（SRS），也可用于随机接入信道（PRACH），但可支持的覆盖半径有限。GP 为上下行传输切换的保护时隙，不传输数据，不同长度的 GP 支持不同的最大覆盖半径，占用 10 个 OFDM 符号的 GP（特殊时隙配置 0）可支持 100km 覆盖半径。

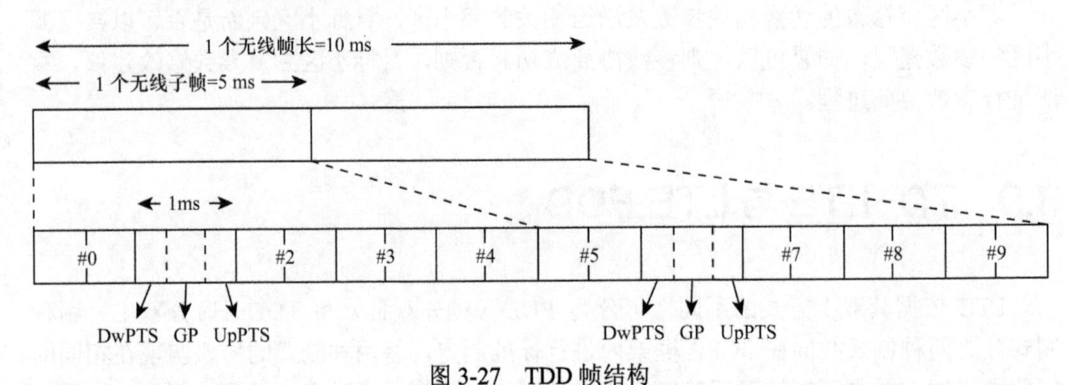

图 3-27 TDD 帧结构

TD-LTE 支持 5ms 和 10ms 上下行切换点。对于 5ms 上下行切换周期，子帧 2 和 7 总是用作上行。对于 10ms 上下行切换周期，每个半帧都有 DwPTS；只在第 1 个半帧内有 GP 和 UpPTS，第 2 个半帧的 DwPTS 长度为 1ms。UpPTS 和子帧 2 用作上行，子帧 7 和 9 用作下行。

TD-LTE 和 LTE FDD 帧结构的不同，导致了两者的理论峰值速率有所差别。

表 3-9 比较了 20MHz 带宽下，几种不同时隙配比的 TD-LTE 系统和 LTE FDD 系统的峰值速率（注意峰值速率和终端等级有关）。需要指出的是，峰值速率是系统最大的能力，虽然在实际网络难以达到，但也可以反映系统的相对能力。对于 TD-LTE 的时隙配比 2（即上下行时隙比为 1:3），由于下行时隙较多（在 10:2:2 的特殊时隙配比下，DwPTS 也可以用于业务信道 PDSCH 的传输），更多的空口资源被用于下行传输，下行传输速率高于 LTE FDD。由于特殊时隙占用资源，导致 TD-LTE 的上行速率低于 LTE FDD。因此，TD-LTE 这种非对称特性更适合于移动互联网的非对称业务承载。

表 3-9　　TD-LTE 和 LTE FDD 性能比较

接入技术	系统参数	上行/下行峰值速率 终端等级 3 （Mbit/s）	上行/下行峰值速率 终端等级 4 （Mbit/s）
TD-LTE	上下行时隙配比：2∶2 特殊时隙配置：10∶2∶2 频谱带宽：20MHz	20.4/61.2	20.4/82.3
	上下行时隙配比：1∶3 特殊时隙配置：10∶2∶2 频谱带宽：20MHz	10.2/81.6	10.2/112.5
LTE FDD	频谱带宽：10MHz×2	25.5/73.4	25.5/73.4

TD-LTE 与 FDD 在帧结构上的差异是导致其他差异存在的根源，TD-LTE 系统具有一些特有技术。

（1）上下行配比

TD-LTE 中支持不同的上下行时间配比，可以根据不同的业务类型，调整上下行时间配比，以满足上下行非对称的业务需求，见表 3-10。

表 3-10　TD-LTE 不同帧周期的上下行配比

上下行时隙配置	转换周期	子帧									
		0	1	2	3	4	5	6	7	8	9
0	5ms	D	S	U	U	U	D	S	U	U	U
1（2：2）	5ms	D	S	U	U	D	D	S	U	U	D
2（3：1）	5ms	D	S	U	D	D	D	S	U	D	D
3	10ms	D	S	U	U	U	D	D	D	D	D
4	10ms	D	S	U	U	D	D	D	D	D	D
5	10ms	D	S	U	D	D	D	D	D	D	D
6	5ms	D	S	U	U	U	D	S	U	U	D

（2）特殊时隙的应用

为了节省网络开销，TD-LTE 允许利用特殊时隙 DwPTS 和 UpPTS 传输系统控制信息。LTE FDD 中用普通数据子帧传输上行导频，而 TD-LTE 系统中，短 CP 时，DwPTS 的长度为 3、9、10、11 或 12 个 OFDM 符号，UpPTS 的长度为 1～2 个 OFDM 符号，相应的 GP 长度为 1～10 个 OFDM 符号，即约 70～700μs，对应 10.7km～110.78km 覆盖；UpPTS 中的符号可用于发送上行探测导频或随机接入序列；DwPTS 长度>3 时可用于正常的下行数据发送；主同步信道位于 DwPTS 的第 3 个符号，同时，该时隙中下行控制信道的最大长度为 2 个符号（与 MBSFN 子帧相同）。

（3）多子帧调度/反馈

和 FDD 不同，TD-LTE 系统不总是存在 1：1 的上下行比例。当下行多于上行时，存在一个上行子帧反馈多个下行子帧，TD-LTE 提出的解决方案包括 multi-ACK/NAK，ACK/NAK 捆绑（bundling）等。当上行子帧多于下行子帧时，存在一个下行子帧调度多个上行子帧（多子帧调度）的情况。

（4）同步信号设计

除了 TD-LTE 固有的特性之外（上下行转换、特殊时隙等），TD-LTE 与 FDD 帧结构的主要区别在于同步信号的设计。LTE 同步信号的周期是 5ms，分为主同步信号（PSS）和辅同步信号（SSS）。LTE TDD 和 FDD 帧结构中，同步信号的位置/相对位置不同。在 TDD 帧结构中，PSS 位于 DwPTS 的第 3 个符号，SSS 位于 5ms 第 1 个子帧的最后一个符号；在 FDD 帧结构中，主同步信号和辅同步信号位于 5ms 第 1 个子帧内前一个时隙的最后 2 个符号。利用主、辅同步信号相对位置的不同，终端可以在小区搜索的初始阶段识别系统是 TDD 还是 FDD。

（5）HARQ

在 HARQ（混合自动重传）技术的使用上，两者均采用下行异步 HARQ 和上行同步 HARQ，差别在于 HARQ 时序和进程数。对于 LTE FDD，对第 n 子帧的上行或下行数据传输的反馈信息（ACK/NACK）在第 $n+4$ 子帧发送，重传则可以在第 $n+8$ 个子帧上发送（一般称 HARQ 的 RTT 为 8ms）。而由于 TD-LTE 的上下行时隙配比存在多种配置，且无对应关系，反馈信息在第 $n+k$ 个子帧上传输，k 的取值范围为 4～13，和时隙配置有关。因此 HARQ RTT 比 FDD 稍长。此外，LTE FDD 的 HARQ 最大进程数为 8，而 TD-LTE 的 HARQ 进程数则和时隙配比有关，下行为 4～15，上行为 1～6。由于上下行时隙配比不对称，需要将多个 ACK/NACK 反馈信息绑定或复用在同一上行控制信道中发送。

TD-LTE 系统的非对称时隙配置还会对上行调度产生影响。例如，当上行时隙多于下行时隙时，需要用一个下行子帧的控制信道（PDCCH）指示多个上行子帧的数据传输。而对于 LTE FDD 系统，一个下行 PDCCH 总是调度其 4ms 后上行业务信道 PUSCH 的传输。

3.9.2 关键过程差异

由于 LTE TDD 与 FDD 在设计考虑上的差别，导致了其在某些关键过程的设计上也必须采用不同的策略。

（1）HARQ 的设计

LTE FDD 系统中，HARQ 的 RTT（Round Trip Time）固定为 8ms，且 ACK/NACK 位置固定。TD-LTE 系统中 HARQ 的设计原理与 LTE FDD 相同，但是实现过程却比 LTE FDD 复杂，由于 TDD 上下行链路在时间上是不连续的，UE 发送 ACK/NACK 的位置不固定，而且同一种上下行配置的 HARQ 的 RTT 长度都有可能不一样，这样增加了信令交互的过程和设备的复杂度。

LTE FDD 系统中，UE 发送数据后，经过 3ms 的处理时间，系统发送 ACK/NACK，UE 再经过 3ms 的处理时间确认，此后，一个完整的 HARQ 处理过程结束，整个过程耗费 8ms。在 LTE TDD 系统中，UE 发送数据，3ms 处理时间后，系统本来应该发送 ACK/NACK，但是经过 3ms 处理时间的时隙为上行，必须等到下行才能发送 ACK/NACK。系统发送 ACK/NACK 后，UE 再经过 3ms 处理时间确认，整个 HARQ 处理过程耗费 11ms。类似的道理，UE 如果在第 2 个时隙发送数据，同样，系统必须等到 DL 时隙时才能发送 ACK/NACK，此时，HARQ 的一个处理过程耗费 10ms。可见，LTE TDD 系统 HARQ 的过程复杂，处理时间长度不固定，发送 ACK/NACK 的时隙也不固定，给系统的设计增加了难度。

（2）随机接入过程

UE 需要通过 PRACH 发起随机接入过程，PRACH 在频域上占用 72 个子载波，在时域上由循环前缀和接入前导序列两部分组成。TDD 制式下，使用短 RACH 可以充分利用特殊时隙 UpPTS，从而避免占用正常时隙资源。另外，FDD 每子帧最多传输一个 PRACH 信道。由于 TDD 上行子帧较少，为避免出现随机接入资源不足，同时减少用户等待时间，则允许在资源不足时在一个子帧上最多使用 6 个频分的随机接入信道。

（3）寻呼过程

LTE 中没有专门用于寻呼的物理信道，寻呼消息在 PDSCH 信道中发送，由于 TD-LTE 的寻呼消息必须选择下行子帧才能发送，因此其可用于寻呼的子帧不同于 FDD，对于 FDD，子帧 0、4、5、9 都可以用于寻呼，TD-LTE 子帧 0、1、5、6 可用于寻呼。

3.9.3 TD–LTE 与 LTE FDD 的优劣势比较

TD-LTE 在系统设计、关键过程等方面具有自己独特的技术特点，与 LTE FDD 相比，具有特有的优势，但也存在一些不足。

1. TD-LTE 的优势

（1）频谱配置

频段资源是无线通信中最宝贵的资源，由于 TD-LTE 系统无需成对的频率，可以方便的配置在 LTE FDD 系统所不易使用的零散频段上，具有一定的频谱灵活性，能有效的提高频谱利用率，因此，在频段资源方面，TD-LTE 系统比 LTE FDD 系统具有更大的优势。

（2）支持非对称业务

移动通信系统不断发展，除了传统语音业务之外，数据和多媒体业务将成为主要内容，且上网、文件传输和多媒体等数据业务通常具有上下行不对称特性。TD-LTE 系统在支持不对称业务方面具有一定的灵活性。根据 TD-LTE 帧结构的特点，TD-LTE 系统可以根据业务类型灵活配置上下行配比。如浏览网页、视频点播等业务，下行数据量明显大于上行数据量，系统可以根据业务量的分析，配置下行帧多于上行帧情况，如 6DL：3UL，7DL：2UL，8DL：1UL，3DL：1UL 等。而在提供传统的语音业务时，系统可以配置下行帧等于上行帧，如 2DL：2UL。

在 LTE FDD 系统中，非对称业务的实现对上行信道资源存在一定的浪费，必须采用高速分组接入（HSPA）、EV-DO 和广播/组播等技术。相对于 LTE FDD 系统，TD-LTE 系统能够更好地支持不同类型的业务，不会造成资源的浪费。

（3）智能天线的使用

智能天线技术是未来无线技术的发展方向，它能降低多址干扰，增加系统的吞吐量。在 TD-LTE 系统中，上下行链路使用相同频率，且间隔时间较短，小于信道相干时间，链路无线传播环境差异不大，在使用赋形算法时，上下行链路可以使用相同的权值。与之不同的是，由于 FDD 系统上下行链路信号传播的无线环境受频率选择性衰落影响不同，根据上行链路计算得到的权值不能直接应用于下行链路。因而，TD-LTE 系统能有效地降低移动终端的处理复杂性。

（4）与 TD-SCDMA 的共存

TD-LTE 系统还有一个 LTE FDD 无法比拟的优势，就是 TD-LTE 系统能够与 TD-SCDMA 系统共存。对现有通信系统来说，目前的数据传输速率已经无法满足用户日益增长的需求，运营商必须提前规划现有通信系统向 B3G/4G 系统的平滑演进。由于 TD-LTE 帧结构基于我国 TD-SCDMA 的帧结构，能够方便地实现 TD-LTE 系统与 TD-SCDMA 系统的共存和融合。以 5ms 的子帧为基准，TD-SCDMA 有 7 个子帧，且特殊时隙是固定的，TD-LTE 通过调整特殊时隙的长度，就能够保证两个系统的 GP 时隙重合（上下行切换点），从而实现两个系统的融合。

2. TD-LTE 的劣势

由于 TD-LTE 在同一帧中传输上下行两个链路，系统设计更加复杂，对设备的要求较高，存在一些不足。

（1）由于保护间隔的使用降低了频谱利用率，特别是提供广覆盖的时候，使用长 CP，对频谱资源造成了浪费。

（2）使用 HARQ 技术时，TD-LTE 使用的控制信令比 LTE FDD 更复杂，且平均 RTT 稍长于 LTE FDD 的 8ms。

（3）由于上下行信道占用同一频段的不同时隙，为了保证上下行帧的准确接收，系统对终端和基站的同步要求很高。

为了补偿 TD-LTE 系统的不足，TD-LTE 系统采用了一些新技术。例如，TDD 支持在微小区使用更短的 PRACH，以提高频谱利用率；采用 multi-ACK/NACK 的方式，反馈多个子帧，节约信令开销等。

受上下行非连续发送影响，TD-LTE 的用户面时延和控制面时延与 FDD 相比略有差别。这里用户面时延指业务信道的空口传输时延，对于 TD-LTE，由于时隙设计导致上下行时延稍有差别，对 LTE FDD 上下行时延是一样的。此外，HARQ 的重传会增大用户面时延。控制面时延指空闲态到连接态的时延，即终端从 RRC 空闲态发起随机接入，到建立 RRC 连接进入 RRC 连接状态所需要的时间。实际网络中，端到端的用户面时延一般用小 IP 报文（ping 分组）从终端发送到应用服务器，再返回终端所需的 RTT 时间来测量。在传输网和核心网时延相同的条件下，TD-LTE 和 LTE FDD 的端到端时延差别主要在空口时延上，而这一差异为 2～5ms，对业务影响可以忽略。

TD-LTE 的特殊时隙配置还会影响其最大覆盖半径，在大部分的特殊时隙配置下，由于 TDD 系统同步的需求，以 GP 长度计算出的理论覆盖半径小于 LTE FDD。需要指出的是，由于两系统资源分配和调制编码方式完全相同，在保证一定边缘用户速率的情况下，TD-LTE 和 LTE FDD 的覆盖能力差异不大。

第4章 LTE演进策略

受现有运营制式的影响，不同的运营商向LTE的演进的现实基础是各不相同的，因此，有必要对各运营商目前运营的网络状况进行分析，以利于厘清其演进路径和策略。

4.1 网络特性

4.1.1 GSM网络

GSM网络采用时分多址和频分双工的制式，频段间隔为200kHz，每载波含8个时隙，时隙宽为0.577ms。8个时隙构成一个TDMA帧，帧长为4.615ms。GSM网络最高可支持8PSK调制方式，8PSK调制方式每时隙3倍于GPRS的速率，达到59.2kbit/s，8时隙最大峰值速率可达到474kbit/s。目前全国的PDCH承载效率远远低于理论水平，其中一个主要原因就是GSM机制带来PDCH虚占用，主要体现在两方面。

（1）在GSM网络中配置了TBF时延，在提升用户时延感受的同时降低了TBF的承载效率。

（2）当前BSC根据用户终端能力进行PDCH分配，导致用户终端在使用类似QQ和飞信等小包业务时一样分配4条PDCH，由于此类业务次数占比高，且每次传输字节数很少，导致下行PDCH存在超分配问题。

EDGE是一种基于GSM/GPRS网络的数据增强型移动通信技术，通常又被称为2.75代技术，EDGE的技术不同于GSM的优势包括8PSK调制方式、增强型的AMR编码方式、MCS 1～9等9种信道调制编码方式、链路自适应（LA）、递增冗余传输（IR）、RLC窗口大小自动调整等，它可以以每秒384bit的速度传输数据。

GSM/EDGE网络经过多年的发展已经连续覆盖和广覆盖，有很高的质量保证，但是网络数据传输速率低，数据业务对空口资源占用较大，更适合承载语音业务、小流量高价值业务。

4.1.2 TD-SCDMA 网络

TD-SCDMA 网络采用时分双工，带宽为 1.6MHz，集 CDMA、FDMA、TDMA 这 3 种多址方式于一体。TD-SCDMA 网络最高可支持 16QAM 调制方式，单时隙峰值速率可达到 560kbit/s。单载频的峰值速率和上下行时隙配置相关，以 2∶4 配置为例（其中 3 个下行时隙用于业务，1 个下行时隙用于伴随），下行峰值可达到 1.68Mbit/s。

在 TD-SCDMA 网络中，通过采用自适应编码技术、混合自动重传请求、快速调度、共享信道等技术，提高了数据业务传输速率，单载频理论最大传输速率可达到 2.8Mbit/s。目前 TD-SCDMA 产业已经比较成熟，并有一定质量保证，数据传输能力比 GSM 网络好，适合承载中低速数据业务。

4.1.3 WLAN 网络

目前 WLAN 网络采用的主流标准有两种：802.11g 和 802.11n，采用时分双工。其中 802.11g 用在 2.4GHz 频段上，信道带宽为 22MHz，采用 OFDM 的调制方式，空口速率可达到 54Mbit/s，如果采用 CCK 调制方式，可以与 802.11b 兼容，空口速率最大为 11Mbit/s；802.11n 用在 2.4GHz 频段和 5.8GHz 频段，信道带宽分别为 20MHz 和 40MHz，采用 MIMO+OFDM 的调制方式，空口速率目前可达到 300Mbit/s，若采用 4×4MIMO 天线，空口速率可达到 600Mbit/s。802.11 速率的发展就是调试方式、编码方式和 MAC 协议的发展。

WLAN 网络组网灵活，安装过程简单快速。目前 WLAN 设备成熟，产业链完善，但是其低功率和高频率限制了 WLAN 网络的覆盖能力，且接入质量保障能力弱，移动性支持较差，适合在高数据业务需求的热点区域，提供高接入速率、低 QoS 的互联网接入服务。

4.1.4 cdma2000 网络

cdma2000 也称为 CDMA Multi-Carrier，由美国高通北美公司为主导提出，是第三代移动通信技术的主要代表之一，它是从 CDMA One 演进而来的，cdma2000 标准是一个体系结构，称为 cdma2000 family，它包含一系列子标准。由 CDMA One 向 3G 演进的途径为：CDMA One、IS 95B、cdma2000 1x（3x）、cdma2000 1x EV。其中从 cdma2000 1x 之后均属于第三代技术。

演进途径中各阶段点分别为：

（1）IS-95B：通过捆绑 8 个话音业务信道，提供 64kHz 数据业务。在多数国家，IS95B 被跨过，直接从 CDMA One 演进为 cdma2000 1x。

（2）cdma2000 1x：在 IS-95 的基础上升级空中接口，可在 1.25MHz 带宽内提供 307.2kbit/s 高速分组数据速率。

（3）cdma2000 3x：在 5MHz 带宽内实现 2Mbit/s 数据速率，后向兼容 cdma2000 1x 及 IS-95。

（4）cdma2000 1x EV：增强型 1x，包括 EV-DO（仅用于数据）和 EV-DV（用于数

据和语音）两个阶段。cdma2000 1x EV-DO，采用与话音分离的信道传输数据，Qualcomm 公司提出的 HDR（High Data Rate）技术已成为该阶段的技术标准，支持平均速率为 650kbit/s、峰值速率为 2.4Mbit/s 的高速数据业务。cdma2000 1x EV-DV，数据信道与话音信道合一，可提供 4.8Mbit/s 甚至更高的吞吐量。

cdma2000 1x 在 1.25MHz 内实现速率为 307.2kbit/s 的数据传输，其频谱效率为 0.3bit/s/Hz；cdma2000 3x 在 5MHz 内实现速率为 2Mbit/s 的数据传输，因此频谱效率为 0.4bit/s/Hz，这一指标与 WCDMA 相当；而 cdma2000 HDR 在 1.25MHz 内实现 2.4Mbit/s 的数据传输，频谱效率提高到 1.92bit/s/Hz；1x EV-DV 的候选技术之一 1x Treme 则在 1.25MHz 内实现速率为 4.8Mbit/s 的数据传输，频谱效率高达为 3.84bit/s/Hz。

从传输速率来看，IS-95 标准的速率集是 cdma2000 1x 速率集的一个子集（RC1，RC2）。同时，cdma2000 提供增强速率集：前向 RC3-RC9，反向 RC3-RC6，从而在满足第三代移动通信高速分组数据业务的同时实现了从 IS-95 的平滑过渡。cdma2000 1x 能实现对 CDMA（IS-95）系统的完全兼容，技术延续性好，可靠性较高，同时也使 cdma2000 成为从第二代向第三代移动通信过渡最平滑的选择。

4.1.5 WCDMA 网络

WCDMA 主要起源于欧洲和日本的早期第三代无线研究活动，1998 年 12 月成立的 3GPP（第三代伙伴项目）极大地推动了 WCDMA 技术的发展，加快了 WCDMA 的标准化进程，并最终使 WCDMA 技术成为 ITU 批准的国际通信标准。WCDMA 基于 GSM MAP 核心网，以 UTRAN（UMTS 陆地无线接入网）为无线接口，GSM 的巨大成功对第三代系统在欧洲的标准化产生重大影响。

WCDMA 采用直接序列扩频码分多址（DS-CDMA）、频分双工（FDD）方式，码片速率为 3.84Mchip/s，载波带宽为 5MHz。基于 Release99/Release4 版本，可在 5MHz 的带宽内，提供最高 384kbit/s 的用户数据传输速率。WCDMA 能够支持移动/手提设备之间的语音、图像、数据及视频通信，速率可达 2Mbit/s（对于局域网而言）或者 384kbit/s（对于宽带网而言）。

WCDMA 的优势在于码片速率高，有效地利用了频率选择性分集和空间的接收和发射分集，可以解决多径问题和衰落问题，采用 Turbo 信道编解码，提供较高的数据传输速率，FDD 制式能够提供广域的全覆盖，下行基站区分采用独有的小区搜索方法，无需基站间严格同步。采用连续导频技术，能够支持高速移动终端。

相比第二代的移动通信制式，WCDMA 具有更大的系统容量、更优的话音质量、更高的频谱效率、更快的数据速率、更强的抗衰落能力、更好的抗多径性，以及能够应用于高达 500km/h 的移动终端的技术优势，而且能够从 GSM 系统进行平滑过渡，保证运营商的投资，为 3G 运营提供了良好的技术基础。在向 4G 的演进过程中，DC 技术可使得 WCDMA 的生命周期进一步延长。

4.1.6 LTE 网络

LTE 是基于 OFDMA 技术、由 3GPP 组织制定的全球通用标准，包括 FDD 和 TDD

两种模式用于成对频谱和非成对频谱。LTE需要系统在提高峰值数据速率、小区边缘速率、频谱利用率，并着眼于降低运营和建网成本方面进行进一步改进，为使用户能够获得“始终在线”的体验，需要降低控制和用户平面时延。

为了降低控制和用户平面的时延，满足低时延（控制面延迟小于100ms，用户面时延小于5ms）的要求，NodeB-RNC-CN的结构必须得到简化，RNC作为物理实体将不复存在，NodeB将具有RNC的部分功能，成为eNodeB，eNodeB间通过X2接口进行网状互联，接入到CN中。这种系统的变化必将影响到网络架构的改变，SAE（系统架构的演进）也在进行中，3GPP同时也在为RAN/CN的平滑演进进行规划。

LTE标准中的FDD和TDD两个模式实质上是相同的，两个模式间只存在较小的差异，相似度达90%。TD-LTE网络采用时分双工，架构扁平化、全IP化并且优化了无线帧结构，一个无线帧分为两个5ms半帧，帧长10ms，子帧长度均为1ms。TD-LTE的特殊子帧配置和上下行时隙配置没有制约关系，可以相对独立地进行配置，DwPTS、GP、UpPTS可以改变长度，以适应覆盖、容量、干扰等不同场景的需要。TD-LTE网络采用OFDM+MIMO的调制方式，下行速率可达100Mbit/s。TD-LTE网络带宽有1.4MHz、3MHz、5MHz、10MHz、15MHz、20MHz，空口资源共享、动态分配，提高了频谱利用率，数据传输速率高，适合承载中高速数据业务，提供高质量的服务。

LTE FDD模式的特点是在分离（上下行频率间隔190MHz）的两个对称频率信道上进行接收和传送，用保证频段来分离接收和传送信道。该方式在支持对称业务时，能充分利用上下行的频谱，但在非对称的分组交换（互联网）工作时，频谱利用率则大大降低，在这点上，TDD模式有着FDD无法比拟的优势。

4.2 演进策略

随着LTE牌照发放的日益临近，中国移动、中国电信及中国联通的LTE演进路径也越来越清晰，各家运营商不约而同地在2013年发力LTE。

虽然殊途同归，但由于3家运营商3G网络的技术体制、网络规模各不相同，在向LTE演进的过程中，其技术侧重点、演进进程将存在较大差异。

4.2.1 TD-SCDMA向LTE演进

中国移动拥有TDD频段的A、F、E、D等4个频段。

（1）A频段（2010—2025MHz）共15MHz，室外10MHz，室内5MHz，用于TD-SCDMA。

（2）F频段（1880—1920MHz）共40MHz，其中低端20MHz（1880—1900MHz）用于TD-SCDMA，高端20MHz（1900—1920MHz）之前被PHS占用，已要求其2011年底退网。

（3）E频段（2320—2370MHz）共50MHz，其中2320—2350MHz用于TD-SCDMA室内分布，2350—2370MHz用于TD-LTE。

（4）D频段（2575—2635MHz）共60MHz用于TD-LTE。

中国移动目前 TD-LTE 使用 20MHz 室内外异频、室外同频组网，TD-LTE 可使用的频段有 F、E、D。E 频段 50MHz 因被雷达业务占用，现只能用于室内，因此实现室内外异频、室外同频组网，只有 2 种频率方案。

方案一：室内使用 E 频段，室外主用 F 频段覆盖，热点地区使用 D 频段补充容量。

方案二：室内使用 E 频段，室外使用 D 频段。

两种方案室内均使用 E 频段组网，以 TD-SCDMA 系统的室内覆盖半径作为覆盖边缘，TD-LTE 采用 E 频段组网，上下行能够达到的边缘速率大于建设指标要求，并且 E 频段在中国移动现有室分系统器件支持的 800—2500MHz 频率范围内，故室内使用 E 频段，TD-LTE 可以和 TD-SCDMA 共用室分系统。

两种方案室外频段使用方式不同，方案一的方式类似于 GSM900/1800 协同组网的情况，F 频段网络相当于 GSM900 网络做覆盖，D 频段网络相当于 GSM1800 网络补充容量；方案二的方式则相当于仅用 GSM1800 网络独立组网。

链路预算表明，TD-SCDMA 与 TD-LTE 共同使用 F 频段邻频组网时，两系统在共站址、共天馈情况下，网络覆盖边缘基本重合，通过简单的优化及切换点调整等手段即可实现 TD-SCDMA 与 TD-LTE 同覆盖，小区覆盖半径相差在 5%以内，TD-LTE 覆盖性能优于 TD-SCDMA。当 TD-LTE 采用 D 频段组网时，由于链路损耗增加，需要在原有 TD-SCDMA 网络的基础上，增加部分站点以增强覆盖。

1. F 频段组网

F 频段向 TD-LTE 的演进比较易于实现。因为 TD-SCDMA 站点设备在研发过程中已经考虑了向 TD-LTE 演进的问题，纷纷推出了 TD-LTE 与 TD-SCDMA 的共平台方案，大多数设备可以重用，这大大降低了演进升级的施工难度和成本，图 4-1 为某厂家 F 频段演进方案。

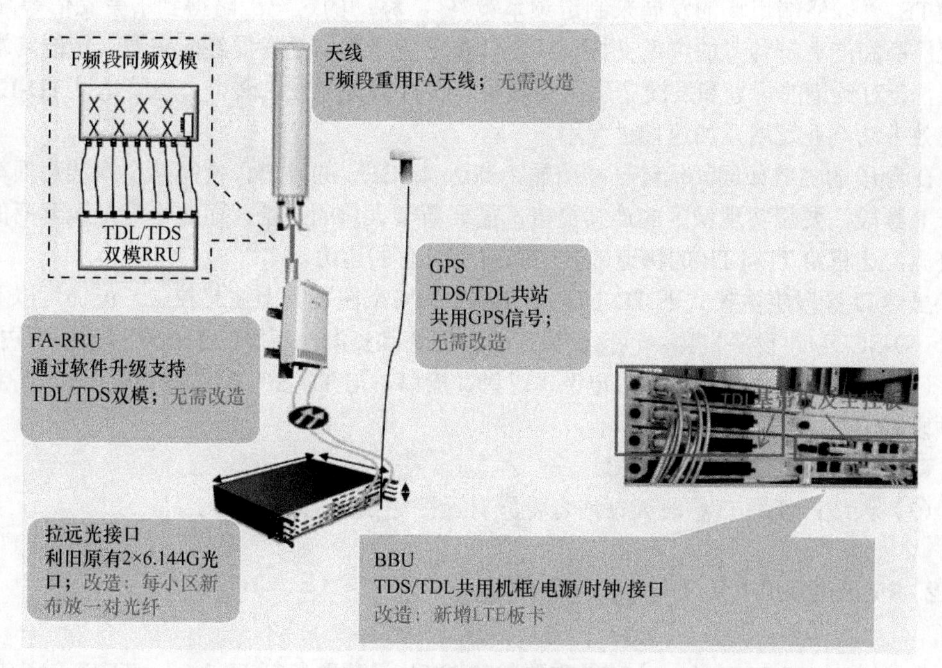

图 4-1　F 频段升级工程内容

由图 4-1 可知，在共平台设备的支持下，升级演进的工程量主要体现在 TD-LTE BBU 板卡的软件升级或安装、BBU-RRU 光通信模块的改造、RRU 的软件升级或更换，以及天线的利旧或更换。工作量较新建模式大幅减少，可以实现 TD-LTE 网络的快速部署，成本较低。采用 F 频段组网时，TD-LTE 与 TD-SCDMA 邻频组网，将面临以下问题：

（1）TD-LTE 与 TD-SCDMA 共天馈，TD-LTE 系统的引入将增加 TD-SCDMA 系统的合路损耗，对 TD-SCDMA 网络的覆盖性能造成一定的影响，同时也将失去两系统的优化自由度，任何一个系统的网络调整都将引起连锁反应，网络优化的难度加大。因此，有条件的情况下，仍建议 TD-LTE 新增天馈线系统。

（2）采用 F 频段组网的情况下，TD-LTE 势必面临着与 TD-SCDMA 彼此间的邻频干扰问题，需通过时隙对齐方式进行系统间同步，这将导致 TD-LTE 系统的性能下降。

（3）F 频段本身带宽不大，两网同时在 F 频段运营时，系统带宽的限制将导致 TD-LTE 的高带宽技术优势不能得以充分发挥，与 3G 网络相比优势不明显，同时也限制了 TD-SCDMA 网络的发展。

（4）F 频段国际上的应用不广，仅我国用于 TD-LTE，这将引起 TD-LTE 无法实现国际漫游的问题，不利于产业链的发展，从这点上来说，F+D 联合组网或者单 D 组网成为可能，也就是说，D 频段成为 TD-LTE 必然方向，这只不过是一个谁先谁后的问题。

2. D4 频段组网

对于 TD-LTE 这一新兴技术，推进产业链尽早成熟和壮大是关键，选择资源丰富、产业成熟的频谱资源才能保证快速和长久发展，来自 GSA 的最新数据表明，D 频段（2.6GHz）是目前国际和产业上的主流频段，终端产品生态优良且频谱资源丰富。

我国工信部于 2012 年 10 月已经宣布将 D 频段的 2500—2690MHz 频段全部分配给 TD-LTE。“以终端市场的发展来制定频率策略”，移动的这一战略得到了爱立信等 LTE 主流厂商和产业链各方的广泛支持。从全球移动宽带通信的发展经验来看，智能终端的发展，会对频谱的规划和发展产生重要影响。以 D 频段先发部署，大规模建设 TD-LTE，将有效带动产业发展，加速推进商用。

D 频段的劣势如同其优势一样明显，高达 2.6GHz 的频谱，使得其空间链路损耗远高于 F 频段，要想实现城区的连续覆盖，需要新增大量的站址，而这恰恰是运营商的稀缺资源，这将给 TD-LTE 的快速部署带来前所未有的压力。

虽然 D 频段组网模式下 TD-LTE 与 TD-SCDMA 在逻辑上彼此独立，但仍可以利旧部分 TD-SCDMA 设备资源，包括机柜、动力等基础资源，新增的工程量包括以下内容。

（1）BBU：共用原有机柜、电源、时钟、接口，与 TD-SCDMA 共 BBU 时，需新增 D 频段 LTE 主控板、基带板。

（2）RRU：新增 D 频段 RRU。

（3）天线：新增 D 频段天馈或者将原有天馈更换为 FAD 天馈。

4.2.2 cdma2000/EV-DO 向 LTE 演进

在 2007 年和 2008 年，全球最重要的 CDMA 运营商包括 Verizon、KDDI 及中国电信等相继宣布选择 LTE 而不是 UMB 作为向 4G 演进的标准后，UMB 宣告终结，从而明确了 LTE 作为全球 CDMA 网络向 4G 演进的技术标准。通过 LTE 的共同选择，使得 3GPP 和 3GPP2 两大标准阵营在向 4G 的演进上实现了标准的统一，体现了在经历 3G 的发展后产业界的理性和成熟，对全球通信产业的发展具有十分积极的意义。

1. 架构演进

HRPD 属于 3GPP2 标准阵营的技术，在路线图中，HRPD 从版本 0 沿着 Rev.A、Rev.B、Rev.C 的路线演进发展。

Rev.0 支持的前、反向峰值速率分别为 2.4Mbit/s 和 153.6kbit/s。该版本的提出是为了提供高速数据业务，主要是针对 Best Effort 业务，特别是为不对称的高速下载业务开发的。

Rev.A 支持的前、反向峰值速率分别为 3.1Mbit/s 和 1.8Mbit/s，该版本增强了 QoS 控制机制，减小了时延（低传输时延、低切换时延），支持 VoIP、可视电话（VT）、PTC 等实时性、低时延业务。

Rev.B 标准于 2006 年 3 月发布，该版本采用了多载波技术，前、反向峰值速率可达到 73.5Mbit/s 和 27Mbit/s（捆绑 15 个载波）。EV-DO Rev.B 的特点是多载波捆绑，在前向引入更高阶的调制方式（64QAM）和更大的包长（6 144bits、7 168bits、8 192bits），单载波前向峰值速率可以达到 4.9Mbit/s，单载波反向峰值速率不变，仍为 1.8Mbit/s。Rev.B 技术的采用可以提高用户的业务速率（载波数×单载波峰值速率），有利于用户使用体验的提高。

中国电信目前的 CDMA 网络包括 cdma2000 1x 网络（以下简称 1x 网络）和 HRPD RevA 网络（又称 EV-DO 网络），其中 1x CS 域提供电路语音业务，EV-DO 提供中、高速数据业务。全球其他 CDMA 运营商的网络现状与中国电信基本类似。随着多媒体数据业务的发展，各种新的业务形式不断涌现，用户对系统带宽的要求也不断提高，为了追求更高的业务峰值速率，以及与 HSPA 的抗衡，部分 CDMA 运营商打算直接从 HRPD Rev.A 转向 LTE。

在 HRPD 向 LTE 演进的过程中，由于 LTE 对语音业务的支持还需要一段较长的时间，而且早期 LTE 也只是在热点地区部署，预计 1x RTT/HRPD 网络与 LTE 的共存期将会比较长。因此，HRPD-LTE 之间的互操作将是 CDMA 网络运营商在向 LTE 演进过程中需重点考虑的问题。

3GPP 标准组织在制定 LTE 标准时考虑了与其他非 3GPP 系统（包括 CDMA 系统）的互连，要求 EPS（LTE 无线网 E-UTRAN+核心网 EPC 统称为 EPS）支持多种不同接入系统，对用户提供多接入网络环境。为了支持与 3GPPE-UTRAN 的互联互通，3GPP2 标准组织也开展了互操作的系列标准制定工作，将 HRPD 增强为 eHRPD（Evolved High Rate Packet Data）。

3GPPE-UTRAN 和 3GPP2 eHRPD 的互操作架构（非漫游）如图 4-2 所示，eHRPD 接入网通过 HSGW 与 3GPP 的 EPC 核心网互连，并通过 S101、S103 接口实现 E-UTRAN-eHRPD 的互操作（如果 eHRPD 与 E-UTRAN 之间不要求优化切换，则不需 S101、S103 接口）。图中虚线以上的接口和网元标准都是由 3GPP 负责制定，虚线以下的网元和接口标准由 3GPP2 负责制定。

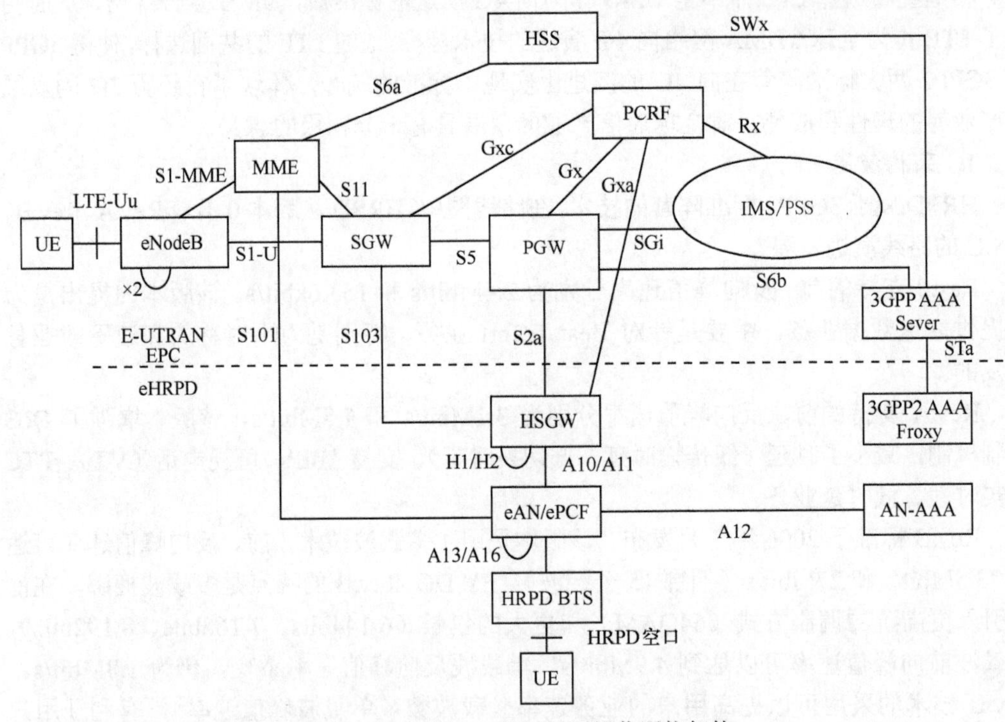

图 4-2 E-UTRAN-eHRPD 互操作网络架构

主要的网元和接口功能如下。

eAN/ePCF 是 eHRPD 系统的无线网节点，支持与 E-URRAN 的互操作，兼容 HRPD 和 eHRPD 模式，在传统 AN 功能的基础上增加 eAT 和 HSGW 之间的 GKE（Generic Key Exchange）功能、eHRPD-HRPD 之间的 idle 态切换、eHRPD-E-UTRAN 之间的 idle 态、激活态切换等功能。

互操作相关的主要接口是 S101、S103。

S101 接口是 MME 与 eAN/ePCF 之间的信令接口，支持以下信令。

（1）UE 经过 E-UTRAN 传输 eHRPD 空口信令。

（2）UE 经过 eHRPD 传输 E-UTRAN 空口信令。

（3）切换时 S103 Data forward 隧道的建立。

（4）EUTRAN 和 eHRPD 间的切换信令。

S103 接口是 S-GW 和 HSGW 之间的承载接口，实现 S-GW 和 HSGW 间的 Data Forwarding 隧道功能，支持 GRE 封装。当 UE 由 E-UTRAN 切换到 eHRPD 系统时，转发数据通过隧道由 S-GW 发向 HSGW。

新增的 S101 和 S103 接口是为了实现由 eHRPD 向 LTE 的优化切换，通过优化切换可保证终端 IP 地址不变，缩短业务中断时间，为终端用户提供较好的切换体验。但是由于其优化方案除了要求现有 HRPD 网络升级为 eHRPD 之外，还要求 LTE 网络中的 MME 和 S-GW 支持 S101/S103 接口，HSS 需要支持与 AAA 连接的 SWx 接口，网络侧改造量较大，而且需要 CDMA/LTE 终端支持优化方案。在 LTE 布网初期对两网切换要求没有那么高的时候，可暂不支持 S101/S103 接口，这样有利于 LTE 网络的快速部署。

2. 制式选择

在明确了 LTE 作为 4G 的选择以后，中国电信仍然存在 TDD 和 FDD 的选择问题，即选择 TD-LTE 还是 LTE FDD。这个问题，对于具有不同背景和基础的运营商而言仍然是一个十分关键的战略抉择。

决定 LTE 制式选择的决定性因素是现有 3G 网络的制式。首先，因为 LTE 在覆盖上较 3G 差，加上 LTE 网络建设部署的长期性，使得在相当长的时期内单独的 LTE 网络都无法在覆盖上满足要求，业务经常需要回落到 3G 网络，因此仍需要 3G 网络作为 LTE 网络的补充；其次，由于 LTE 核心网只有分组域而没有电路域，不能提供电路交换型的话音业务，因此话音业务在许多情况下仍需由 3G 网络承载；再者，对于绝大多数的运营商，其 3G 网络即使在 LTE 商用化之后也仍将继续与 LTE 共存，因此，LTE 与 3G 共存发展的双模运营策略将是全球绝大多数运营商的必然选择。

对于 CDMA 移动网络运营商来说，由于涉及不同标准组织定义的不同的网络之间的互操作，不同的接口、不同的协议需要得到互通，从 CDMA 向 LTE 演进要考虑的问题将比从 WCDMA/GSM 向 LTE 演进要复杂得多。由于现有的 CDMA 网络为 FDD，因此对于中国电信而言，在现有的 FDD 的 CDMA 网络基础上向 LTE FDD 演进无疑是最自然和最合理的选择，将大大有利于网络的规划和部署建设，使得双模网络获得最优化的性能并降低投资，在多模终端设备的产业链、国际漫游及后续演进等方面也将更为有利。

通过 CDMA 向 LTE 演进，从企业自主选择技术发展角度看，中国电信更倾向于采用较为成熟的 LTE FDD 的技术标准。2013 年 3～5 月，中国电信董事长王晓初曾多次在各公开场合表示，公司倾向跟随国际标准，采用成本较低的 FDD 网络，若日后 4G 技术需要规定使用 TD 网络，公司会考虑向中国移动租用网络，甚至与其他具备 TD 技术的运营商共同建造运营 TD 网。可以看出，其向业界传递了企业对于 4G 移动牌照选择的愿景，把 LTE FDD 作为中国电信的 4G 技术标准将成为企业不二的选择。

此外，对于 4G 制式的选择，除了技术演进本身的考虑，还受到行业政策、产业链发展、频谱资源等一系列重要因素的影响。2013 年 8 月，中国电信向数十家电信设备厂商发放 LTE 招标标书，招标内容包括 TD-LTE 和 LTE FDD 两种制式，这表明中国电信为 CDMA 向 FDD LTE/TD-LTE 过渡做了“两手准备”。目前，国际上尚没有 CDMA 网络向 TD-LTE 网络过渡的可参考的例子，这对中国电信下一步网络演进带来不确定影响。

3. 建设策略

CDMA 向 LTE 演进，有几个方面的因素需要考虑，包括发展时间、发展的规模和可发展的业务类型等。CDMA 向 LTE 演进的发展时间取决于 LTE 的技术发展、产业链发展和竞争对手的发展速度，上述因素决定了 LTE 引入的时间和阶段；发展的规模取决于用户对数据业务的需求发展情况、对现有 CDMA 网络的影响和应用成本，上述因素决定了 LTE 的部署方案；可发展的业务类型取决于 IMS 平台的成熟度、VoIP 实时业务的发展和双模终端的发展，上述因素决定了 LTE 的市场前景。

总体而言，CDMA 向 LTE 演进应分为以下 3 个阶段。

（1）LTE 的小规模应用

在初始阶段，大城市的中心区域和热点地区将会引入 LTE 无线网络，原有的 HRPD

无线网络也会继续保留。LTE 的分组核心网 EPC 将通过叠加建设的方式加入到 HRPD 的分组核心网中，并能够和 HRPD 的分组核心网进行互通操作；无线侧的设备，使用原站点，对于站点的利旧使用，可以分为 SDR（软件无线电）基站和非 SDR 基站，SDR 基站基带部分可以通过增加 LTE 单板方式继续使用，射频部分由于频段差异需要新增射频；非 SDR 基站的则需要新增基站。天馈可以共享。用户仍然以 CDMA 的用户为主，具有双模终端的用户将可以在两个无线网络覆盖的地区自由的切换和移动。

（2）LTE 逐步扩充，CDMA/LTE 两网融合

在这一阶段，LTE 网络用户逐步增加，运营商在这个阶段可以逐步扩容 LTE 无线网络及核心网络。原有 HRPD 网络下的 PDSN 将逐步升级为大容量系统架构演进网关 SAE-GW 设备，以满足新的用户需求以及业务应用的需要。由于 LTE 的频段差异覆盖特性差异，在 CDMA 原站点的基础上，LTE 需要新增站点以满足 LTE 的覆盖。为适应实时业务的要求，网络要支持 CDMA 和 LTE 的无缝切换。

（3）完全的 LTE 应用场景

最后阶段，随着宽带业务的进一步发展，LTE 网络将大规模部署覆盖所有的地域，CDMA 只保留 1x 电路语音业务，HRPD 网络完全演进到 LTE 网络。运营商的 EPC 核心网络将进一步扩展，根据业务容量 MME（移动性管理实体）和 SAE-GW 可以在多个地市进行部署。整个 EPC 网络仅由 MME、SAE-GW、CG（计费网关）、HSS（归属用户服务器）组成。

4.2.3 WCDMA 向 LTE 演进

3GPP WCDMA 是第三代移动通信系统主流技术，在全世界有着成功的商用。在 3GPP R5/R6 阶段，系统支持的上、下行峰值速率分别达到 5.76Mbit/s、14.4Mbit/s，以满足移动多媒体业务的使用需求。在不改变系统网络结构的前提下，通过引入 64QAM、MIMO 等技术，系统可以演进到 HSPA+，最高支持 42Mbit/s 速率。

目前，LTE 已经确立了“下一代无线宽带应用统一的标准”的地位。在没有了 WiMAX 竞争威胁的情况下，从应用市场和运营的角度来讲，对于 WCDMA/HSPA 运营商来讲，需要考虑更多的是 WCDMA/HSPA 网络的 LTE 演进途径，特别是对于 HSPA＋与早期 LTE 的权衡比较。

1. 演进路线

在 WCDMA 以 HSPA 为起点建网的情况下，向 LTE/LTE+的演进有两条路线。

（1）HSPA 直接向 LTE 演进

该方案在适当时机引入 LTE 技术，更多的会话类和 PS 数据业务承载在 LTE 上。其优势是 LTE 标准制定进度和技术发展较顺利，厂家重视与支持程度较好；相对于 HSPA+，LTE 系统能提高应用速率。但由于 LTE 重新定义了空中接口和网络结构，以 OFDM 为核心技术与 3G 的 CDMA 技术存在本质上的差别，因此与已有 3GPP 各版本不兼容，UTRAN 网络中的移动台无法接入 LTE 网络，UTRAN 网络网元也无法直接实现与 LTE 网元共用。

与 3GPP2CDMA 阵营的运营商（如 Verizon 等）情况不同，对于 3GPP WCDMA/HSPA

运营商（如中国联通、AT&T 等）来说，该种方案演进过程过于激烈，大量 HSPA 用户需要更换终端，HSPA 网元无法再利用，3G 网络投资保护性差。

（2）通过 HSPA+过渡向 LTE 演进

该方案在 HSPA 的基础上引入 HSPA+，以提高 HSPA 性能（数据峰值速率等），然后逐步引入 LTE。其优势是演进平滑，现有网络投资可以得到最大限度的保护。

① HSPA+是 HSPA 演进的下一个步骤，对于 3GPP 运营商，其吸引力在于：能在不改变现有网络结构的前提下，通过引入 64QAM、MIMO 等技术，进一步提高频谱效率和峰值速率，降低延迟，更好地支持 VoIP 和多播业务。

② HSPA+技术已经在 ALU 的众多客户中广泛采用。除了 CU 已经激活了 64QAM 功能外，国外大运营商（如 AT&T、Orange France、SRF、Mobilkom、Telecom、Vodafone 集团等）也都已激活了该功能。

HSPA+采用了部分与 LTE 重合的技术改进 HSPA 性能，主要包括：

a. 下行/上行采用 64QAM/16QAM 方式

调制阶数越高，每调制符号能承载的比特个数就越多。因此在相同符号速率下，调制阶数越高，相应的比特速率就越高。HSPA+下行/上行分别采用 64QAM/16QAM 方式，可以支持高达 21（下行）/11（上行）Mbit/s 的峰值速率。

b. 多天线技术

MIMO 技术在通信链路两端均使用多个天线，发端将信源输出的串行码流转换成多路并行子码流，分别通过不同的发射天线阵元同频、同时发送，接收方则利用多径引起的多个接收天线上信号的不相关性从混合信号中分离出原始子码流。这相当于频段资源重复利用，可以在原有的频段内实现高速率的信息传输，极大地提高了频谱利用率和链路可靠性。MIMO 将多径无线信道与发射、接收视为一个整体进行优化，从而实现了高的通信容量和频谱利用率。

在 HSPA 基础上引入 2×2 MIMO 技术，下行峰值速率可以到达 28Mbit/s，但硬件上需要增加 1 套天馈系统，同时需要软件升级。如果同时采用 64QAM 和 2×2 MIMO 技术，下行峰值速率可以达到 42Mbit/s。

c. 改进 L2 以支持高数据速率

通过引入 MIMO、下行 64QAM、上行 16QAM 等技术提高了物理层峰值速率；但与 LTE 相比，RLC 峰值速率受限于 RLC PDU size、RTT 和 RLC window size，fixed PDU size 的 RLC 在某些场景下成为系统性能的瓶颈。

在下行，对 HS-DSCH 信道，通过 flexible RLC PDU size 及引入新 MAC 实体 MAC-ehs，可以提高 L2 速率，降低协议开销；在上行，对 E-DCH 信道，通过 flexible RLC PDU size 及引入新 MAC 实体 MAC-i/is，同样可以降低信令开销。

d. 其他性能增强技术

在 HSPA+中，为了进一步增强实时业务的 QoS 和系统性能，缩短与 LTE 的差距，引入了一些新技术，如增强的 ELLFACH（以减少信道建立和分配的延迟，增加 Idle、CELL-FACH、CELL-PCH 和 URA-PCH 的可用峰值速率）、UE DRX、CPC 等。

2. 过渡时机

HSPA＋过渡到 LTE 的时机点，取决于 3 方面的因素，即单用户峰值能力、小区吞吐量、HSPA＋MIMO 利弊。

（1）HSPA+的单用户峰值能力

下行峰值速率：10M HSPA＋（64QAM＋5M DC）与 10M LTE2×10M（2×2 MIMO，Cat3 UE）能力相当。上行峰值速率：5M HSPA＋（16QAM）能力<<10M LTE 2×10M（2×2 SIMO）能力；10M HSPA＋（16QAM＋DC）能力与 10M LTE 2×10M（2×2 SIMO）接近。总体看，在 10MHz 频段条件下，LTE 单用户峰值速率与 HSPA＋持平，在 10MHz 频段以上时，LTE 单用户峰值速率要大于 HSPA＋，LTE 有 OFDM/MIMO 优势。

但是，HSPA＋也有其优点：3GPP 定义了不同的最大速率编码。HSDPA 的编码效率非常接近 1（0.98），而 LTE 下行最大编码效率仅接近 0.88。不过，也可以认为 LTE 峰值速率的编码保护效果更好，在更大的范围内、更复杂的无线环境下 LTE 都可以保证其峰值速率。

（2）HSPA+小区吞吐量

实际环境中，用户能够满足良好的无线信号条件，从而获得峰值速率的可能性是很小的。因此，对比 LTE 和 HSPA+性能的最佳指标是小区平均吞吐率或者小区频谱效率。

① 采用 MIMO 技术，在 5MHz 频段条件下，小区下行吞吐量 LTE 比 HSPA＋多 38%，小区上行吞吐量 LTE 比 HSPA＋多 94%。

② 如果采用 10MHz 频段进行比较，由于 HSPA＋的上行 DC 能力不明确，所以上行吞吐量的差距会接近 180%。

对于 3GPP 运营商，HSPA+吸引力在于不改变现有网络结构；64QAM、Fraction DPCH、快速休眠、PCH、DCH 的直接跃迁、Dual Cell 下行双载波合并等技术，都有可能通过软件升级达到 HSPA＋的提升效果，但是 MIMO 要求硬件置换，因此，MIMO 的替代方案 DC-HSDPA 显得更有价值。

双小区 HSDPA（R8 DC-HSDPA）通过跨载波的联合 Mac-hs 调度，将 HSDPA 用户下行业务同时以 F1 与 F2 承载；F1 与 F2 为同一 NodeB 下同扇区中的 2 个异频逻辑小区：R8 中下行 F1 与 F2 须为相邻载波（R9 扩展至不同频段）；以 TTI 为单位统筹分配双载波上的功率和码字资源，以优化系统性能。

DC-HSDPA 在不增加基站硬件的同时，无需借助复杂的 UE 接收机，即可显著提升用户最大峰值速率（从 21Mbit/s 提升到 42Mbit/s）；即使在小区边缘，也可获得更高的用户速率（相对于单载波，速率×2）；可与 R99～R7 终端共载波，且不影响现有 HSPA 用户的性能；明显改善 HSDPA 载波间负载平衡，提升系统整体资源利用率。DC-HSDPA 提供与 MIMO 相同的峰值速率，对 2 载波基站无额外硬件投入，而且避免了现网 UE 性能恶化的风险。

综上所述，从网络运营的角度来看，在 WCDMA HSPA 发展到一定时期之后通过软件升级的方式，可以平滑地升级到 HSPA+，显著提高系统速率。建议以 Dual Cell 作为 MIMO 的替代技术，然后以 10MHz 频段为临界，考虑是否引入 MIMO 技术进行硬件更替，同时权衡适时引入 LTE。

4.3 多网协同

当前移动通信行业的主要发展趋势可以归纳为两个方面：一是移动互联网迅猛发

展，带来移动数据流量的高速增长。思科预计 2011 年～2016 年全球智能手机数据流量年复合增长率将达到 119%。二是运营商大规模升级网络带动用户向 3G/4G 网络快速迁移。GSMA 预计 2015 年全球 3G 用户占比将达到 50%。这两方面实际上是相辅相成的，后者是前者的基础，前者推动后者。

在上述通信业发展的大趋势下，运营商的网络演进路径较为清晰，大多不存在所谓的"协同"问题，但也有部分运营商受政策、网络现状等因素的制约需要面对多网协同的问题。本节以中国移动为例来探讨该问题。

4.3.1　现状分析

中国移动的 GSM 网络发展目前面临两难的处境：一方面迫于快速增长的数据流量压力不得不投入巨资来扩容，以维护现有的 GSM 网络；另一方面面临大量用户转移到 TD-SCDMA 和 TD-LTE 网络以后，GSM 网络单位成本上升带来的 GSM 巨大投资风险。

1. GSM 网络不堪重负

目前在国际上，GSM 网络的退出已经被提上日程，比如 AT&T 公司 2012 年 8 月宣布将于 2016 年年底关闭 GSM 网络，并且已经开始重新分配 GSM 频谱，将其中的一部分无线电频率用于 WCDMA 和 LTE 网络。但对中国移动来讲，GSM 目前仍然是生命线。自 2009 年以来，中国移动 GSM 网络承载的数据流量每年的增长率都在 100%以上，尽管存在密集站间距、容量极限和技术本身限制以及干扰导致的质量问题，但在 TD-SCDMA 不完善、TD-LTE 仍处于试商用阶段的情况下，中国移动仍然每年都需投入巨资进行 GSM 的扩容，长期维持超大规模的网络运营。

数据业务占比高将影响网络质量及容量。由于 EDGE 无下行功控，数据热点区底噪抬升明显，接近 3dB 抬升。根据现网数据统计，随着数据业务占比的提升，网络质量呈现下降趋势。高质差小区比例上升。热点区域频率资源紧张。在频率资源瓶颈无法解决的情况下 GSM 网络扩容压力巨大，网络"高配置小区"、"高站"、"高直放站占比"等"三高"问题比较突出，过覆盖、重叠覆盖比例严重，影响网络质量。

2. TD-SCDMA 网络前途未卜

中国移动在 TD-SCDMA 网络和终端尚未成熟的情况下，采取"不换卡、不换号、不登记"的"三不"策略，迅速发展了大量用户。但 TD-SCDMA 网络与 GSM 网络之间需要频繁的切换及重选，这就导致经常断话，从而严重影响了用户使用感受，造成用户满意度下降。

经历了几年大规模的建设之后，TD-SCDMA 网络的覆盖质量有了较大的提升，TD-SCDMA 终端品质也不断提高，但 TD-LTE 的发展使得 TD-SCDMA 用户又面临向 TD-LTE 升级的问题。尽管中国移动定位 TD-SCDMA 是承接和过渡，TD-LTE 是未来，但在具体的网络建设策略方面，对于 TD-SCDMA 和 TD-LTE 的区别还是有些含糊。具体的 TD-LTE 建设重点以及县城、乡镇等地区的高数据流量需求区域是用 TD-SCDMA 还是 TD-LTE 等细节尚未明确。

TD-SCDMA 网络存在的问题也比较明显，首先，TD-SCDMA 网络在技术上存在先天不足，与竞争对手的 WCDMA、cdma2000 网络存在一定的差距，而且是中国移动独家经营，市场信心不足，设备厂商支持力度不大；其次，TD-SCDMA 网络在区域连续覆盖和深度覆盖方面存在不足，造成频繁切换、重选等，影响用户感知；TD-SCDMA 网络利用率偏低，分流效果仍不明显。

3. TD-LTE 尚不成熟

中国移动在 2013 年获得 TD-LTE 牌照，进入 TD-LTE 商用元年，但中国移动发展 TD-LTE 的形势并不乐观。

由于 TD-LTE 一直致力于与 LTE FDD 的融合同步发展，目前基本实现了共基站、共芯片，获得了国际产业与市场的认可和支持，但是与 LTE FDD 相比，仍然存在差距。Wireless Intelligence 预测，到 2015 年，全球 LTE 网络数量将超过 200 张，而这些网络大多数将采用 LTE FDD 标准。TD-LTE 虽然在技术上与竞争对手同步发展，但 LTE FDD 因为商用时间较早，所以市场规模远大于 TD-LTE。LTE FDD 已经领先，并且有继续扩大领先优势的趋势。如果这一情况没有改变，未来 TD-LTE 将错失与 LTE FDD 融合发展的关键时期。从中国移动 TD-LTE 试验网的情况来看，由于 TD-LTE 没有低频段，导致小区覆盖半径较小，深度覆盖能力不足，影响用户感知，而深度连续覆盖对投资要求较高，造成网络建设高成本。

TD-LTE 能否对抗中国联通的 HSPA+仍然存在疑问。因为 TD-LTE 与 HSPA+或 EV-DO 的共存期，也正是 TD-LTE 的商用成熟期。而作为一个全新的技术，从小规模试验到大规模试验，从试商用到正式商用，再到建立大规模的用户群，至少需要 3～5 年。在这段时间内，很难凭 TD-LTE 留住高端用户或使其返流。另外，HSPA+已在全球多家运营商正式商用，其网络技术及业务开发都较为成熟，仅在峰值接入速率上与 TD-LTE 存在差距。因此，无论是技术与网络的成熟和稳定，还是产业链的支撑能力方面，TD-LTE 均处于弱势。从以上分析可见，在 3～5 年的 TD-LTE 与 HSPA+共存期内，TD-LTE 虽然可以得到长足的发展，但就用户市场而言，很难形成强劲的态势。

4. WLAN 网络难当重任

目前 WLAN 的发展也面临窘境：一方面 WLAN 流量确实快速增长，但 90%以上的流量都是笔记本电脑 PAD 类终端产生的，效益较低；另一方面，大量的社会热点存在闲置现象，手机 WLAN 产生的流量极少，甚至很多地方都没有起到分流 GSM 网络压力的作用。

WLAN 是一种通过无线方式实现高速宽带上网的业务，但 WLAN 并不像 TD-SCDMA 或 GPRS 那样全区域覆盖，仅在部分热点区域（如部分高校、教学楼或部分体育馆、火车站、咖啡馆等）可以使用。其缺点比较明显：

（1）WLAN 建设仍存在“热建冷用”的情况。根据统计，全网 WLAN 超闲 AP 占比达 26%，未充分发挥 WLAN 数据流量分流作用。

（2）WLAN 相对蜂窝网可管理性较弱。WLAN 技术体制在可靠性、服务质量、可管理等方面与蜂窝网差距明显；WLAN 作为非电信级的技术，网络管理比较困难，设备网管接口实现方式不统一，维护手段缺乏，在可运营、可管理性等方面有待进一步提升。

（3）WLAN 工作频率为 2.4GHz/5.8GHz 非授权频段，与其他运营商及个人企业的 WLAN 网络间干扰不可控，频率干扰严重时速率受限，服务质量较难保障。

（4）WLAN 仅支持低速移动，更适应“游牧式”的数据业务需求。

（5）集团及省内两级 WLAN 认证系统并存，全网用户体验难以统一。

从国外的情况来看，运营商通过 WLAN 网络分流蜂窝网流量压力的主要场景是在家庭，如美国运营商 AT&T 60%的数据流量通过用户家中的自有 Wi-Fi AP 分流，而中国移动最薄弱的环节恰恰是在家庭市场。说到底，WLAN 本质上是有线宽带的延伸，中国移动相比竞争对手在有线宽带领域的劣势决定了其在 WLAN 领域很难取得实质性成绩。

4.3.2　面临的挑战

中国移动的 GSM、TD-SCDMA、WLAN、TD-LTE 4 张网都已经或即将成为全球第一大网，但是当前还没有一张网能够建立移动互联网的竞争优势。进入移动宽带运营时代，中国移动面临的挑战主要是 4 个方面，即多制式、多业务、多专业、多阶段。

（1）多制式。GSM、TD-SCDMA、WLAN、TD-LTE 4 张网络要长期共存、协同发展。如果缺乏面向未来网络架构的前瞻性牵引，投资方向容易受短期因素影响，造成不必要的投资浪费，容易避难就易，避重就轻，错失战略机会点的提前布局。

（2）多业务。尽管语音还是重要的收入来源，但未来的竞争主体将是数据业务特别是移动互联网业务，竞争的手段不能单纯依赖个人业务，家庭业务、政企业务、垂直行业应用等越来越成为重要的竞争手段并直接影响到个人业务的发展。四网协同的网络建设与规划必须能够建立起未来多业务的竞争优势。

（3）多专业。基于移动互联网转型的总方向，需要同步于网络建设，在组织及人力资源上建立起相应的专业技能。四网协同的网络建设，一是要与中国移动的组织及人员专业结构相匹配以保证可实施性；二是要通过四网协同来打破专业界限，特别在一些影响未来竞争力的关键技能上，建立起组织及人才的竞争优势。

（4）多阶段。四网协同必然是分阶段有重点地实施，需要把握好节奏。一是要与产业的节奏相吻合，同时牵引相应的设备供应商提前开展相应的技术规划和试验；二是要与集团总体的战略保持一致；三是要满足政府管制的相应要求，在相应的业务开展方面采取合作等灵活方式。

中国移动集团董事长奚国华在 2012 年 6 月举办的亚洲移动通信博览会上正式提出："积极推进 GSM、TD-SCDMA、TD-LTE 和 WLAN 四网协同发展。一是确保全球最大的 GSM 网络的质量最优；二是积极发展 TD-SCDMA，从网络、终端、应用 3 方面共同努力，充分发挥承前启后的作用；三是精确建设、有效发展 WLAN，有效实现对移动蜂窝网数据流量的分流作用；四是打造融合发展的 LTE 网络。"应该讲，中国移动对四网的定位十分清晰，有现状（GSM），有承接（TD-SCDMA），有未来（TD-LTE），有补充（WLAN）。但要实现这个美好的愿景，四网发展还是面临巨大的挑战。

4.3.3　协同思路

四网协同发展的总体目标是通过推进 GSM、TD-SCDMA、WLAN、LTE 协同发展，打造具有覆盖广、覆盖深、高质量、高速率的世界一流无线蜂窝网，实现网络效益最大化。

广义上的四网协同是大市场与大网络之间的大协同，网络、业务和终端的协同是四网协同的核心所在，市场策略与网络发展的协同是四网协同的重要手段。狭义上的四网协同是网络层面的协同，主要是通过协同规划，精确覆盖，进行分区域、分场景的差异化网络建设，实现网络整体资源效益最大化。

GSM 网络依然是中国移动业务、收入、利润的承载网，也是 LTE 的语音承载网，既承载着现在，也承载着一段时间的未来，其覆盖能力和语音品质必须予以确保。

TD-SCDMA 网络的建设和运营是中国移动承担的历史责任和使命，也是未来向 TD-LTE 演进的基础。TD-SCDMA 网络应主要承载手机终端的移动数据业务，在 GSM 网络资源紧张的区域也要能够有效起到替代 GSM 网络来疏通语音业务量的作用。TD-SCDMA 网络发展应面向 TD-LTE 的升级演进，重点集中在数据业务密度较高的大中城市，加强主城区的深度连续覆盖，对于城区内连续覆盖仍存在明显不足的区域可适度扩大 TD-SCDMA 网络覆盖范围，有效增强 TD-SCDMA 网络分流手机终端数据业务量的能力。

TD-LTE 是中国移动无线蜂窝网络发展的未来，是中国移动高带宽、高质量无线宽带业务的主要承载网络。发展 TD-LTE 要坚持 TDD/FDD 融合的方向，推动实现"出得去、进得来"的中长期目标。积极推进 TD-LTE 网络工程建设，加快商用化进程，分阶段部署实现 TD-LTE 网络的全面覆盖。TD-LTE 网络是中国移动四网协同战略的核心。

WLAN 是中国移动无线宽带网络的重要组成部分，是无线蜂窝网络承载移动数据业务的重要补充。WLAN 网络主要承载笔记本电脑、手机及第三方 Wi-Fi 终端的互联网数据业务，当前要切实发挥 WLAN 网络对移动蜂窝网手机终端数据业务量的分流作用，有效缓解 GSM 网络压力。

从网络特性、发展现状及其在中国移动无线网络的地位而言，这四网具有各自的特点和历史使命。要明确四网协同的主线和路径，四网协同一定不能把四张网放在"同"等重要的地位，必须有所侧重。

（1）放缓 GSM 网络的新建投入

这对中国移动来讲是一个艰难的决策，但必须痛下决心。具体来讲，除边远农村、新建小区等特殊场景以外，主要地区应以挖掘现有 GSM 网络的容量潜力为主。可以针对不同业务类型的特点，通过引入新 GSM 技术，如 QQ 业务管控、小包检测及 PCC 等手段，提升 PDCH 承载效率，减少对资源的占用。

（2）大力发展 TD-SCDMA 终端

终端问题是影响中国移动 TD-SCDMA 发展的重要原因之一。中国移动其实也意识到了终端在 TD-SCDMA 发展过程中的重要作用，计划在 2013 年卖出超过 1 亿部 TD-SCDMA 终端。但仅仅发展终端还不够，前面提到，2G/3G 的频繁切换是导致用户体验下降的重要原因，实际上由于 GSM 和 TD-SCDMA 在频率方面的差异，即使在 TD-SCDMA 网络覆盖很完善的热点城区，2G/3G 的频繁切换现象仍然比较严重，这还不包括用户的主动切换。因此，建议在 TD-SCDMA 网络已经覆盖比较完善的地区，逐步试行 TD-SCDMA 独立运营，停止用户主动或被动地向 GSM 网络切换，否则 TD-SCDMA 倒流的问题将无法彻底解决。

（3）全力以赴发展 TD-LTE

努力获取尽可能多的政府支持。在当前全球 TD-LTE 产业链发展相对滞后的情况下，政府在基础资源、产业政策和规划等方面的支持是TD-LTE产业链快速发展的重要推动力量。其中包括扶持政策及产业补贴，尤其是在芯片、终端等关键环节，中国移动应尽力促使政府尽快明确TD-LTE牌照发放时间表，提振产业链信心，并在发放LTE FDD牌照之前优先发放TD-LTE牌照，为TD-LTE预留一定的成长期。另外从全球的频谱工作来看，TD-LTE目前仍处于弱势，需要政府优先规划低频段频谱资源用于TDD技术，如果能尽快推动政府确定1G以下频段，不但可以提高网络覆盖质量，而且可以大幅度节约成本。

（4）适度发展WLAN

首先要解决认证问题，提升用户 WLAN 认证体验，只有认证问题解决了，才能真正地分流手机用户的数据流量，起到减缓GSM网络压力的作用。另外可以利用话务/数据网管系统定位蜂窝网小区级数据热点，利用IMEI-TAC与终端支持能力数据库获取终端支持能力，利用经分数据分析评估用户行为及价值，实现规划建设、网络和市场的联动分析，准确定位分流类热点。

4.4 互操作

运营商部署 LTE 网络时，初期都以热点覆盖、提供高速数据业务为目的。对于运营商来说，将会面临LTE网络和现网2G/3G网络同时存在的网络状况，当数据业务从LTE范围移动出去后，有必要由2G/3G网络来保证业务的连续性，由现有的完善的2G/3G网络来弥补LTE网络覆盖的不足，因此，LTE网络和2G/3G网络之间需要解决业务切换和业务连续的问题。语音的解决方案在前文已有讨论，这里着重介绍数据业务的互操作问题。

互操作的核心是终端的驻留策略问题。高带宽、低时延特性使得LTE成为数据用户的首选，因此，终端的驻留策略应该首选LTE。由于终端的移动性或所处的小区以及邻区信息变化，必然要求终端需要根据实际情况在2G/3G网络和LTE的不同小区之间进行重新选择，终端需支持2G/3G与的LTE双向小区重选，缺一不可。

当终端初始在LTE网络下进行数据业务时，由于终端的移动远离原LTE小区覆盖而进入2G/3G小区，终端需要在2G/3G网络中保持原数据业务的连续性，因此解决方案首先必须保证LTE到2G/3G的切换。另一方面，当终端用户初始在2G/3G网络进行数据业务，由于终端的移动而同时也进入到了LTE的小区覆盖范围时，需要判断其数据业务是否需要转移到LTE中继续进行。2G/3G到LTE的反向切换其好处在于，可以充分利用LTE在容量和传输速率方面的优势，提高用户体验。与此同时，需要考虑既然2G/3G网络已经可以支撑用户此时的数据业务，是否有必要进行切换；而且进行过多切换所产生的时延反而会降低用户的体验。因此对于移动数据业务连续性的主要策略应主要把握住两点：首先，LTE到2G/3G正向切换的优先级应高于反向切换。其次，反向切换的需求不是十分急迫，则可以在LTE网络部署达到一定规模时再采用。

互操作需要着重解决3方面的问题。

（1）异系统邻区测量

LTE中增加了邻区优先级配置参数，因此可通过配置不同频点或频率组的优先级，以控制终端立即发起对高优先级频率邻区的测量，优先接入该小区。

（2）异系统小区间重选

用户处于空闲态或连接态但未进行业务传输时，通过监测异系统邻区和当前小区的信号质量，选择最适合的小区驻留的过程。

（3）异系统小区间切换

终端在专用信道模式下（业务进行过程中），按照网络控制进行异系统邻区测量上报并在满足一定触发条件下，接入网络指定的目标异系统小区继续业务的过程。

由于网络制式的差异，中国移动和中国电信在数据业务的互操作方法上略有不同。

中国移动的基本策略如下：

（1）开机选择：在具有 LTE 覆盖时，能够保证良好的业务质量。

（2）互操作优先级（开机优选 TD-LTE）：移出 LTE 覆盖区后，优先在 3G 网络驻留/继续业务（若支持），若无 3G 网络则选择 2G 网络，终端一旦重新检测到 LTE 覆盖，则返回 LTE。

其互操作状态如图 4-3 所示。

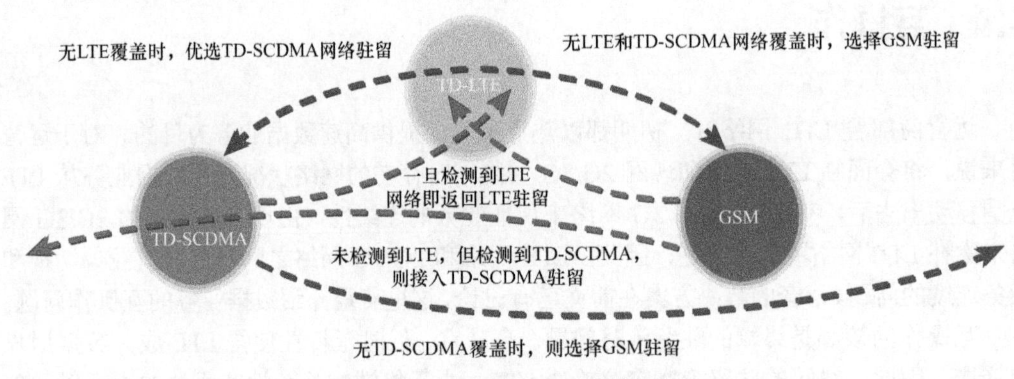

图 4-3　中国移动 PS 互操作状态

中国电信保障移动数据业务连续性的方案主要有 3 种。

（1）优化型切换方案

该方案的目的是确保终端 IP 地址不变，缩短业务中断时间，为终端用户能够提供较好的切换体验。主要的实现思路是在数据业务进行的同时，切换所需的所有准备工作并行完成，并通过源 RAT（Radio Access Technology）系统透传到目标 RAT 系统进行处理；终端向目标系统的注册、呼叫连接请求等全部采用该目标系统已有的信令流程。该方案首先需要将现有 HRPD 网络升级为 eHRPD（原 AN 升级为 eAN，引入 HSGW 代替 PDSN），将 LTE 网络新增接口 S101/S103/SWx，除此之外对终端的影响主要体现在以下几点。

① 为支持在 LTE 网络内传输 eHRPD 网络消息，UE 应该支持与 LTE 系统的通信，并在 LTE 网络中传送此类信息给 eHRPD 系统。

② 在由 LTE 到 HRPD 网络切换之前，终端需要对所处的无线链路进行测量并将测量报告通过 UL-SCH（上行共享信道）上发到 LTE 系统。对于单接收机的终端来说，需要一定的测量间隙来使 UE 切换到 eHRPD 网络进行无线测量，这些测量间隙由网络来进行控制。如果终端支持双接收机，则不需要从 LTE 网络中离开就能对 eHRPD 邻近小区进行测量。对于可以在相关频段内同时接收的 UE 来说不需要下行的间隙模式，有利于

简化流程，缩短切换时延。

③ 终端需要支持优化切换的预注册过程。由 LTE 到 HRPD 系统的优化切换第一个阶段就是预注册过程。预注册要求 UE 在小区重选或是切换到 HPRD 网络之前先向目标系统（HRPD）注册自己的存在信息并执行会话配置或是业务分配请求信息，这样可以减少切换或者小区重选过程的时间，并降低 UE 由于长时间等待“切换命令”而导致的无线链路失败概率，进而最小化用户的服务中断时间。

④ 终端需要支持优化切换的空闲和激活切换过程。从 LTE 到 eHRPD 空闲切换的前提是 UE 已经通过预注册过程或是先前的 eHRPD 附着过程提前在目标 eHRPD 系统建立了会话。从 LTE 到 eHRPD 的空闲切换与 3GPP 的系统之间空闲切换机制相一致。UE 在激活状态下从 LTE 切换到 eHRPD 网络的前提是此 UE 已经连接到 LTE 网络并预注册到 eHRPD 网络。基于从 UE 处上报的测量报告，LTE 的 eNodeB 向 UE 发送一个消息，指示 UE 开始切换，这个消息中包含了详细的目标系统类型和相关的 eHRPD 参数，UE 使用这些参数来建立一个 eHRPD 连接请求消息并向 eHRPD 发起切换命令。UE 在接收到切换是否成功的信息之前，可以继续在 LTE 发送和接收数据，收到之后离开 LTE 无线网并开始获得 eHRPD 业务信道。eHRPD 切换信令在 UE 与 eHRPD 网络之间通过 5103 隧道进行传输。

⑤ 终端需要支持 SAP（Signaling Adaptation Protocol，信令适配协议）通过 LTE 网络传送 eHRPD 信令。对于 eHRPD 这样一个 3GPP2 系统来说，由于要增加支持系统间切换的隧道信令，需要在连接层增加一个支持隧道的子层协议。对于其他层协议以及连接层与其他层之间的接口都不需要进行修改。为实现 CDMA 和 LTE 间的优化切换，UE 则必须支持 SAP 以建立与 eHRPD 网络间虚拟连接的建立与释放，保证切换过程中信令的交互。

（2）非优化方案

该方案的目的是先在源系统 LTE 中中断数据业务，然后接入目标系统 HRPD 并恢复业务。该方案的好处在于对现网 HRPD 设备没有更改，实现简单，而且在需要的时候可以增强到优化型方案。所付出的代价在于要求现有的 HRPD 核心网络升级成 eHRPD，同时终端需要支持此方案，其最主要的缺陷是切换时延较大且数据业务会中断，影响用户感受。

非优化切换过程主要由 UE 自身来完成相关的工作。处于 LTE 网络下的 UE 需触发一个 HRPD 相邻小区的测量过程（其时间可能会较长）。UE 根据测量结果做出切换决策，选定目标小区（不需要上报）。UE 释放与 E-UTRAN 的连接，离开 LTE 网络，通过发起接入流程接入到 HRPD 网络中的对应目标小区上。

（3）非优增强型方案

此方案相对于优化型方案和非优型方案来说应该是一种折中型的方案。它的主要思路是借助优化型方案的“预注册”方法，在 LTE 的空闲状态下同时注册到 HRPD 网络，使得在切换过程中省去注册所耗的时间。该方案对现网设备也没有更改，实现较为简单，相对于非优切换方案其切换时间缩短。对终端的影响主要在于需支持预注册过程和在非优切换方案中对终端的要求。

中国电信部署 EPS 网络初期，以热点区域覆盖、提供高速非实时数据业务为目的，EPS 网络和 EV-DO 网络之间可先提供非优化切换。随着 EPS 网络建设的扩大和业务的多样化、差异化需求，逐步推出非 VoIP 的实时数据业务，如实时视频等，网络提供优化切换以保证实时数据业务的连续性。

4.5 异构网

随着数据业务的高速增长，通过简单的小区分裂技术已经难以提高数据容量和小区边缘频谱效率，在此背景下，异构网（HetNet）络逐渐受到关注。

异构网从广义而言，是指综合运用多种无线接入网技术、组网架构、传输方式及各种发射功率的基站进行网络覆盖的网络架构，如在移动网络中增加 Wi-Fi 热点增强数据业务承载能力。异构网从狭义而言，专指在宏基站覆盖下增加同一制式的低功率节点的网络架构，低功率节点包括如微小区（microcell）、射频拉远（RRH）、微微小区（picocell）、家庭基站（HeNB）、中继节点（relaynode）等。

在移动互联网业务爆发性增长、频率和站址资源有限的背景下，采用异构方式搭建移动网络是疏导热点数据流量的有效方式。异构网将成为移动网络的长期发展趋势，但是其引入也将带来复杂的同频干扰、移动性管理及 QoS 等问题。

在 LTE 阶段，网络技术的发展使得异构组网成为可能。首先，LTE 在时域和频域两个维度分配资源，具有更灵活的无线资源调度方式，同频组网情况下更容易实现信号干扰协调；其次，下一代移动核心网的标准和设备可支持多种制式的无线接入技术，可实现对异构网的统一控制。

3GPP 从 R10 开始进行 LTE 异构网相关技术研究和标准制定，主要包括干扰协调增强（eICIC）、协作多点传输（CoMP）、移动性增强、网管等。

4.5.1 网络架构

按照 3GPP 定义，LTE 异构网是指在宏小区覆盖下布放低功率节点（LPN）的组网方式，如图 4-4 所示。

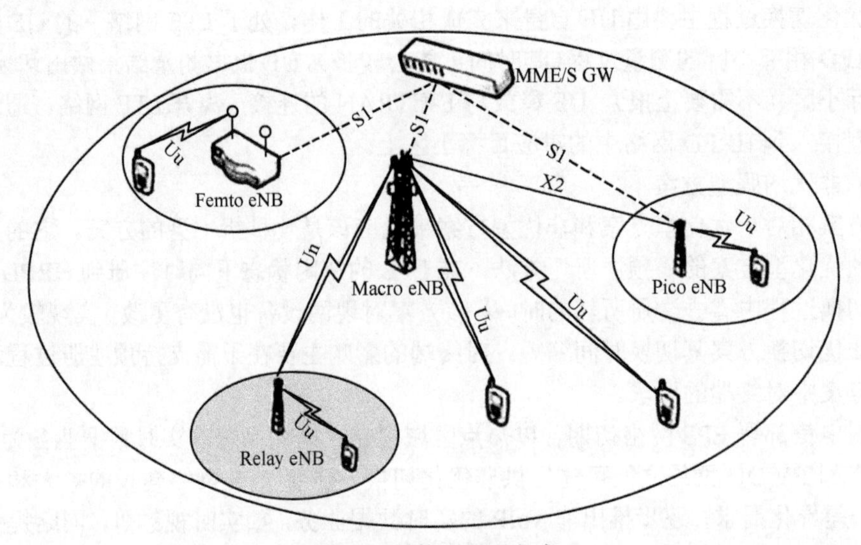

图 4-4 异构网组网方式

4.5.2　关键技术

为了提高异构组网场景下的频谱利用率及边界用户性能，3GPP从LTE-A开始对一些关键技术进行增强，包括小区覆盖范围扩展、小区间干扰协调、协作多点传输及移动性增强等。

1. 覆盖范围扩展

为了让Pico等低功率节点更好地吸收话务，3GPP引入了覆盖范围扩展（CRE，Cell Range Extension）的概念，即通过在服务小区选择门限中增加偏移量的方式，扩展低功率节点的服务范围。

在CRE机制中，服务小区的选择条件如下：

$$服务小区=\max_{i\in\Lambda}（RSRP_i+Bias_i）$$

其中*RSRP*表示小区参考信号强度，*Bias*表示服务小区选择门限偏移量，两者单位为dB，Λ表示检测到的小区集合，*i*表示集合中某小区编号。

通过对低功率节点设置较高的偏移值，从而扩展低功率节点的服务范围，目前CRE主要用于Pico覆盖范围的扩展。同时，由于终端的发射功率是一样的，接入Pico时上行链路损耗明显小于接入宏基站的上行链路损耗，CRE可同时提升用户上行链路质量。

CRE在扩展低功率节点覆盖范围的同时，会使得低功率节点覆盖边缘受到的宏基站下行干扰更为严重，所以必须考虑更有效的干扰抑制和协调技术。

2. eICIC

除CRE机制增加同频干扰外，HetNet组网还会面临CSG HeNB引起的干扰问题：

（1）宏基站用户靠近但无法接入CSG HeNB，受到HeNB下行干扰；

（2）宏基站用户靠近但无法接入CSG HeNB，对HeNB上行产生干扰；

（3）HeNB用户靠近但无法接入CSG HeNB2，受到HeNB2下行干扰；

（4）采用CRE技术的Pico基站用户，受到宏基站的下行干扰。

3GPP R8/R9典型ICIC技术在HetNet组网中有一定局限性。R8/R9中基于X2接口信息交互的ICIC技术，仅在频率域针对无线承载（RB）进行协调与调度，无法解决同步信道、公共信道、控制信道的干扰问题。R8/R9中软频率复用技术，由于低功率节点分布具有不确定因素且数目较多，将使得软频率复用效率大大降低。为此3GPP R10/R11引入了ICIC增强（eICIC）技术，包括时域eICIC、频域eICIC和功率域eICIC。

① 时域eICIC：在宏基站或低功率节点中预留部分保护时隙，用于发射准空子帧，从而减少干扰，准空子帧主要指ABS（Almost Blank Subframe），而R8/R9中定义的MBSFN sub-frame也可以作为准空子帧使用。其中ABS仅传送公共参考信号（CRS）；而MBSFN sub-frame仅在第1个符号传送控制信息和公共参考信号。准空子帧的位置采用半静态配置的方式，可通过X2接口在宏基站与低功率节点之间传递配置信息。时域eICIC技术是目前ICIC增强技术的研究重点和热点。

② 频域eICIC：主要包括跨载波调度和躲避载波（Escape Carrier）。跨载波调度是指通过将载波分为两个子集来解决下行控制信号的干扰问题，其中子集1用于数据和控

制信号的传输，子集 2 主要用于数据传输以及低功率控制信号传输。以 $f1$ 和 $f2$ 两载波系统为例：宏基站小区边缘，将 $f1$ 作为子集 1；而相应的 Pico 小区边缘，将 $f2$ 作为子集 1，从而有效地降低控制信号的干扰。

躲避载波方案主要用于宏基站与存在 CSG 的 HeNB 的干扰场景，宏基站能够使用所有的载波，HeNB 仅能使用其中的某些载波。以两载波为例，载波规避方案中，宏基站可以使用所有的两个载波 $f1$ 和 $f2$，而 HeNB 仅能使用其中一个载波 $f2$。因此 $f1$ 载波中不存在 HeNB 同频干扰，宏基站可以将靠近 HeNB 的宏小区用户分配到 $f1$ 载波中。躲避载波技术可以与 HeNB 的载波选择技术 DCS（Dynamic Carrier Selection）相结合，以减轻 HeNB 间干扰。

③ 功率域 eICIC：此方案主要用于宏基站与存在 CSG 的 HeNB 的干扰场景。HeNB 智能功率设置为其中的代表方案，HeNB 智能功能设置技术中，HeNB 根据对宏基站下行功率测量结果对发射功率进行调整，从而减少对宏基站的干扰，此功率调整过程是开环过程，无需空口信令交互。

为了进一步提高低功率节点的分流能力，进一步降低 ABS 方案中存在的通用参考信号、同步信道、广播信道等干扰对 LTE 异构网性能的影响，3GPP R11 提出了多种进一步增强技术，主要包括：

（1）CRS 干扰消除技术，如基于被干扰 UE 接收机的 CRS 干扰抵消技术和受干扰子帧打孔/速率匹配技术，以及基于被干扰 eNodeB 发射机的 CRS 干扰位置数据静默技术；

（2）网络辅助的小区检测和干扰消除技术，如在切换过程中，源小区通过高层信令提前将目标小区检测所需的一些基础信息，如小区物理标识、循环前缀类型、无线帧结构、天线端口数等发送给用户终端，从而提高用户切换的可靠性；

（3）子帧偏移技术，对干扰小区和服务小区进行一定子帧位置的偏移，从而避免两者在同步信道上的干扰。

3. 协作多点传输

协作多点传输（CoMP）技术是在多个协作节点（基站）之间通过共享数据、信道状态信息（CSI）、调度信息、预编码矩阵索引（PMI）等进行协作处理，以提高小区边缘用户的性能。根据是否共享数据信息，CoMP 技术可以分为两类：多点联合处理（JP）和多点协调调度/波束成形（CSCB）。

（1）多点联合处理。多个协作节点之间通过共享数据、调度信息等，联合为目标用户提供服务。根据数据信息是否同时由多个传输节点进行传送，又可将此类技术分为联合传输技术和动态节点选择技术，由服务小区按需选择。

（2）多点协调调度/波束成形技术。UE 测量信道特征，确定 PMI 和 CQI 并将该信息上报给基站，基站根据每个用户反馈的 PMI 和 CQI 进行协作调度，为用户分配合适的时频资源，并结合波束成形进一步减少干扰。仿真结果表明，使用 CoMP 技术可以明显改善用户尤其是边缘用户吞吐量，如宏站与 Pico 采用多点联合处理对上行信号进行联合解码，可以使 80%覆盖概率下的用户吞吐量从 10Mbit/s 左右上升到 20Mbit/s 左右。

CoMP 的实现需要网元间紧密协调，如采用联合传输时，由多个协作节点同时向用户提供 PDSCH 数据传输，信号之间的时延必须满足 LTE 系统的 CP 要求才能被接收机正确接收，节点间必须保持同步；另外为满足 HARQ 的严格时序要求，节点须具备低时延的回传链路。在 HetNet 场景下，各种低功率节点回传链路质量参差不齐，对 CoMP 的实现是一个挑战。目前 CoMP 适用于使用光纤连接的 RRH 节点，对于使用其他传输，且需要进行 eNodeB 间协调的异构网场景，CoMP 的适用性有待进一步研究。

4. 移动性增强

仿真结果表明，异构网组会影响移动性能，根据 3GPP 研究结果，异构网切换失败率较宏基同构网增加近一倍（从 2.4%增加到 4.6%），且异构网用户切换更加频繁，短时间驻留的发生概率从 14.2%增加到 16.9%。

为提升异构网移动性能，需考虑垂直切换的性能优化、家庭基站移动性管理问题，主要目标包括以下方面：

（1）保持用户在不同小区间移动时业务覆盖的连续性，支持宏站与低功率节点间的切换，支持低功率节点之间的切换；

（2）保证切换时延、切换成功率等指标，尽量减少不必要的切换；

（3）具有较好的小区选择策略，用户在信号重叠区应能选择最好的小区接入，该小区除了信号满足要求、允许用户接入、带宽满足业务要求等基本条件外，还要兼顾网络整体效率。

目前宏站与 Pico、RRH 等低功率节点间的切换功能已基本具备，宏站与 HeNB 间的切换功能正在完善。性能优化方面主要考虑小区选择策略、HetNet 场景下的切换失败优化、基于 UE 移动速度的优化、CSG HeNB 的切换等议题。

（1）小区选择策略。增强终端对低功率节点的发现/辨别机制，尤其是异频部署场景，需采取特别措施使 UE 在宏站信号良好的情况下，也可以优先选择异频的低功率节点接入，以实现负荷分担。同时尽量减少异频测量对终端功耗及业务性能的影响。

（2）基于 UE 移动速度的优化。主要避免高速移动的 UE 在经过 Pico 时的频繁切换，可以基于网络/UE 控制来减少非必要切换，如何准确估计 UE 的移动状态是方案实现的难点。

（3）另外，需考虑异构网相关增强技术对移动性能的影响，包括非连续接收（DRX）、CRE、eICIC 等。非连续接收可能会影响空闲态小区重选的及时性；非连续发送可能会影响连接态切换的及时性，所以 3GPP 对 DRX 对异构网移动性能影响进行了仿真。后续将进一步研究 CRE、ABS、eICIC 等技术的应用对移动性能的影响。

4.5.3 面临的主要问题

异构组网可以带来网络容量的提升、网络部署更加灵活等一些显而易见的好处，但相对于单一宏站组成的同构网，异构网会面临一些自身特有的问题，主要包括以下几点。

（1）来自闭合用户群（CSG）HeNB 的干扰

HeNB 是异构网的重要组成部分，出于商业模式考虑，部分 HeNB 可能需要设置为 CSG 模式，即只允许特定用户接入。普通公众用户靠近这些 CSG HeNB 时，由于无法正常接入会带来额外的干扰问题。

（2）网络负荷的不均衡

异构网中的 Pico 基站应用于公共场合，用于吸收热点话务，其发射功率远远小于宏基站，R8/R9 传统的基于参考信号强度（RSRP）的服务小区选择机制，将导致宏小区覆盖区域内的 Pico 基站覆盖范围极其有限，无法实现有效的负荷分担。

（3）高速移动用户进/出低功率节点对性能的影响

由于低功率节点的引入，使得不同类型基站间的切换场景更加复杂，小区覆盖范围越小则用户在小区内驻留的时间越短，尤其是高速移动用户，切换更加频繁、切换失败率更高。

（4）回传

随着异构网站点数量的增加，对回传（Back Haul）数量的需求将会大量增加，受成本制约，海量的小功率节点只能因地制宜，利用铜缆、光纤、微波等各种各样的宽带接入链路作为回传，回传链路在带宽、时延等方面的差异不仅影响站点的服务性能，且会影响异构网元节点之间的协同工作。

4.5.4 组网关键点

为充分利用不同网络间的互补特性，协同是保证异构网组网性能的关键，尤其是资源分配的协同。因此异构组网需要考虑宏站与低功率节点间是同频还是异频组网，各网元节点间是否要有直接交互的接口，网元间是否需要同步等。

（1）频率

在传统 3G 系统中，由于缺乏有效的干扰规避机制，一般建议宏站与 Pico/Femto 基站之间采用异频组网，以减少网络干扰。在 LTE 系统中，由于 LTE 在时域和频域两个维度分配资源，具有更灵活的无线资源调度方式，同频组网情况下可以通过 ICIC、CoMP 等技术进行干扰协调。仿真结果表明宏站与 Pico 基站同频组网具有更高的频谱利用率。

对于中继节点来说，如频率资源充裕，接入链路与回传链路之间采用不同的频段，即带外中继可以获得更好的性能。

对于 CSG HeNB，与宏站之间的干扰协调非常困难，可优先考虑异频组网。另外将 CSG HeNB 设置为可以兼容公众用户且 CSG 用户优先的混合（Hybrid）模式也是比较好的办法。

（2）同步

在传统的 LTE FDD 同构网络中，eNodeB 之间不需要时间同步，但在采用时域 eICIC 及 CoMP 联合传输时，发送节点之间在时间和频率上都必须严格同步。这在 RRH 场景是比较容易实现的，但在分散部署的 Pico 场景，则需要额外增加 GPS 等同步方式。

（3）接口

异构网的性能与节点间协同的松紧程度密切相关，节点间的协同越紧密，网络整体性能越好。而 eICIC、CoMP 以及 SON 等协同技术均要求在异构网节点之间可以进行信息交互，信息交互主要通过基站内接口或 X2 接口实现。RRH 间的协同性能是最好的，可以进行站内协同，而 Pico、HeNB、Relay 的信息交互接口在逐步完善过程中，如 R10

开始支持 Pico 的 X2 接口，R11 开始支持 HeNB 的 X2 接口。

（4）回传与节点选择

具备高带宽、低时延回传链路（如点对点/WDM 光纤）的场景，可以考虑部署 RRH，应用 CoMP、动态 eICIC 等技术实现与宏站之间的高度协同，提升网络整体性能。对于其他如铜线、微波等质量较差的回传链路，则考虑部署相对独立的低功率节点，Pico 等相对独立的低功率节点也可以通过 ICIC 等技术实现简单的干扰管理，并实现与宏站之间的切换。总体而言，RRU 与高性能回传的组合可以获得更好的网络性能，Pico/HeNB 与低性能回传的组合却能提高建网灵活性、降低建网成本，运营商需根据具体场景选择性价比最佳的方案。

4.6 TD-LTE 与 LTE FDD 融合组网

LTE 作为 3GPP 移动通信系统的新一代无线接入技术标准，同时支持 FDD 和 TDD 两种双工方式。两者因双工方式的不同，物理层设计有一定差别，但最大程度地保证了大部分的技术和信令是通用的。这一存异求同的设计，一方面不可避免地导致 TD-LTE 和 LTE FDD 具有各自的特点，另一方面也为两种技术的融合发展带来便利。

LTE 的 TDD 模式继承了 TD-SCDMA 的特殊时隙设计和智能天线技术，因此又称 TD-LTE。TD-LTE 与 LTE FDD 都采用了 OFDM 和 MIMO 技术，在多址接入、信道编码、调制方式、导频设计等大部分物理层设计上保持一致，其差别主要体现在帧结构、同步信号位置、HARQ、上行调度等方面。这些系统差异，一方面导致了两系统在峰值速率和时延性能上有所差别，另一方面给其他技术（如 MIMO）在使用时带来不同影响。

4.6.1 融合发展

TD-LTE 从标准制定起就和 LTE FDD 同步进行，两者存异求同的设计为融合兼容及同步发展奠定了基础。融合发展又是 TD-LTE 保持国际主流标准地位、获得国际化产业规模支持、进行国际化发展的必备条件。下面从技术融合和产业融合两个方面，探讨两者融合发展方式。

1. 技术融合

TD-LTE 和 LTE FDD 的差异在整个无线接入系统中所占比例较小，两者在 3GPP 标准上共用的技术规范则超过 90%。在基本的物理层参数和技术方面，如 OFDM 参数、编码调制、参考信号、数据映射、物理层过程和控制信令、高层信令、无线网络接口等，都保持了相互兼容。两者的高度融合，使其同时具备高速率、低时延、带宽应用灵活的特点，可以为用户提供“永远在线”的移动互联网接入和服务。

由于 TD-LTE 和 LTE FDD 同在 3GPP 中进行标准化，项目进展、处理流程和规范制定相互一致，国际主流通信公司同时推进 FDD/TDD 标准完善。这保证了两者标准和技术的同步发展。在未来的技术研究和标准化过程中，需要继续保持这种融合和同步发展的方式，特别是向 LTE-Advanced 标准演进中保持 TDD 和 FDD 的同步进行。

2. 产业融合

下面从网络设备和终端芯片两方面讨论 TD-LTE 和 LTE FDD 的产业融合问题。

（1）网络设备融合

LTE 无线接入网络采用扁平化的架构，只有 eNodeB 一个网元，即基站设备。目前基站采用分布式架构，由基带处理单元（BBU）和射频拉远单元（RRU）构成。TD-LTE 与 LTE FDD 可完全共用 BBU 硬件，通过软件可配置成不同系统。相同系统带宽和天线通道配置下（如 20MHz、2 天线），TDD 与 FDD BBU 硬件处理需求相当，物理层算法复杂度相近，90%的协议栈和信令流程一致。若 TD-LTE 采用 8 天线通道配置（实现智能天线波束赋形），相比 2 天线通道配置，基带处理复杂度为 2~3 倍。目前各主流厂商均采用相同 BBU 硬件（含各类板卡）来实现 TD-LTE 与 LTE FDD 系统。

RRU 设备根据系统采用的天线通道数目不同，一般有 8 通道、4 通道和 2 通道设备。目前 TD-LTE 以 8 和 2 两种通道的 RRU 为主，而 FDD 以 2 通道 RRU 为主。由于双工方式、占用频段、通道数等差异，TD-LTE 与 LTE FDD 无法直接共用 RRU。从 TD-LTE 和 LTE FDD 的 RRU 内部结构看，其前端结构和器件差别较大，FDD 前端采用双工器隔离上下行频段，而 TDD 利用开关/环形器实现上下行时隙转换；RRU 的前端滤波器因频段占用不同无法通用；而两系统的部分射频指标及数字中频处理技术相近，可相互借鉴部分中频设计方案。

（2）终端芯片融合

终端芯片和通信相关的主要是基带芯片、射频芯片和射频前端。在基带芯片方面，因为 TD-LTE 和 LTE FDD 在标准协议上差异很小，两者共芯片没有技术难度。目前的 LTE 芯片厂家都已经或将支持 TD-LTE 与 LTE FDD 共基带芯片。

在射频芯片方面，单个射频芯片可以支持 TD-LTE 和 LTE FDD。射频前端器件方面，单个 PA 可以支持频段间隔较近（<500MHz）的 TD-LTE 和 LTE FDD 频段共用。TD-LTE 采用滤波器，而 LTE FDD 采用双工器，两者无法通用，需分别配置专用的滤波器件。主要挑战在于多频段支持。全球 LTE 频段众多，无论是 FDD 还是 TDD 都需要推动采用较少数量的滤波器提供多频段支持。

由上述分析可见，网络设备厂商可通过共用 BBU 软硬件平台，以及部分中频设计，实现 TD-LTE 与 LTE FDD 的融合发展和产业规模效应。终端可共用基带芯片，用软件无线电方式自适应工作在 TD-LTE 或 LTE FDD 模式上，满足用户的多模多频段需求。此外，LTE 产业还应保证两种模式的测试同步和认证同步。

4.6.2 融合组网方案

目前国内运营商都面临着如何选择网络制式的问题，但是随着时间的推移，目前两种 LTE 制式并不像 3G 时代的几种制式间面临不可跨越的鸿沟。根据实验网的建设情况和中国移动在香港的 LTE 混合商用网来看，TD-LTE 与 LTE FDD 是可以互相补充的。

LTE FDD 与 TD-LTE 基本趋同一致，包括层二、层三结构和关键技术的采用；唯一的差别就是层一的帧结构不一致，虽然单帧长均为 10ms。在核心网方面，TD-LTE 和 LTE FDD 都是采用统一 EPS 模式，同时支持 2G、3G、E3G 以及移动 WiMAX、Wi-Fi 等的接入，是一个综合的核心接入系统。在终端上，情况基本跟无线网相似。终端与无线网直接通信，采用与无线网对等的体系结构，也是三层体系结构，即层一、层二、层三。除了层一存在细节上的差别，其他完全相似。因此，LTE FDD 与 TD-LTE 系统在移动设备上可以共享一套平台。总而言之，这两种制式在技术上的相同之处给 LTE FDD/TDD 的融合组网奠定了基础。

虽然 TD-LTE 技术相比 LTE FDD 起步较晚，但 LTE 的 FDD 与 TDD 双模网络的融合发展将是后期频率缺乏时，移动通信运营商提高网络容量的重要方式。LTE FDD 与 TD-LTE 两种模式共同组网时，两者的组网结构可分为以下两种：

（1）由于 LTE FDD 分配的频段较低，在相同条件下低频段覆盖范围较远，建网初期可以将 LTE FDD 用于覆盖。在后期容量需求增加、频率资源不足的情况下，可采用 TD-LTE 的模式进行第 2 层网的容量建设，这样可以利用较窄的频谱资源，提供 LTE 的高速数据。

（2）也可同时采用 LTE FDD 与 TD-LTE 联合组网，在不同区域使用不同制式的 LTE，在两种制式组网的边界注意 LTE FDD 与 TD-LTE 之间的切换问题。切换过程都会被分为 4 个步骤：测量、上报、判决和执行。接收功率、误比特率和链路距离都能够作为测量依据从而进行理论上的估计和相应的处理。TD-LTE 系统的切换是 UE 辅助的硬切换，它和 LTE FDD 硬切换的最大区别在于：在 TD-LTE 中导频信号是在一个特殊的时隙上进行传输，而 LTE FDD 系统中导频信道则占用一整个帧长度，基于导频信道的测量标准对于 TD-LTE 来说并不是那么精确。所以对于 TD-LTE 的测量，还需要结合信道质量、UE 的位置和导频信号强度来进行。

FDD/TDD 双模解决方案的关键是以透明的方式融合 FDD 和 TDD，为用户提供无缝的切换体验。后期 LTE 移动通信技术发展中，LTE FDD/TDD 两种模式共同组网有利于 LTE 用户的世界漫游服务，以及频谱资源的最大化利用，移动通信运营商在对 LTE FDD/TDD 融合组网时，主要要考虑的还应该是两种模式下的切换技术，注意切换参数的设置，从而给移动用户提供无缝覆盖的强大的数据速率服务。目前主流 LTE 设备及终端厂家均实现了 TD-LTE 与 LTE FDD 的共平台实现，2013 年爱立信还在中国移动香港有限公司的 LTE FDD/TDD 现网上演示了无缝切换。

第 5 章　LTE 规划技术要点

5.1　覆盖能力分析

在向 LTE 演进的过程中，国内运营商共有 3 条演进路径，但不约而同地将在现有 2G/3G 站址的基础上进行 4G 网络的建设，保持高共址率将是 3 家运营商共同的选择，从而更好地保护 2G/3G 网络投资。随着近年来 3G 网络的深度运营，3G 网络的建设已趋于成熟，此外，由于现有 3G 网络运行频率更接近于 4G 的工作频段，因此，本章将重点分析 3G 网络与 4G 网络在覆盖能力方面的差异，评估现有 2G/3G 格局能否有效支撑 4G 网络建设。

5.1.1　3G 覆盖能力分析

在无线网规划中，历来将容量和覆盖综合分析，取其最大值作为目标网规模。在密集市区，容量成为主要的矛盾，而在广大的郊区农村，网络制式的覆盖能力将成为建网成本的主要决定因素，这时覆盖整个区域所需要的基站数量直接取决于单站的覆盖能力，链路预算是单站覆盖能力分析的典型方法。

为确保对比的公平性，应尽可能统一链路预算中各个制式相同的参数，包括环境的和基站本身的一些属性。统一的参数包括热噪声密度、接收机背景噪声、室温、小区负载、终端最大发射功率、基站天线增益（TD-SCDMA 除外，TD-SCDMA 采用了智能天线技术）、基站线缆损耗、阴影衰落余量等。相比较起移动台，基站拥有更大的发射功率，而且基站没有电源的限制，几乎所有网络制式的覆盖均受限于上行，因此，仅需对比各制式的上行最大小区半径即可初步评价各制式网络的单站覆盖能力。

链路预算一般以链路预算表的形式进行，其中涉及很多的参数，大致的分为 4 类：系统参数、移动台发射单元参数、基站接收单元参数、余量参数等，见表 5-1～表 5-4。

表 5-1 系统参数

系统参数	说明
频率	3G 系统的工作频率，在这里所有的系统工作频率取 2010
带宽	发送带宽信号带宽，各个制式下不同
热噪声密度	这里的热噪声主要指背景噪声
接收机背景噪声	将处理过程中引入的系统噪声等效为接收机的背景噪声
室温	即系统工作温度
小区负载	工作的用户数/最大允许的用户数，对于反向（上行）链路，用户的增加导致小区负荷上升，干扰上升，结果表现为小区负载增大
软切换增益	不同于 2G 系统的硬切换，在小区边缘 3G 采用了软切换技术。表现为可以在更低的信噪比的情况下正常工作。相当于有了增益
赋形增益	TD-SCDMA 采用的天线赋形技术，可以提高接收增益

表 5-2 移动台参数

移动台单元参数	说明
终端最大发射功率	移动台最大的发射功率，为了说明覆盖上的差异，这个参数应该统一
终端天线增益	主要指终端天线发送增益
终端馈线损耗	信号在馈线上传输产生的损耗
发射功率减少量	主要指的是由于 HSDPA 中引入了上行的物理层的 HS-DPCCH 信道而导致终端可以用于业务信道发射功率相应的有一些减少量

表 5-3 基站参数

基站参数	说明
解调信号要求的 Eb/No	接收机对接收到的信号进行正确解码所需要的信噪比，不同的制式下的信噪比不同，相同制式下不同业务速率所对应的信噪比也不同
噪声系数	这里指的是接收机噪声系数
处理增益	对于 CDMA 系统来说，考虑的处理增益实际上指的就是扩频增益，香农公式表明在传输速率 C 不变的情况下，带宽和信噪比可以互换，采用扩频通信可以将被噪声淹没的信号正确解调出来，提高通信的抗干扰能力。一般说来可以用以下公式表示：G_p=10lg（W/R），W 为信号带宽，R 为用户数据速率
接收机灵敏度	指接收机输入端为保持所需要的误帧率而必须达到的功率，与系统的噪声、干扰、业务速率和 Eb/No 有关。通过下式计算出：接收灵敏度=NFBS+10lg（KTW）+10lg（Eb/No）$-G_p$（dBm），其中 K 是波尔兹曼（Boltzmann）常数，为 1.38×10^{-23}J/K，T 为开氏温度，取 290K，W 为码片速率取 3.84Mchip/s，TD-SCDMA 取 1.28Mchip/s。NFBS 是基站噪声系数
基站天线增益	不同的天线对于信号的增益是不同的，本文中为了尽量统一不同系统的参数，仅将天线分为普通天线和智能天线
基站线馈损耗	指的是塔放于天线接口之间的跳线损耗，它会降低接收机接收电平，从而对覆盖产生影响

表 5-4　余量

余量参数	说明
干扰余量	对系统内可能存在的干扰而进行的储备，其计算公式为：干扰余量= $-10\times\log_{10}(1-X)$ 其中 X 指的是反向负荷因子
功控余量	预防快衰落对信号造成影响所保留的余量，有些系统中也称为快衰落余量，其中快衰落主要指由于多经传播而产生的衰落
人体损耗	信号发射过程中由于用户手持终端而引入的损耗，话音一般认为 3dB，数据业务时人和终端距离较远，此损耗可以忽略
差分衰落余量	在 cdma2000 1X EV-DO 中专门定义，针对 EV-DO 反向软切换增益估计不准确，而导致的衰落余量
阴影衰落余量	对抗慢衰落而产生的信号衰减，根据阴影衰落标准差和边缘覆盖概率要求

最大路径损耗计算式如下：

最大路径损耗=增益–衰落–余量

其中增益、衰落、余量的定义如下：

增益=终端最大发射功率+终端天线增益+基站天线增益+软切换增益+赋形增益–接收机灵敏度；

衰落=终端馈线损耗+发射功率减少量+基站线馈损耗；

余量=干扰余量+功控余量+人体损耗+差分衰落余量+阴影衰落余量。

各个系统进行链路预算过程中，统一的参数如表 5-5 所示。

表 5-5　典型参数

参数		取值
热噪声密度（dBm/Hz）		–174
接收机背景噪声（dBm）		–111
室温（K）		290
小区负载		0.5
终端最大发射功率（dBm）		语音 21；数据 24
基站天线增益（dBi）		除了 TD，其他均取值 15
基站线缆损耗（dB）		3
阴影衰落余量（dB）	密集市区	11.8
	一般城区	8.3
	郊区	5.9
	农村	1.3

链路预算计算得到满足覆盖要求所允许的最大路径损耗 L 以后，通过传播模型就可以计算出小区覆盖半径的实际距离。传播模型有很多种类，不同的地形区域和传播环境应选区不同的传播模型，如在同一个传播模型中，对参数选区不同的值，也会对最终的小区半径的取值产生较大的影响。本节重点对比几种 3G 制式本身的覆盖性能差异，无需对传播模型进行精确的分析。

这里选取了一个经验公式：

$$L=28.6+35\lg(d)$$

其中：

L 是最大路径损耗，单位 dB；

d 是基站覆盖下的小区半径，单位 m。

1. cdma2000

基于以上假设，CDMA 典型场景的链路预算如表 5-6 所示。

表 5-6　CDMA 典型场景链路预算

链路预算	cdma2000 1X				cdma2000 1X EV-DO RevA			
数据速率（kbit/s）	9.6	19.2	38.4	76.8	9.6	19.2	38.4	76.8
	系统参数				系统参数			
频率（MHz）	1920	1920	1920	1920	2010	2010	2010	2010
带宽（MHz）	1.25	1.25	1.25	1.25	1.25	1.25	1.25	1.25
热噪声密度（dBm/Hz）	–174	–174	–174	–174	–174	–174	–174	–174
接收机背景噪声（dBm）	–111	–111	–111	–111	–111	–111	–111	–111
室温（K）	290	290	290	290	290	290	290	290
小区负载	50%	50%	50%	50%	50%	50%	50%	50%
软切换增益（dB）	4.1	4.1	4.1	4.1	4.1	4.1	4.1	4.1
	手机发射单元				手机发射单元			
终端最大发射功率（dBm）	21	24	24	24	23	23	23	23
终端天线增益（dBi）	0	0	0	0	0	0	0	0
终端馈线损耗（dB）	0	0	0	0	0	0	0	0
终端发射机 EIRP（dBm）	21	23	23	23	23	23	23	23
	基站接收单元				基站接收单元			
目标 Eb/No（dB）	3.5	3.4	2.6	2.2	6.6	5	3.84	3.55
FER	1%	5%	5%	5%	2%	2%	2%	2%
噪声系数（dB）	6	6	6	6	6	6	6	6
处理增益（dB）	21.15	18.14	15.13	12.12	21.15	18.14	15.13	12.12
接收机灵敏度（dBm）	–123.1	–121.7	–119.5	–116.9	–121.6	–120.1	–118.3	–115.6
基站天线增益（dBi）	15	15	15	15	15	15	15	15
基站线缆损耗（dB）	3	3	3	3	3	3	3	3
	余量参数				余量参数			
干扰余量（dB）	3	3	3	3	3	3	3	3
人体损耗（dB）	3	0	0	0	0	0	0	0
阴影衰落余量（密集市区）（dB）	11.8	11.8	11.8	11.8	11.8	11.8	11.8	11.8
阴影衰落余量（一般城区）（dB）	8.3	8.3	8.3	8.3	8.3	8.3	8.3	8.3

（续表）

链路预算	cdma2000 1X				cdma2000 1X EV-DO RevA			
数据速率（kbit/s）	9.6	19.2	38.4	76.8	9.6	19.2	38.4	76.8
余量参数					余量参数			
阴影衰落余量（郊区）（dB）	5.9	5.9	5.9	5.9	5.9	5.9	5.9	5.9
阴影衰落余量（农村）（dB）	1.3	1.3	1.3	1.3	1.3	1.3	1.3	1.3
最大允许损耗					最大允许损耗			
密集市区（dB）	141.25	145.94	143.73	141.12	143.75	142.34	140.49	137.77
一般市区（dB）	147.75	149.44	147.23	144.62	149.35	147.94	146.09	143.37
郊区（dB）	150.15	151.84	149.63	147.02	151.75	150.34	148.49	145.77
农村（dB）	154.75	156.44	154.23	151.62	156.35	154.94	153.09	150.37
覆盖半径					覆盖半径			
密集市区（m）	1654.6	2252.6	1947.8	1640.4	1950.4	1777.6	1573.9	1316
一般市区（m）	2537.6	2835.9	2452.1	2065.2	2819.2	2569.4	2274.9	1902.2
郊区（m）	2971.6	3321	2871.5	2418.4	3301.4	3008.9	2664	2227.5
农村（m）	4021.7	4494.6	3886.3	3273.1	4468.2	4072.3	3605.5	3014.7

从表 5-6 可以看出，相同速率之下 cdma2000 1X RevA 的最大路径损耗比 cdma2000 1X 小，而且随着速率的增大，两者的差距不断增加。而导致这一结果的重要原因是 cdma2000 1X RevA 所提供的高速数据业务需要较小的 FER，从而提高了解调需要的信噪比。

2. WCDMA

在这里需要对其中几个参数做出特殊说明。

（1）快衰落余量：因为 WCDMA 采用了 1500 次/秒的功率控制，可以有效抵抗信号快衰，根据工程经验取定为 3dB 的余量。

（2）Eb/No：这里 WCDMA 采用的 Eb/No 是在 BLER 为 10%的情况下得出，而 W-HSDPA 中因为引入了上行的物理层的 HS-DPCCH 信道，要占用一定的功率，因此 UE 必须预留出一部分功率，保证 Eb/No 的要求。根据各种业务本身的特性，可以计算出对上行的 Eb/No 的影响如表 5-7 所示。

表 5-7　　引入 HS-DPCCH 信道对 Eb/No 的影响

速率	ΔEb/No（dB）
AMR12.2kbit/s	1.93
CS 64kbit/s	1.32
PS 64kbit/s	1.32
PS 128kbit/s	0.65
PS 384kbit/s	0.65

WCDMA 和 W-HSDPA 链路预算如表 5-8 所示。

表 5-8　　WCDMA 链路与设备

链路预算	WCDMA				W-HSDPA		
数据速率（kbit/s）	12.2	64	128	384	64	128	384
	系统参数				系统参数		
频率（MHz）	2010	2010	2010	2010	2010	2010	2010
带宽（MHz）	3.84	3.84	3.84	3.84	3.84	3.84	3.84
热噪声密度（dBm/Hz）	–174	–174	–174	–174	–174	–174	–174
接收机背景噪声（dBm）	–108	–108	–108	–108	–108	–108	–108
室温（K）	290	290	290	290	290	290	290
小区负载	50%	50%	50%	50%	50%	50%	50%
软切换增益（dB）	3	3	3	3	3	3	3
	手机发射单元				手机发射单元		
终端最大发射功率（dBm）	21	24	24	24	24	24	24
终端天线增益（dBi）	0	0	0	0	0	0	0
终端馈线损耗（dB）	0	0	0	0	0	0	0
终端发射机 EIRP（dBm）	21	24	24	24	24	24	24
	基站接收单元				基站接收单元		
要求的 Eb/No（dB）	4.8	2.7	2.3	3.2	4.02	2.95	3.85
噪声系数（dB）	6	6	6	6	6	6	6
处理增益（dB）	24.98	17.78	14.77	10	17.78	14.77	10
接收机灵敏度（dBm）	–122.3	–117.2	–114.6	–108.9	–115.9	–114	–108.3
基站天线增益（dBi）	15	15	15	15	15	15	15
基站线缆损耗（dB）	3	3	3	3	3	3	3
	余量参数				余量参数		
干扰余量（dB）	3	3	3	3	3	3	3
人体损耗（dB）	3	0	0	0	0	0	0
快衰落余量（dB）	3	3	3	3	3	3	3
阴影衰落余量（密集市区）（dB）	11.8	11.8	11.8	11.8	11.8	11.8	11.8
阴影衰落余量（一般城区）（dB）	8.3	8.3	8.3	8.3	8.3	8.3	8.3
阴影衰落余量（郊区）（dB）	5.9	5.9	5.9	5.9	5.9	5.9	5.9
阴影衰落余量（农村）（dB）	1.3	1.3	1.3	1.3	1.3	1.3	1.3
	最大允许损耗				最大允许损耗		
密集市区（dB）	137.51	138.42	135.81	130.13	137.09	135.15	129.48
一般市区（dB）	141.01	141.92	139.31	133.63	140.59	138.65	132.98
郊区（dB）	143.41	144.32	141.71	136.03	142.99	141.05	135.38
农村（dB）	148.01	148.92	146.31	140.63	147.59	145.65	139.98

（续表）

链路预算	WCDMA				W-HSDPA		
数据速率（kbit/s）	12.2	64	128	384	64	128	384
	覆盖半径				覆盖半径		
密集市区（m）	1293.7	1372.7	1156.1	796.1	1258.4	1107.6	762.8
一般市区（m）	1628.6	1728.2	1455.5	1002.2	1584.3	1394.4	960.3
郊区（m）	1907.2	2023.7	1704.4	1173.7	1855.2	1632.9	1124.5
农村（m）	2581.2	2738.9	2306.8	1588.4	2510.9	2210	1521.9

从表 5-8 可以看出，由于 W-HSDPA 的上行功率分配了一些给 HS-DPCCH 信道，在相同速率之下，W-HSDPA 的最大路径损耗比 WCDMA 差一点。

由于 cdma2000 与 WCDMA 提供的服务能力不完全一致，这里仅以相近的业务类型进行覆盖能力对比，表 5-9 是 cdma2000 76.8kbit/s 与 WCDMA 64kbit/s 业务的覆盖半径之差。

表 5-9　　cdma2000 与 WCDMA 覆盖能力对比

	cdma2000 1X 与 WCDMA	EV-DO RevA 与 WCDMA
数据速率（kbit/s）	76.8	76.8
密集市区（m）	267.7	57.6
一般市区（m）	337	317.9
郊区（m）	394.7	372.3
农村（m）	534.2	503.8

由表 5-9 可以看出，cdma2000 在同等级业务能力情况下，各场景都高于 WCDMA。此外，cdma2000 的运营频谱较低，存在着更大的覆盖优势。

3. TD-SCDMA

在这里同样需要对其中几个参数做出特殊说明。

（1）赋性增益：由于 TD-SCDMA 中采用了智能天线技术，由多只天线阵元接收到的信号分别经过多路相干接收机进行射频/中频解调和 A/D 变换，得到数字基带信号；DSP 首先对数字基带信号进行同步、解扰、解扩处理，分别计算每条码道的空间特征矢量，进行上行波束赋形。工程中一般认为经过此过程可以得到 7dB 左右的增益。

（2）功控余量：TD-SCDMA 的功率控制只有 200 次/每秒，对快衰落的抵抗效果有限，工程中一般取 1dB。

TD-SCDMA 和 TD-HSDPA 链路预算如表 5-10 所示。

表 5-10　　TD-SCDMA 链路预算

链路预算	TD-SCDMA				TD-HSDPA		
数据速率（kbit/s）	12.2	64	128	384	64	128	384
	系统参数				系统参数		
频率（MHz）	2010	2010	2010	2010	2010	2010	2010
带宽（MHz）	1.6	1.6	1.6	1.6	1.6	1.6	1.6
热噪声密度（dBm/Hz）	–174	–174	–174	–174	–174	–174	–174
接收机背景噪声（dBm）	–111	–111	–111	–111	–111	–111	–111

（续表）

链路预算	TD-SCDMA				TD-HSDPA		
数据速率（kbit/s）	12.2	64	128	384	64	128	384
系统参数					系统参数		
室温（K）	290	290	290	290	290	290	290
小区负载	50%	50%	50%	50%	50%	50%	50%
接力切换增益（dB）	0	0	0	0	0	0	0
赋形增益（dB）	7	7	7	7	7	7	7
手机发射单元					手机发射单元		
终端最大发射功率（dBm）	21	23	23	23	23	23	23
终端天线增益（dBi）	0	0	0	0	0	0	0
终端馈线损耗（dB）	0	0	0	0	0	0	0
发射功率减少量（dB）	0	0	0	0	0	0	0
终端发射机 EIRP（dBm）	21	23	23	23	23	23	23
基站接收单元					基站接收单元		
要求的 Eb/No（dB）	8.6	6.92	5.92	4.96	6	6	6
BLER	1%	5%	5%	5%	5%	5%	5%
噪声系数（dB）	6	6	6	6	6	6	6
处理增益（dB）	10.6	3.42	3.42	1.67	3.42	3.42	1.67
接收机灵敏度（dBm）	−107.9	−102.4	−103.4	−102.6	−103.4	−103.4	−101.6
基站天线增益（dBi）	15	15	15	15	15	15	15
基站线缆损耗（dB）	3	3	3	3	3	3	3
余量参数					余量参数		
干扰余量（dB）	2	2	2	2	2	2	2
功控余量（dB）	1	1	1	1	1	1	1
人体损耗（dB）	3	0	0	0	0	0	0
阴影衰落余量（密集市区）（dB）	11.8	11.8	11.8	11.8	11.8	11.8	11.8
阴影衰落余量（一般城区）（dB）	8.3	8.3	8.3	8.3	8.3	8.3	8.3
阴影衰落余量（郊区）（dB）	5.9	5.9	5.9	5.9	5.9	5.9	5.9
阴影衰落余量（农村）（dB）	1.3	1.3	1.3	1.3	1.3	1.3	1.3
最大允许损耗					最大允许损耗		
密集市区（dB）	130.14	129.64	130.64	129.85	130.56	130.56	128.81
一般市区（dB）	133.64	133.14	134.14	133.35	134.06	134.06	132.31
郊区（dB）	136.04	135.54	136.54	135.75	136.46	136.46	134.71
农村（dB）	140.64	140.14	141.14	140.35	141.06	141.06	139.31
覆盖半径					覆盖半径		
密集市区（m）	796.2	770.4	822.8	781.2	818.5	818.5	729.5
一般市区（m）	1002.4	969.9	1035.9	983.4	1030.5	1030.5	918.4
郊区（m）	1173.8	1135.8	1213.1	1151.6	1206.7	1206.7	1075.5
农村（m）	1588.7	1537.2	1641.8	1558.6	1633.2	1633.2	1455.6

从表 5-10 可以看出在 HSDPA 类似于 WCDMA，由于上行反馈信道占用了一定的功率资源，所以相同业务类型之下 HSDPA 的最大允许损耗比 TD-SCDMA 稍稍略小一些，但是总体上相差不多。

TD-SCDMA 与 WCDMA 在业务提供的等级方面完全一致，同等条件下，WCDMA 的覆盖能力远超 TD-SCDMA，覆盖半径的差异如表 5-11 所示。

表 5-11　　WCDMA 与 TD-SCDMA 覆盖能力对比表

链路预算	WCDMA 与 TD-SCDMA				W-HSDPA 与 TD-HSDPA		
数据速率（kbit/s）	12.2	64	128	384	64	128	384
密集市区（m）	497.5	602.3	333.3	14.9	439.9	289.1	33.3
一般市区（m）	626.2	758.3	419.6	18.8	553.8	363.9	41.9
郊区（m）	733.4	887.9	491.3	22.1	648.5	426.2	49
农村（m）	992.5	1201.7	665	29.8	877.7	576.8	66.3

4. 3G 覆盖能力对比分析小结

几个不同的制式中，相同、相近的速率之下，cdma2000 的覆盖半径最大，其次是 WCDMA，最后是 TD-SCDMA。导致这一差异的主要原因是不同系统采用不同的调制、发送、功控、接收、解调等一系列链路层的技术，采用不同的技术导致了接收机的灵敏度、余量等参数取值不一样，对接收信号的信噪比要求也不相同，所以最终的最大路径损耗也不一样。但是这仅仅是覆盖的结果，不能仅根据这个结果判断各个系统的优劣，系统的性能决定于很多的方面，除了覆盖还有容量等其他很多因素。在同一种制式中，随着业务速率等级的升高，覆盖半径也随着降低。随着速率的增加，处理增益相应会降低，接收机的灵敏度也就相应下降了，最终造成最大路径损耗降低，减小了覆盖距离。

对于几个系统的增强版本来看（主要是 TD-HSDPA、W-HSDPA 和 cdma2000 1X EV-DO RevA），由于普遍引入了上行反馈信道，占用了一定的功率资源，对于 TD-SCDMA 和 WCDMA 来说其增强版本虽然反向覆盖半径有一些缩小，但是缩小的范围不是很明显。对于 cdma2000 1X 和 cdma2000 1X EV-DO RevA 来说，半径有了明显的缩小，但分析其条件可以看出：对于接收机的灵敏度，cdma2000 1X 的 FER 为 5%，而 RevA 的 FER 则是 2%，也就是说 RevA 的要求更加严格一些，需要更高的信噪比，覆盖也会相应减小，所以考虑到 FER 上的不同，cdma2000 1X 和 RevA 的覆盖的差异也不会太大。

以上制式间的覆盖能力对比分析是将各制式的技术标准设定在同样的频谱下进行的，事实上运营频谱本身将对传播模型、穿透损耗都产生极大的影响。此外，在实际的网络规划中，通常把接收机灵敏度用目标接收场强替代。此外，穿透损耗等环境余量将存在更多的变化，如室内、室外、机动车内、高铁列车等场景下，穿透损耗的余量将更大，因此，实际规划中的小区覆盖半径将远小于极限值。

5.1.2　LTE 覆盖能力分析

LTE 网络的建设需要在现有的 2G/3G 网络的基础上进行，因此，有必要对 LTE 的系统的覆盖能力进行评估，以此为基础进行已有站址资源的支撑能力评估和新址规划。

1. 覆盖特性

LTE 的覆盖特性主要包括以下 6 个方面。

（1）LTE 覆盖的目标业务为一定速率的数据业务

在 TD-SCDMA 的 R4 业务中，电路域 CS 64kbit/s 是 3G 的特色业务，覆盖能力最低，运营商一般以 CS 64kbit/s 业务作为连续覆盖的目标业务。在给定的环境和目标 BLER 的条件下，CS 64kbit/s 业务解调门限固定，通过链路预算可以获得系统的覆盖半径。而在 LTE 中，不存在电路域业务，只有 PS 域业务，不同 PS 数据速率的覆盖能力不同，在覆盖规划时，须首先确定边缘用户的数据速率目标，如 128kbit/s、500kbit/s、1Mbit/s 等，不同的目标数据速率的解调门限不同，导致覆盖半径也不同。

（2）用户分配的 RB 资源数将影响覆盖

在 TD-SCDMA 系统中，系统的载波带宽固定，在基站侧接收机产生的噪声也相对固定，用户分配的时隙数或码道数等系统资源的多少并不直接影响覆盖。LTE 系统中，用户分配的 RB（Radio Block）资源数不仅影响用户的数据速率，也影响用户的覆盖。RB 是 LTE 系统中用户资源分配的最小单位，当系统的载波带宽为 20MHz 时，系统共有 100 个 RB 可供系统调度，每个 RB 由 12 个 15kHz 带宽（频段宽度共 180kHz 左右）的子载波组成。分配给用户的 RB 个数越多，用户数据速率越高，该用户占用的频段总带宽越高，接收机端噪声也随带宽增加而增高。

下行方向，分配 RB 的个数对覆盖的影响相对较小。主要原因是：一方面，由于下行的发射功率是在整个系统带宽 100 个 RB 上均分的，针对单个用户的基站的等效发射功率将随着用户占用 RB 个数的增加而增高，会使下行覆盖提升；另一方面，用户占用 RB 个数的增加，使得基站接收机的噪声也随频段带宽的增加而升高，会使下行覆盖收缩。上述两个因素综合的结果，将使得当用户占用下行 RB 个数变化时，覆盖距离的变化较小。

上行方向，分配 RB 的个数对覆盖的影响很大。由于用户的最大上行发射功率是固定的，不会随分配给用户的上行 RB 个数的多少而变化；用户占用的上行 RB 个数的增加，使得基站接收机的噪声也随频段带宽的增加而升高，会使上行覆盖收缩。

（3）多样的调制编码方式对覆盖的影响更复杂

在 TD-SCDMA R4 及 HSDPA 中，没有 64QAM 高阶调制方式，编码率也仅有 1/2、1/3 等编码方式。与 TD-SCDMA 相比，LTE 中增加了 64QAM 高阶调制方式，且编码率更丰富。当用户分配的 RB 个数固定时，调制等级越低，编码速率越低，SINR 解调门限越低，覆盖越大。

表 5-12 为 LTE 的典型调制编码方式。

表 5-12　LTE 典型编码方式

MCS 标号	调制方式	码率	20MHz 数据速率（Mbit/s）		40MHz 数据速率（Mbit/s）	
			GI=800ns	GI=400ns	GI=800ns	GI=400ns
0	BPSK	1/2	6.5	7.2	13.5	15.0
1	QPSK	1/2	13.0	14.2	27.0	30.0
2	QPSK	3/4	19.5	21.7	40.5	45.0
3	16QAM	1/2	26.0	28.9	54.0	60.0

（续表）

MCS标号	调制方式	码率	20MHz 数据速率（Mbit/s）		40MHz 数据速率（Mbit/s）	
			GI=800ns	GI=400ns	GI=800ns	GI=400ns
4	16QAM	3/4	39.0	43.3	81.0	90.0
5	64QAM	2/3	52.0	57.8	108.0	120.0
6	64QAM	3/4	58.5	65.0	121.5	135.0
7	64QAM	5/6	65.0	72.2	135.0	150.0

（4）天线类型对覆盖的产生巨大影响

MIMO和波束赋形等天线技术是LTE系统的关键技术。基于传输分集（SFBC）的MIMO天线方式为系统提供了基于发射分集的下行覆盖增益；基于波束赋形的天线方式在下行方向提供了赋形增益和分集增益，在上行方向提供了接收分集增益。

根据初步的理论和仿真分析，不同天线类型的下行覆盖能力的大小顺序为：

① 8×2波束赋形（基站8根天线发射赋形，终端2根天线接收）；

② 2×2 SFBC（基站2根天线SFBC分集发射，终端2根天线接收）；

③ SIMO（基站单根天线发射，终端2根天线接收）；

④ 2×2 MIMO（基站2根天线空分复用发射，终端2根天线接收）。

主要原因是：基于空分复用2×2 MIMO对用户SINR解调门限要求最高，SIMO和2×2传输分集（SFBC）其次，而8×2波束赋形最低。

（5）呼吸效应对TD-LTE覆盖的影响依然存在

TD-SCDMA系统存在呼吸效应，当网络负载上升时，小区覆盖范围收缩。TD-LTE系统采用了OFDMA的方式，由于不同用户间频率正交，使得同一小区内的不同用户间的干扰几乎可以忽略。但TD-LTE系统的小区间的同频干扰依然存在，ICIC等干扰消除技术可减少小区间业务信道的干扰，但残留的小区间同频干扰仍有可能使得TD-LTE系统存在一定的呼吸效应。

（6）系统帧结构设计使得TD-LTE支持更大的覆盖极限

TDD系统的覆盖半径主要受限于上下行导频时隙之间的保护间隔GP长度。在常规的时隙配置下，TD-SCDMA系统的帧结构支持的理论最大覆盖半径大约为11km，牺牲一定的业务时隙的容量可获取更大的小区半径。对于TD-LTE系统来说，特殊时隙内的DwPTS和UpPTS时间宽度、保护间隔GP的位置和时间长度可调，最大极限可支持100km。

在TD-LTE与LTE FDD的竞争上来看，FDD覆盖能力总体优于TD-LTE。从LTE频谱分配来看，FDD频段普遍较低。网络的频谱越高覆盖能力越弱，意味着TDD-LTE要实现优质的网络覆盖需要建设更多的站点。特别对于室内用户而言，深度覆盖将是不可回避的问题。在相同频段下，TDD-LTE较FDD-LTE在基站侧噪声系数相差1.5dB，解调门限相差0.3dB；8天线TD-LTE相对于2天线的FDD，天线最大增益相差3dB，解调门限低7.1dB；同时FDD比TDD所用的RB数目少，平均每个RB的发射功率大。

随着3G网络的规模运营，2G/3G网络的站址密度已经相当高，局部热点区域的物理站间距已经达到300m左右，远远小于链路预算的需求。这些2G/3G站址为LTE网络的建设储备了相当数量的物业资源，LTE网络运营的前期覆盖效果将主要取决于以后站址的结构和密度，新建补点将成为网络运营中后期的主要任务。

2. 链路预算

TD-LTE 链路预算分为上行和下行链路预算，二者在计算原理上相同。其链路预算流程包括输入预算速率、系统带宽、确定天线配置、MIMO 配置、确定 DL/UL 公共开销负荷、发送端功率增益/损耗计算、接收端功率增益/损耗计算、链路总预算等，详细过程如下。

（1）输入所要承载的业务速率（指 RLC 层的速率），考虑到 MAC 层的头开销，还要将给用户分配的 RB 个数乘以（1-Total Overhead Percent），得到业务所占的 RB 数。

（2）配置天线数，选择不同的发射模式，如发射分集或波束赋形，得到天线增益值。

（3）计算发射端的等效发射功率。

① 首先将每根天线上的发射功率乘以天线数得到总的发功率；

② 由 UE 分配的 RB 与系统配置的总 RB 数之比，得到 UE 分配的功率；

③ 再加上天线增益、发射分集或波束赋形增益，并减去电缆损耗。

（4）计算接收端的灵敏度。

① 首先用噪声功率谱密度乘以分给 UE 的带宽，在加上接收机噪声系数，得到接收端噪声功率；

② 噪声功率加上干扰余量得到接收端噪声加干扰总功率；

③ 根据所需 SINR，加上总干扰和接收分集增益得到接收机灵敏度。

（5）所需 SINR 的计算。

将 MAC 层速率分配到业务所占的 RB 上，得到每个 RB 所承载的速率，对应得到所需 SINR。

（6）根据（3）和（4）的结果，加上阴影和穿透损耗得到空口路损。

（7）LTE 最大允许路径损耗 $PL_{\max}$（dB）可以表示为：

$$PL_{\max}=PTx+GTx+GRx-Lf-Lb-Lp-Mf-MI-SRx$$

其中：

PTx 为发射机最大发射功率；

GTx 为发射机天线增益；

GRx 为接收机天线增益；

Lf 为馈线损耗；

Lb 为人体损耗；

Lp 为建筑物穿透损耗；

Mf 为阴影衰落和快衰落余量；

MI 为干扰余量；

SRx 为接收机灵敏度，是指接收机输入端为保证以一定 BLER 标准下正确解调信号所必须达到的最小信号功率，因此 SRx=底噪+解调门限。对于下行链路预算，发射机为基站，接收机为终端；对于上行链路预算，发射机为终端，接收机为基站。

（8）代入路损模型，得到覆盖半径。在网络规划中，根据本地区的实际情况，可以将链路预算模型简化，如某地区传播模型：$L=143.73+34.79\lg d$。

TD-LTE 的关键参数对链路预算产生巨大影响，其中包括所要承载的业务速率（小区边缘用户的流量要求）、带宽参数（系统带宽和边缘用户占用的 RB 个数）、天线数及发射模式（如发射分集或波束赋形）、天线增益、发射功率、接收灵敏度、SINR（Signal to Interference plus Noise Ratio，信干噪比）和干扰余量等。

下面就 TD-LTE 链路预算中涉及到的关键参数加以说明：

（1）可调用的 RB 数目。可调用的 RB 数目和系统带宽有关，本文假设采用的系统带宽为 20MHz，可调用的 RB 数目应为 100；

（2）分配的 RB 数目。分配的 RB 数目与业务速率有关，业务速率大所需的 RB 个数多，系统会为不同的业务速率动态地分配 RB 个数；

（3）干扰余量。干扰余量与系统所采用的调制方式有关，本文假设采用的是 QPSK 调制方式，上下行的干扰余量应为 2.5dB；

（4）SINR。当用户分配的 RB 个数一定时，解调门限的值与调制方式和编码率有关，具体值根据上下行 MCS 链路性能表得到；

（5）下行信号品质要求 Eb/No。当 RB 个数一定时，该值也与调制方式和编码率有关，具体值可由链路级仿真得到。

表 5-13 为某地区的 TD-LTE 下行链路预算，8 天线配置，分配 RB 数为 10，MCS、传输模式可变。

表 5-13　TD-LTE 下行链路预算示例

发射端						
边缘用户目标速率（kbit/s）	138.24	185.76	228.96	138.24	185.76	228.96
系统带宽（MHz）	20	20	20	20	20	20
调制编码格式/MCS 等级	0	1	2	0	1	2
TBS（bit）	256	344	424	256	344	424
分配 RB 数	10	10	10	10	10	10
占用带宽（Hz）	1800000	1800000	1800000	1800000	1800000	1800000
最大发射功率（dBm）	46	46	46	46	46	46
每 RB 最大发射功率（dBm）	26	26	26	26	26	26
发射天线数	8	8	8	8	8	8
传输模式	Mode2	Mode2	Mode2	Mode7	Mode7	Mode7
	Transmit diversity	Transmit diversity	Transmit diversity	BF	BF	BF
码字数目	1	1	1	1	1	1
发射天线增益（dBi）	15	15	15	15	15	15
发射天线馈线、接头和合路器损耗（dB）	1	1	1	1	1	1
等效全向辐射功率（EIRP）（dBm）	50	50	50	50	50	50
接收端						
接收天线数	2	2	2	2	2	2
热噪声密度（dBm/Hz）	–174	–174	–174	–174	–174	–174

（续表）

接收端						
噪声系数（dB）	9	9	9	9	9	9
热噪声（dBm）	–102.45	–102.45	–102.45	–102.45	–102.45	–102.45
TargetSINR（dB）	–3.97	–2.88	–2.24	–9.37	–8.66	–7.98
TargetCIR（10%）（dB）	–2.39	–2.39	–2.39	–2.39	–2.39	–2.39
MeanInterferencelevel（%）	0.5	0.5	0.5	0.5	0.5	0.5
TargetSNR（dB）	–2.12	–0.3	0.93	–8.91	–8.11	–7.34
接收机灵敏度（dBm）	–104.56	–102.75	–101.52	–111.35	–110.56	–109.79
最小接收电平（dBm）	–104.56	–102.75	–101.52	–111.35	–110.56	–109.79
路径损耗						
边缘覆盖概率（%）	78%	78%	78%	78%	78%	78%
基站天线高度（m）	35	35	35	35	35	35
工作频率（MHz）	2.6G	2.6G	2.6G	2.6G	2.6G	2.6G
标准偏差（dB）	10	10	10	10	10	10
传播模型	L=143.73+34.79lg$d$					
室外阴影储备（dB）	7.72	7.72	7.72	7.72	7.72	7.72
室外车体穿透损耗（dB）	8	8	8	8	8	8
室外最大允许空间路径损耗（dB）	138.86	137.05	135.82	145.65	144.86	144.09
室外最大覆盖距离（km）	0.72	0.64	0.59	1.14	1.08	1.02
室内最大允许空间路径损耗（dB）	126.86	125.05	123.82	133.65	132.86	132.09
室内最大覆盖距离（km）	0.33	0.29	0.27	0.51	0.49	0.46

从表 5-13 可以看出，波束赋形能够有效改善 TD-LTE 基站的覆盖，同时，不同的目标速率其覆盖半径各不相同。在 TD-LTE 的网络规划中，通常设定小区边缘速率为 1Mbit/s，表 5-14 给出了对应边缘速率下，天线极化方式、传输模式等对小区覆盖半径的影响。

表 5-14　给定边缘速率下的 TD-LTE 链路预算

发射端				
边缘用户目标速率（kbit/s）	1000	1000	1000	1000
系统带宽（MHz）	20	20	20	20
基站天线极化方式	小间距 垂直极化	4+4 双极化 加补偿	小间距 垂直极化	4+4 双极化 加补偿
调制编码格式/MCS 等级	0			
TBS（bit）	1864			
分配 RB 数	67			
占用带宽（Hz）	12060000			
最大发射功率（dBm）	46			

（续表）

发射端				
每RB最大发射功率（dBm）	26			
发射天线数	8			
传输模式	Mode2 Transmitdi versity	Mode2 Transmitdi versity	Mode7 BF	Mode7 BF
发射天线增益（dBi）	15	15	15	15
发射天线馈线、接头和合路器损耗(dB)	1	1	1	1
等效全向辐射功率（EIRP）(dBm)	58.28	58.28	58.28	58.28
接收端				
接收天线数	2	2	2	2
热噪声密度（dBm/Hz）	–174	–174	–174	–174
噪声系数（dB）	9	9	9	9
热噪声（dBm）	–94.19	–94.19	–94.19	–94.19
TargetSINR（dB）	–3.15	–3.19	–10.56	–10.47
TargetCIR（10%）(dB)	–2.39	–2.39	–2.39	–2.39
MeanInterferencelevel（%）	50%	50%	50%	50%
TargetSNR（dB）	–0.78	–0.86	–10.22	–10.11
接收机灵敏度（dBm）	–94.97	–95.04	–104.4	–104.3
最小接收电平（dBm）	–94.97	–95.04	–104.4	–104.3
路径损耗				
边缘覆盖概率（%）	78%	78%	78%	78%
基站天线高度（m）	35	35	35	35
工作频率（MHz）	2.6G	2.6G	2.6G	2.6G
标准偏差（dB）	10	10	10	10
传播模型	L=143.73+34.79lg$d$			
室外阴影储备（dB）	7.72	7.72	7.72	7.72
室外车体穿透损耗（dB）	8	8	8	8
室内阴影储备（dB）	7.72	7.72	7.72	7.72
室内建筑物穿透损耗（dB）	20	20	20	20
室外最大允许空间路径损耗（dB）	137.53	137.6	146.96	146.86
室外最大覆盖距离（公里）	0.66	0.67	1.24	1.23
室内最大允许空间路径损耗（dB）	125.53	125.6	134.96	134.86
室内最大覆盖距离（公里）	0.30	0.30	0.56	0.56

受各地区传播模型差异的影响，不同环境的基站覆盖能力将存在一定偏差。实际建设中，网络结构很难保证与标准蜂窝结构一致，站间距要小于以上链路预算的结果。

3. *覆盖增强技术*

（1）IRC

在实际的环境中，通常很难检测来自邻近小区的干扰信号。然而，接收端采用多天线技术时，接收机可以利用空间特性进行干扰抑制。IRC 就是此类技术之一，它利用多天线获得的干扰统计特性实现干扰消除的功能。这项技术不需要对发射端做任何额外的标准化工作，不依赖任何额外的信号区分手段（如频分、码分、交织器分），而仅仅依靠空分手段来实现其功能。

当干扰终端之间经历相同或相近的物理信道时（高相关性），IRC 较好地删除了干扰造成的影响；而当干扰终端经历的物理信道差异性较大时（低相关性），IRC 的性能将有 3dB 左右的衰退。这也说明，干扰终端地理位置相近，信道条件单一时，IRC 能够更好地发挥作用。另外，依然可以看到，虽然 IRC 专门为抵抗天线之间的相关性而设计，但是随着天线分支之间相关性的提升，IRC 的性能也逐步变差。

IRC 能够提升基站上行解调能力，对于同频网内干扰和同频网外干扰能够进行有效的干扰消除，可提升解调性能 1～7dB，其性能受到无线环境和干扰终端的分布不同影响较大。IRC 适合在散射、折射、绕射条件简单的室外环境中得到应用。如果是在室内环境中应用，由于多径复杂，效果就会受到影响。另外，IRC 适合在用户地理位置相对集中的环境中进行应用。

（2）TTI Bunding

TTI Bundling 即把一个数据包在连续多个 TTI 资源上重复进行传输，接收端将多个 TTI 资源上的数据合并达到提高传输质量的目的。目前，设备实现的 TTI Bundling 只针对 VoIP 业务开启。

利用多个 TTI 绑定进行上行传输，能够有效提高上行覆盖能力，但是这是以牺牲系统资源为前提的。考虑到目前网络中主要是碎片特性的小速率数据业务，如果未来 LTE 网络还是以该业务类型为主，可以考虑将 TTI Bundling 引入到数据业务中。

研究表明，无论是数据业务还是 VoIP 业务，利用 4 时隙绑定，能够提供上行 1～2dB 的解调性能增益。而进一步利用 8 时隙绑定，相比 4 时隙性能可进一步提高 1～3dB。从系统频谱效率和覆盖的折中考虑，仅推荐处于上行覆盖较差的用户（边缘用户）使用 TTI Bundling 技术。未来系统可以进一步采用自适应调整绑定时隙数目的方案，提升边缘用户的业务体验。

5.2 容量影响因素分析

LTE 是面向全 IP 的网络，其调度算法基于完全的共享原则，设计上更多地考虑了数据业务的承载，资源分配方式上采用链路自适应方式，不仅根据用户的信道质量来调整编码方式以获得更高的频谱效率，同时依据当前小区总体资源的占用情况以及用户的位置和信道质量，动态调整用户业务对资源的占用，同时在频域上进行选择性地调度。因此， LTE 的容量规划更为复杂，研究 LTE 网络容量的规划问题，使 LTE 网络满足后 3G 时代数据业务的发展要求，是运营商面临的一项重要课题。

5.2.1 LTE系统的容量特性

任何移动通信系统的革新，其最终目的是为用户提供更优质的服务，其中包括不断提升的语音质量和日益增长的用户带宽。作为新一代的移动通信技术，LTE支持1.4MHz、3MHz、5MHz、10MHz、15MHz、20MHz带宽的灵活配置，运营商可以根据实际拥有的频谱资源进行频率规划，为了能够承载更多的语音业务并提高上下行分组的数据速率，减少时延，在频谱资源允许的情况下，建议采用10MHz、20MHz的大带宽进行实际组网部署。

除了频率规划上的革新，LTE系统还采用了OFDMA和MIMO等新技术。OFDMA技术具有抗多径干扰，便于支持不同带宽，频谱利用率高，支持高效自适应调度等优点；MIMO技术利用多天线系统的空间信道特性，能同时传输多个数据流，实现了空间复用，有效提高了数据速率和频谱效率。LTE同时结合混合自动请求重传（HARQ）、自适应调制编码（AMC）、动态调度等业界成熟应用的算法，给未来的移动用户提供更高速的上下行分组数据传输。为了LTE容量特性及影响因素能获得更高的频率利用率， LTE在支持大带宽同频组网的基础上，更充分利用小区间干扰协调（ICIC）算法的特性，降低边缘用户的干扰，以提升网络的整体容量。

在容量特性方面，LTE是"完全自适应"的系统，即便是同样采用了AMC机制的HSDPA及HSUPA，由于承袭于资源准静态配置的TD-SCDMA系统，其AMC的代价是更为复杂的控制信道设置。而LTE的自适应调制编码方式，使得网络能够根据信道质量的实时检测反馈，动态调整用户数据的编码方式以及占用的资源，从系统上做到性能最优。因此，LTE并不是一个给定信噪比门限就能准确估算整体容量的系统，LTE的用户吞吐量取决于用户所处环境的无线信道质量，而小区吞吐量取决于小区整体的信道环境。

在运营方面，LTE的容量规划具备天然的适应性，OFDMA技术的使用使得LTE能够更方便地针对可用频率带宽的不同，支持灵活载波带宽设置。其中，TD-LTE采取TDD（时分双工）的双工方式，可使用非对称的频谱资源，并且可以根据某地区上下行业务的不同比例，灵活配置上下行时隙配比，以提高资源的利用率。这两项TD-LTE具备的重要特性，使得运营商可以不依赖频率资源的分配，灵活部署TD-LTE网络。

作为全IP网络，LTE的容量规划较多关注业务指标，包括峰值速率、吞吐量、并发用户数、VoIP容量等关键指标。

1. 峰值速率

峰值速率一般意义上指的是移动通信系统根据已有的系统规范，空口最大可发送的速率极限，这部分数据是指经过物理层的编码和交织处理后，由空口实际承载并传送的数据部分的速率。理论峰值速率体现了LTE系统空口承载数据的能力。

在3GPP 36.213规范中，定义了不同MCS、RB承载下的数据块数量（TBS），即在一个子帧/传输时间间隔（TTI）时间内的最大传输比特数量，TBS直接限制了LTE上下行信道的峰值速率。不同RB和IMCS对应的LTE网络上下行峰值速率可查询3GPP 36.213中表7.1.7.2.1-1和表7.1.7.2.2-1获得，表5-15为3GPP 36.213中表7.1.7.2.1-1的节选。从中可以看出 MCS 越大，LTE 下行峰值速率越大，这是由于 MCS 越大相应的系统开销就越小，但对信道质量的要求也越高。

表 5-15　　　　3GPP 36.213 表 7.1.7.2.1-1 节选

I_{tbs}	N_{PRB}									
	1	2	3	4	5	6	7	8	9	10
0	16	32	56	88	120	152	176	208	224	256
1	24	56	88	144	176	208	224	256	328	344
2	32	72	144	176	208	256	296	328	376	424
3	40	104	176	208	256	328	392	440	504	568
4	56	120	208	256	328	408	488	552	632	696
5	72	144	224	328	424	504	600	680	776	872
6	328	176	256	392	504	600	712	808	936	1032
7	104	224	328	472	584	712	840	968	1096	1224
8	120	256	392	536	680	808	968	1096	1256	1384
9	136	296	456	616	776	936	1096	1256	1416	1544
10	144	328	504	680	872	1032	1224	1384	1544	1736
11	176	376	584	776	1000	1192	1384	1608	1800	2024
12	208	440	680	904	1128	1352	1608	1800	2024	2280
13	224	488	744	1000	1256	1544	1800	2024	2280	2536
14	256	552	840	1128	1416	1736	1992	2280	2600	2856
15	280	600	904	1224	1544	1800	2152	2472	2728	3112
16	328	632	968	1288	1608	1928	2280	2600	2984	3240
17	336	696	1064	1416	1800	2152	2536	2856	3240	3624
18	376	776	1160	1544	1992	2344	2792	3112	3624	4008
19	408	840	1288	1736	2152	2600	2984	3496	3880	4264
20	440	904	1384	1864	2344	2792	3240	3752	4136	4584
21	488	1000	1480	1992	2472	2984	3496	4008	4584	4968
22	520	1064	1608	2152	2664	3240	3752	4264	4776	5352
23	552	1128	1736	2280	2856	3496	4008	4584	5160	5736
24	584	1192	1800	2408	2984	3624	4264	4968	5544	5992
25	616	1256	1864	2536	3112	3752	4392	5160	5736	6200
26	712	1480	2216	2984	3752	4392	5160	5992	6712	7480

以 LTE FDD 为例，根据规范，1 个无线帧包含 10 个无线子帧，1 个无线子帧包含 2 个时隙，每个时隙包含 7 个 OFDM 符号（使用常规 CP），1 个 OFDM 符号包含 n 比特信息（使用 64QAM，n=6；使用 16QAM，n=4；使用 QPSK，n=2）。1 个无线子帧的时间为 1ms。在使用常规 CP、64QAM 调制方式且不考虑开销的情况下，下行峰值速率为：

$$峰值速率_{理想}=（N_{RB}\times12\times7\times2\times n）\text{ bit/ms}$$

假设 PDCCH、参考信号、同步信号、信道编码等开销为 η，则理论下行峰值速率为：

$$峰值速率_{理论}=C\times(1-\eta)\times编码效率\times峰值速率_{理想}$$

其中，当天线模式为双流传输时，C=2；当天线为其他模式时，C=1。当采用 20MHz 带宽，双流传输，编码效率为 0.9，PDCCH 占用 1 个 OFDM 符号时，LTE FDD 下行理论峰值速率为：

$$2\times(1-14.63\%)\times0.9\times(100\times12\times7\times2\times6)\text{ bit/ms}=155\text{Mbit/s}$$

上行峰值速率为：

$$(1-14.3\%)\times0.9\times(100\times12\times7\times2\times6)\text{ bit/ms}=77.75\text{Mbit/s}$$

LTE 单用户的上行和下行峰值速率不但与分配的 RB 数量以及 MCS 方式有关，还与 LTE 终端类型有关。单用户的峰值速率为：

单用户峰值速率=min（终端能力，网络能力）

在单用户测试条件下（即小区所有资源分配给一个用户），小区的峰值速率与 UE 的能力有关，在 20MHz 带宽，PDCCH 占用 3 个 OFDM 符号情况下，使用 Cat3 UE 实际下行峰值速率只能达到 100Mbit/s，实际上行峰值速率为 40～50Mbit/s；使用 Cat5 UE 实际下行峰值速率可达到 127Mbit/s，实际上行峰值速率可达到 60Mbit/s。

需要注意的是，峰值速率只是系统的理论能力，在实际网络中，这样的速率只会在仅有一个信道质量足够优质的用户在线时数据传输瞬间能够达到，我们对峰值的分析，更多的是从系统能力的角度出发的。对于涉及网络规划优化方面的容量规划，我们必须以峰值速率为参照，更多地分析系统实际能达到的平均吞吐量性能。由于 LTE 为所有连接用户提供自适应调制编码方式（AMC）的数据传输，因此小区整体吞吐量受整体无线环境的影响较大。在实际的测试中，小区平均吞吐量的计算是在小区覆盖范围内，根据 SINR 的优劣按照一定比例分配用户，以好、中、差用户的加权平均吞吐量来衡量小区的平均吞吐能力。

在不具备大规模测试能力的阶段，可以从仿真结果来预估 LTE 在各类环境下的吞吐量性能，这确实会给系统容量规划带来一定的难度。而从另一个角度来看，LTE 的这个特性，恰恰是为网络提供了更多的优化空间，因为仅对目标信噪比有要求的系统，即便系统环境再好，也只能达到设计的容量，在网络整体达到规划要求的质量后，小区或用户吞吐量不会因为网络环境的进一步提升而有任何改善。

2. 最大同时在线并发用户数

“最大同时在线并发用户数”和“小区吞吐量”均为数据业务用户相关指标。由于数据业务对时延相对不敏感，并且基于 IP 的数据业务在突发特性上并不是持续性地分布，只要 e-NodeB 在程序上保持用户状态，不需要每帧调度用户就可以保证用户的“永远在线”，动态调度算法会保证用户需要数据传输时及时地为用户分配实际的空口资源。因此，最大同时在线并发用户数与系统每 TTI 可调度的用户数没有直接联系，与 LTE 系统协议字段的设计以及设备能力更为相关，只要协议设计支持，并且达到了系统设备的能力，就可以保证尽可能多的用户同时在线。

LTE 同时能够得到调度的用户数目定义为：系统在每个调度周期（1ms）同时调度的用户数，进一步可计算 1 无线帧（10ms）时间内可调度的用户数。它受限于控制信道的可用资源数目，也就是在一个 TTI 中能调度的最大用户数。这主要与 3 个因素相关，分别是系统带宽、可用 CCE 数量、PHICH 组数。一般情况下，一个对称业务的用户需要配置 2 条 PDCCH，其中 PHICH 占用 1 个 CCE，最多可复用 8 个用户。

LTE 中 PDCCH 支持的 4 种格式如表 5-16 所示。

表 5-16 PDCCH 格式

PDCCH 格式	CCE 个数	REG 个数	PDCCH 比特数
0	1	9	72
1	2	18	144
2	4	36	288
3	8	72	576

使用于特定 PDCCH 传输的 CCE 数量是由 eNodeB 根据信道条件决定的。例如，如果 PDCCH 是针对一个良好下行链路信道的 UE（如接近 eNodeB），那么一个 CCE 可能就够了。然而，对于信道条件不好的 UE，为了充分实现其健壮性，可能需要 8 个 CCE。另外，可调整 PDCCH 的功率水平，以适配信道条件。

PHICH 组数目有 4 种可能性：

$$N_{\mathrm{PHICH}}^{\mathrm{group}}=\begin{cases}\left\lceil N_{\mathrm{g}}\left(\dfrac{N_{\mathrm{RB}}^{\mathrm{DL}}}{8}\right)\right\rceil \text{常规CP}\\ 2\times\left\lceil N_{\mathrm{g}}\left(\dfrac{N_{\mathrm{RB}}^{\mathrm{DL}}}{8}\right)\right\rceil \text{扩展CP}\end{cases}$$

MIB 中相应的指示信息分别对应于 N_g=1/6、N_g1/2、N_g1 或 N_g2。其中，N_g =1 是上行每一个 PRB 对应 1 个 HARQ 进程的时候所需要的 PHICH 组数目；N_g=2 是 MU-MIMO 情况下上行每一个 PRB 对应 2 个 HARQ 进程的时候所需要的 PHICH 组数目；N_g=1/6、N_g1/2 分别对应于 1 个 HARQ 进程占用 6 个和 2 个 PRB 的情况。

在一个子帧时间（1ms）内，最大可支持用户数的计算如下：

$$N_{\mathrm{PHICH}}^{\mathrm{group}}\times 12+N_{\mathrm{PHICH}}+N_{\mathrm{RS}}+N\times\overline{n}\times 36\times N_{\mathrm{PDCCH}}=N_{\mathrm{RE}}$$

$$N=\frac{N_{\mathrm{RE}}-(N_{\mathrm{PHICH}}^{\mathrm{group}}\times 12+N_{\mathrm{PCFICF}}+N_{\mathrm{RS}})}{\overline{n}\times 36\times N_{\mathrm{PDCCH}}}$$

式中：

N：最大可同时调度用户数；

$\overline{n}$：平均一个 PDCCH 所需的 CCE 个数；

N_{PDCCH}：调度 1 个用户所需的 PDCCH 数目，在对称业务下通常 N_{PDCCH}=2；

$N_{\mathrm{PCICH}}^{\mathrm{group}}$：使用的 PHICH 组数；

N_{PCFICH}：PCFICH 所占用的 RE 数，N_{PCFICH}=16；

N_{RS}：下行参考信号所占用的 PDCCH 所在 OFDM 符号的 RE 数，由信道带宽决定，在 10MHz 和 20MHz 带宽下使用 2 下行天线 N_{RS} 分别为 200 和 400；

N_{RE}：PDCCH 所在 OFDM 符号的 RE 总数，表 5-17 给出了在 10MHz 和 20MHz 带宽下的 N_{RE} 值：

表 5-17　　10MHz 和 20MHz 带宽下 N_{RE} 的值

带宽（MHz）	PDCCH 占用 1 个 OFDM 符号	PDCCH 占用 2 个 OFDM 符号	PDCCH 占用 3 个 OFDM 符号
10	600	1200	1800
20	1200	2400	3600

假设调度一个用户需要 2 个 PDCCH 并且 LTE 系统使用正常 CP，表 5-18 给出了在 10MHz 和 20MHz 带宽下 PDCCH 分别占用 1、2、3 个 OFDM 符号且 N_g=1 时，LTE 系统在一帧内（10ms）内可同时调度的最大用户数。在其他条件固定的情况下，PDCCH 占用的 OFDM 符号数越多，同时可调度的用户数越多；PDCCH 所使用的格式占用的 CCE 个数越多，可同时调度的用户数也就越少。

表 5-18　　LTE 可调度用户数

带宽/MHz	PDCCH 占用 OFDM 符号数	PDCCH 格式			
		格式 0	格式 1	格式 2	格式 3
10	1	41	20	10	5
	2	125	62	31	15
	3	208	104	52	26
20	1	87	43	21	10
	2	253	126	63	31
	3	420	210	105	52

3. VoIP 容量

VoIP 的系统性能主要由 VoIP 的容量来衡量：指定 VoIP 方式的业务，网络内满足其特定 FER 要求的用户的数目。因此 VoIP 容量既包含了对 QoS 的要求，也包含了网络的能力。

影响 VoIP 容量的因素包括频点带宽、天线配置、发射功率、VoIP 资源分配方法、控制信道资源、HARQ 方式和最大传输次数等。由于 VoIP 对实时性的要求很高，在动态调度的机制下，需要网络每 TTI 调度用户，而调度信息在 PDCCH 上传输，每个 TTI 能够调度的用户数受限于 PDCCH 的资源。根据初步估计可知，PDCCH 占满 3 个 OFDM 符号的时候，一个 TTI 能够调度的用户数大概在 70 多个左右，如果想达到更高的调度用户数，就必须考虑采用半持续调度，使得控制信道不受限，才能使网络承载更多的同时在线的 VoIP 用户。

可以假定：在 LTE 网络部署的中后期，提供优化 VoIP 能力的 LTE 设备能完全支持性能优良的半持续性调度算法，这个时候可以认为调度资源不会制约 VoIP 的容量，那么再加上硬件能力远远大于空口能力，此时的 VoIP 容量就和空口所能承载的数据净荷相关。以 TD-LTE 为例，上下行时隙比为 2∶2 的情况下，一个 20MHz 带宽扇区的峰值容量可以支持 900 个 VoIP 用户同时通话，但是峰值只是系统瞬时的最大能力，不可能假定每个用户都有足够好的网络质量，从平均容量的角度分析，比较实际的能力是可以同时支持 400 个 VoIP 用户同时通话。

5.2.2　容量的主要影响因素

LTE 系统的容量由各个方面的因素决定，首先是固定的配置和算法的性能，包括单扇区频点的带宽、发射机功率、网络结构、天线技术、小区覆盖半径、频率资源调度方案、小区间干扰协调算法等；其次，由于在资源的分配和调制编码方式的选择上，LTE 是完全动态的系统，实际网络整体的信道环境和链路质量，对 LTE 的容量也有着至关重要的影响。

1. 系统带宽

LTE 没有设置特别的时域或者频域滤波器，而是通过设置过渡保护带来消除时域波形的“展宽”和“振荡”现象，降低了实现的复杂性。保护带宽越大，泄露到系统带宽之外的能量越小，但是过大的保护带宽带来的频谱效率损失也越大。LTE 系统中的传输带宽和保护带宽关系如表 5-19 所示。

表 5-19　LTE 系统中的传输带宽和保护带宽

系统带宽/MHz	1.4	3	5	10	15	20
RB 数量（NRB）	6	15	25	50	75	100
传输带宽/MHz	1.08	2.7	4.5	9	13.5	18
保护带宽所占比重/%	23	10	10	10	10	10

2. CP 长度

CP 长度需要远远大于无线信道的最大时延扩展，以避免严重的符号间干扰（ISI）和子载波间干扰（ICI）。CP 又不能过长，过大的 CP 开销会带来额外的频谱效率损失。在 TD-LTE 系统中：

正常 CP 的 CP 开销=（5.21+6×4.67）/500=6.67%；

扩展 CP 的 CP 开销=16.67×6/500=20%。

3. 上下行时隙及特殊子帧配置

这是 TD-LTE 系统特有的属性。TD-LTE 系统支持 5ms 和 10ms 的切换点周期，共支持 7 种上下行时隙配置。在网络部署时，可以根据业务量的特性灵活的选择上下行时隙配置。但对于 TD-LTE 的特殊子帧而言，DwPTS 和 UpPTS 的长度是可配置的。为了节约网络开销，TD-LTE 允许利用特殊时隙 DwPTS 和 UpPTS 传输数据和系统控制信息。

TD-LTE 特殊子帧开销见表 5-20。

表 5-20　TD-LTE 特殊子帧开销

<table>
<tr><th rowspan="2">特殊子帧配置</th><th colspan="3">正常 CP</th><th rowspan="2">开销比例 1/%</th><th rowspan="2">开销比例 2/%</th><th colspan="3">扩展 CP</th><th rowspan="2">开销比例 1/%</th><th rowspan="2">开销比例 2/%</th></tr>
<tr><th>DwPTS</th><th>GP</th><th>UpPTS</th><th>DwPTS</th><th>GP</th><th>UpPTS</th></tr>
<tr><td>0</td><td>3</td><td>10</td><td>1</td><td>86</td><td>93</td><td>3</td><td>8</td><td>1</td><td>83</td><td>92</td></tr>
<tr><td>1</td><td>9</td><td>4</td><td>1</td><td>43</td><td>50</td><td>8</td><td>3</td><td>1</td><td>42</td><td>50</td></tr>
<tr><td>2</td><td>10</td><td>3</td><td>1</td><td>36</td><td>43</td><td>9</td><td>2</td><td>1</td><td>33</td><td>42</td></tr>
<tr><td>3</td><td>11</td><td>2</td><td>1</td><td>29</td><td>36</td><td>10</td><td>1</td><td>1</td><td>25</td><td>33</td></tr>
<tr><td>4</td><td>12</td><td>1</td><td>1</td><td>21</td><td>29</td><td>3</td><td>7</td><td>2</td><td>83</td><td>92</td></tr>
<tr><td>5</td><td>3</td><td>9</td><td>2</td><td>86</td><td>93</td><td>8</td><td>2</td><td>2</td><td>42</td><td>50</td></tr>
<tr><td>6</td><td>9</td><td>3</td><td>2</td><td>43</td><td>50</td><td>9</td><td>1</td><td>2</td><td>33</td><td>42</td></tr>
<tr><td>7</td><td>10</td><td>2</td><td>2</td><td>36</td><td>43</td><td></td><td></td><td></td><td></td><td></td></tr>
<tr><td>8</td><td>11</td><td>1</td><td>2</td><td>29</td><td>36</td><td></td><td></td><td></td><td></td><td></td></tr>
</table>

4. 上下行链路开销

在为控制信令分配资源后，数据传输可以利用任何剩下的传输资源。因此最小化控制信令资源是最大化数据频谱效率的关键。LTE FDD 系统中，除 PDCCH 和 RS 外，其余下行控制信道和信号的开销都与 LTE 系统使用的带宽有关。各个控制信道和信号的开销如下（NRB 为 LTE 系统分配的 RB 数量）。

① 系统带宽较宽情况下 PUCCH 所占系统开销可以忽略。

② 上行参考信号每个时隙占用 1 个 OFDM 符号，开销比例为 1/7=14.3%。

③ PDCCH：当使用 1 子帧中一个 OFDM 符号（最小 PDCCH 分配），控制开销为 1/14=7.1%。

④ 下行 RS：每 3 个子载波间有一个参考符号，单天线传输每个时隙需要 2 个 OFDM 符号，下行 2 通道天线传输需要 4 个 OFDM 符号，下行 4 天线传输需要 6 个 OFDM 符号。开销比例为 4.8%～14.3%，需考虑与 PDCCH 重叠情况。

⑤ PSS 和 SSS 开销、PCFICH 开销、PHICH 组开销等均需考虑与 PDCCH 重叠情况。

表 5-21 给出了在不同天线配置和系统带宽下，下行控制信道信号的开销占用度。

表 5-21　LTE FDD 下行控制信道开销占用度（%）

系统带宽（MHz）		1.4	3	5	10	15	20
PDCCH 占用 1 个 OFDM 符号	下行 2 天线	20	16.57	15.66	14.97	14.74	14.63
	下行 4 天线	24.76	21.33	20.42	19.73	19.5	19.39
PDCCH 占用 2 个 OFDM 符号	下行 2 天线	27.14	23.71	22.8	22.11	21.89	21.77
	下行 4 天线	29.52	26.1	25.18	24.5	24.27	24.15
PDCCH 占用 3 个 OFDM 符号	下行 2 天线	34.29	30.86	29.94	29.26	29.03	28.91
	下行 4 天线	36.67	33.24	32.32	31.64	31.41	31.3

虽然下行 4 天线会相比下行 2 通道天线的系统开销要高一些，但 4×4MIMO 相比 2×2 MIMO 的系统容量要增加一倍，增加相应的参考信号开销是值得的。带宽越高，系统开销比重越小，因此建议 LTE FDD 采用 2×20MHz 同频组网。

TD-LTE 系统中，普通子帧下行链路开销是由下行同步信号、下行参考信号、PBCH（物理广播信道）、PCFICH（物理控制格式指示信道）、PHICH（物理 HARQ 指示信道）、PDCCH（物理下行控制信道）、PDSCH 用于承载非业务数据的资源在普通子帧上占用的 RE 构成的。

① PSS/SSS（下行同步信号）

在 TDD 帧中，PSS 信号位于第 1 子帧和第 6 子帧（特殊子帧）的第 3 个 OFDM 符号，SSS 信号位于第 0 子帧和第 5 子帧的第 7 个 OFDM 符号。在频域上占用下行频段中心 62 个子载波，两边各预留 5 个子载波作为保护带。因此，在每个 5ms 半帧的普通子帧上，PSS/SSS 共占用了 72 个 RE。

② 下行参考信号

LTE 物理层定义了 3 种下行参考信号：CRS、MBSFN、DRS。本文讨论的峰值速率只涉及 CRS。两天线端口发送的情况下，R0（天线端口 0 的参考信号）、R1（天线端口 1 的参考信号）在普通子帧的每个 PRB 上占用 8 个 RE。因此，在每个 5ms 半帧的普通子帧上，如果时隙配置为 DSUUD，则下行共有 400 个 PRB，其中 CRS 占用了 3 200 个 RE，如果时隙配置为 DSUDD，则下行共有 600 个 PRB，其中 CRS 占用了 4 800 个 RE。

③ PBCH

LTE 系统广播分为 MIB 和 SIB，MIB 在 PBCH 上传输，SIB 在 DL-SCH 上调度传输。PBCH 的传输周期为 40ms，一个 40ms 周期内，每 10ms 重复传输。在每个 10ms 的无线帧上，PBCH 占用第 0 子帧第 2 个时隙的前面 4 个连续的 OFDM 符号，在频域上占用下行频段中心 72 个子载波。在物理资源映射时，对于 1、2 或者 4 的发射天线数目，都总是空出 4 天线的 CRS。可计算出，在 PBCH 占用的时频资源上共空出 48 个 RE 做用做 CRS。因此，在每个 10ms 的无线帧上，PBCH 共占用了 240（4×72−48=240）个 RE。

④ PCFICH、PHICH、PDCCH

以下以 CFI=3 为例计算 PCFICH、PHICH、PDCCH 占用的开销资源。

在一个 1ms 的普通子帧中，PDCCH 与 PCFICH、PHICH 一起占用前面 3 个 OFDM（但要除去 CRS 占用的 RE）。在 1ms 普通子帧中的前面 3 个 OFDM 符号上，用于 R0 和 R1 共有 400 个 RE，而用于 PDCCH、PCFICH、PHICH 的共有 3200 个 RE。因此，在每个 5ms 半帧的普通子帧上，如果时隙配置为 DSUUD 则 PDCCH、PCFICH、PHICH 3 个物理信道共占用 6400 个 RE，如果时隙配置为 DSUDD 则共占用 9600 个 RE。在测试峰值的环境下，除业务数据信息外，映射到 PDSCH 上的只有承载 SIB1（小区接入有关的参数、调度信息）和 SIB2（公共和共享信道配置）的广播信息。SIB1 的时域调度是固定的，周期为 80ms，在 80ms 内每 20ms 重复一次，占用了 8 个 PRB。SIB2 周期为动态配置，一般是 160ms 重复一次，相对于 5ms 的半帧周期占用的 RE 很少，在峰值计算中可以忽略。因此，在 20ms 的周期中，开销在 PDSCH 中占用了 672 个 RE。

通过以上的分析，普通子帧下行链路的开销可以总结为如表 5-22 所示。

表 5-22　　TD-LTE 普通子帧下行链路

信道占用的 RE	DSUDD，CFI=3	DSUDD，CFI=2	DSUUD，CFI=3	DSUUD，CFI=2
	平均 5ms 周期普通子帧上			
PSS/SSS 占用的 RE	72	72	72	72
CRS 占用的 RE	4800	4800	3200	3200
PBCH 占用的 RE	120	120	120	120
PDCCH、PCFICH、PHICH 占用的 RE	9600	6000	6400	4000
PDSCH 上 SIB1 占用的 RE	168	168	168	168
下行开销占用 RE 总数	14760	11160	9960	7560
开销占比	29.30%	22.10%	29.60%	22.50%

5．天线技术

天线技术对系统容量有直接影响，LTE 在天线技术上有了更多的选择。多天线设计的设计理念，使得网络可以根据实际网络需要以及天线资源，实现单流分集、多流复用、复用与分集自适应，波束赋形等，这些技术的使用场景不同，但是都能在一定程度上实现用户容量的提升。对于使用 MIMO 的多流传输，适用于小区中信道质量优良的用户，能够明显地提高其容量。信道质量不够理想的用户，可以自适应地使用单流多天线分集或波束赋形技术，给用户的信噪比带来增益，通过信道质量的提升，选择更高阶的调制编码方式，实现容量的提升。

（1）MIMO

MIMO 系统在发射端和接收端均采用多天线（或阵列天线）和多通道，传输信息流经过空时编码形成 N 个信息子流，这 N 个信息子流由 N 个天线发射出去，经空间信道后由 M 个天线接收。多天线接收机利用先进的空时编码处理能够分开并解码这些数据子流，从而实现最佳的处理。这 N 个子流同时发送到信道，各发射信号占用同一频段，因而未增加带宽。若各发射、接收天线间的信道响应独立，则 MIMO 系统可以创造多个并行空间信道。通过这些并行空间信道独立地传输信息，数据传输速率必然可以得到提高。MIMO 将多径无线信道的发射、接收视为一个整体进行优化，从而可实现很高的通信容量和频谱利用率。

单流分集和多流复用，一般意义上认为是 MIMO 技术的两种方案。单流分集要求发送端使用多根天线进行发送，要求多根发送天线之间具有低的相关性，同时不对接收端的天线数目和相关性进行要求。多流复用则要求在发送端的不同天线上发送多个编码的数据流，并要求接收天线数目大于或者等于发送天线的数目，空间复用（SDM）类型还分闭环空间复用和开环空间复用。

在实际的蜂窝系统中，由于终端距离基站的远近不同，离归属基站近的中心用户接收到的有用信号强度大，受到的邻区干扰小，SINR 相对比较高，MIMO 的使用有助于这部分用户有效提高频率效率和容量。不过对于边缘用户而言，由于信噪比本身比较低，MIMO 的使用反而容易降低边缘用户的容量。

（2）Beamforming

在实际应用中，可以重点考虑采用天线单双流自适应技术，使得信号质量较好的用户采用双流复用来提高用户的吞吐量，而对于信道质量较差的部分地段的用户，采用单流分集来改善用户的信道质量（也可结合 Beamforming 技术）。由此，自适应技术集合了单双流技术的优势，即：由于双流复用技术的采用，中心区域用户的吞吐量得到了提高；单流分集技术的采用，提高了边缘部分用户的吞吐量。由此使得整体的频谱效率都得到了改善，效果优于单纯地采用单流分集和多流复用技术。

Beamforming 技术就是波束赋形技术，TD-LTE 的波束赋形基于 EBB 算法实现，EBB 算法是一种自适应的波束赋形算法，运用 SVD 分解对信道进行估计，不仅有 DoA 的赋形，还能匹配信道，减小衰落。其方向图随着信号及干扰而变化，没有固定的形状，原则是使期望用户接收功率最大的同时，还要满足对其他用户干扰最小。波束赋形利用小间距天线间的相关性。为了有效地工作，同时考虑到复杂性，智能天线通常为 8 天线配置，也可以为 4 天线配置，天线间距约为半波长。天线的 Beamforming 技术能够有效地降低小区间的干扰，同时提高用户的接收信号功率，给用户的信噪比带来附加增益，从而为系统容量的提升带来好处。由于存在赋形增益，Beamforming 技术同时还能够改善边缘用户的容量，提高系统的覆盖能力。

需要重点指出的是，TD-LTE 系统的 TDD 机制在实现波束赋形方面有天然的优势，与 FDD 系统不同，TDD 系统可以利用上行信道中提取的参数估计下行信道。这种方法实际上就是智能天线依靠从上行链路中提取的参数来对下行波束赋形，对于 FDD 方式，由于上下行频率间隔相差较大，衰落特性完全独立因而不能使用。但对于 TDD 方式，上下行时隙工作于相同频段，只要上下行的帧长较短，完全可以实现信道特性在这段转换时间内保持恒定。

对于上行性能，TD-LTE 系统由于 UE 功率限制及邻小区同频干扰的因素，而且也由于目前也不支持上行多流复用，上行容量以及上行链路的频谱效率一直都低于下行信道。对于这一瓶颈，考虑到除了 MIMO 和 Beamforming 技术，增加基站接收天线数目，上行可以获得更好的系统容量性能。无论是平均吞吐量和频谱效率，还有边缘用户的容量，都能得到明显的提升。再加上基站接收单元成本相对较低，增加基站接收天线不失为一项有效的提升上行容量的手段。

6. 干扰消除技术

移动通信系统的干扰是影响无线网络接入、容量等系统指标的重要因素之一。它不仅影响了网络的正常运行，还影响了用户的使用质量，是导致网络异常或性能降低的主要原因之一。因此，干扰问题是网络规划必须重点关注的问题，同时也是网络优化工作的重点。

TD-LTE 系统由于 OFDMA 的特性，本小区内的用户信息承载在相互正交的不同子载波和时域符号资源上，因此可以认为小区内不同用户间的干扰很小，系统内的干扰主要来自于同频的其他小区。对于小区中心用户，离基站的距离较近，而同频其他小区的干扰信号距离又较远，则小区中心用户的信噪比相对较大；对于小区边缘用户，由于相邻小区占用同样载波资源的用户对其干扰较大，加之本身距基站较远，其信噪比相对就较小，导致小区边缘的用户吞吐量较低。因此需要采用可靠的干扰抑制技术，才能有效地保证系统整体尤其是边缘用户的吞吐量性能。

目前 TD-LTE 的干扰消除或避免技术业界提的比较多，综合来看有如下几种。

（1）干扰随机化

跳频：上行采用跳频，下行采用集中式和分布式子载波分配方式，进行频率选择性衰落的避免，使得干扰随机化。

（2）干扰避免

ICIC：小区间干扰协调技术分为静态 ICIC、准静态 ICIC 和动态 ICIC 3 类。ICIC 在一定程度上都会使得系统的频率复用因子大于 1，系统在任何一个瞬时都并非是完全的同频复用。

波束赋形：提高期望用户的信号强度，同时降低信号对其他用户的干扰。

动态调度算法：根据用户信道条件，动态调度其使用信道质量较好的系统资源，采用合理的调制编码方式，达到性能的最优，动态调度算法从实质上看，同样可以避免一定的网络干扰。

7. 干扰抑制

上行功控：上行功控分为小区间功控和小区内功控两类，小区间功控是指通过告知其他小区本小区 IoT 信息，控制本小区 IoT 的方法，但是目前对于小区间功控未作设备要求；小区内功控的作用是补偿本小区上行路损和阴影衰落，节省终端的发射功率，尽量降低对其他小区的干扰，使得 IoT 保持在一定的水平之下。

多天线分集接收算法：最大比合并（MRC）、干扰抵消合并（IRC）。

8. 其他

除了上述方法以外，调度算法、控制发射机的功率、优化扇区结构等手段，均能在一定程度上提升网络容量。使用较好的频域资源调度算法，根据用户的信道质量调整资源的分配，可以改善系统用户的 SINR，从而提升系统容量。在不同的组网场景中，发射机功率对系统容量影响的效果并不相同。在数据用户密集使用的热点覆盖、市区等场景，小区覆盖面积不大，小区之间存在较大的同频干扰。相对而言，接收机噪声非常小，此时发射功率提升，会带来用户有效信号电平和干扰电平同等提升的作用，以致互相抵消，用户的 SINR 不会有很好的改善，因此不会对系统容量带来较大的好处。然而对于郊区、乡村的覆盖场景，数据用户密度小，较低的系统负荷使得接收机低噪电平大于邻区用户的干扰电平，此时提高发射机功率对系统容量会带来有效的改善。采用扇区化的网络结构与缩小小区覆盖半径一样，都是在同样的区域内增加逻辑基站的密度，该区域的系统总容量会有所提升。

5.3 频谱规划

按 3GPP 协议规定，LTE 支持 1.4～20MHz 载波带宽的灵活配置，因此在组网中存在不同的频率组网方案。在有限的频谱资源下如何选择频率组网方案，获取更高的网络性能，保证小区的业务性能和用户的应用体验是网络规划的核心问题。

LTE 系统的网络性能，特别是业务速率性能主要受 SINR（信号与干扰加噪声比）的影响。根据不同的无线环境质量，TD-LTE 协议制定了 29 种编码调制方案，分别定义在特定的信噪比下，采用的编码方式和调制方式。不同的无线传播环境下系统性能相差最多可达几十倍，而在相同的网络结构条件下，不同的频率组网方案决定了整体的网络干扰水平。

基于 OFDM 的多用户频选调度性能与频谱带宽相关，带宽越大，性能越好。为了提高数据速率，一般建议采用 10MHz 以上大带宽进行组网部署。主流的频率组网方案包括同频组网、异频组网和频率移位频率重用（FSFR，Frequency Shifted Frequency Reuse）等。

（1）同频组网：1×20MHz，单频点，另外一个频点用于后续扩容；

（2）异频组网：2×20MHz、4×10MHz；

（3）FSFR 组网：3×20MHz（重叠 10MHz）、5×20MHz（重叠 15MHz）。

系统仿真发现：

（1）20MHz 同频组网方式下，由于干扰较大，所以用户的接入失败数量较多。在异频组网时，随频点数量增加，覆盖区域内的 SINR 的提高，用户的上下行接入成功率均逐步提高，20MHz 同频组网可获得最高的频率利用率和边缘频率利用率。

（2）异频组网的网内干扰较低，可获得最高的小区平均吞吐量和边缘吞吐量，异频组网频点数量减少时小区边缘吞吐量下降，频点数量增加时小区平均吞吐量下降。异频组网和 FSFR 的小区平均吞吐量优于同频组网，异频组网的小区边缘吞吐量优于 FSFR 和同频组网，同频组网的频率利用率最佳。

（3）FSFR 组网时，由于不同小区的 PDSCH 随中心频点相互错开，下行的接入性能接近异频组网。但由于在上行时用户间的干扰比较大，上行激活和接入的成功率均明显低于异频组网，且频点数增加导致子载波重叠的比例增加，接入性能随之下降。FSFR 的的小区平均吞吐量性能接近异频组网方式，但边缘吞吐量较低，FSFR 的频点数量越多，边缘吞吐量的下降越明显。

根据仿真可知，LTE 网络总体为上行受限，因此接入性能异频组网优于 FSFR，FSFR 优于同频组网，且在异频组网环境下，接入性能随频率数量的增加而提高。

某地区的测试结果同样验证了以上结论：

（1）在空载时，20MHz 同频组网可获得最高的频率利用率；

（2）2×20MHz 异频组网的网络干扰较低，网络的容量和用户接入性能最佳，加载时 2×20MHz 异频组网的边缘频率利用率最高；

（3）4×10MHz 异频组网的网内干扰最低，其边缘频率利用率与 20MHz 同频组网的相当，但由于每小区使用频谱太少，系统的峰值速率偏低。

根据仿真与测试，不同的频率组网方案可应用于不同的网络场景：同频组网的频率利用率最高，且用户数不多的情况下网络性能较好，因此在建网初期，用户数量不多的场景可广泛使用，降低频谱资源的占用，降低投资风险；异频组网可获得较佳的网络接入性能和吞吐量性能，采用 2×20MHz 异频组网，可以获得较佳的网络性能；4×10MHz 异频组网可用于大型场馆等干扰较大但对单用户峰值速率要求不高的特殊场景。

5.4 TD-LTE 时隙对齐与同步

5.4.1 时隙对齐

结合我国 TD-SCDMA 网络现状及 TD-LTE 技术试验情况，在 F 频段 1880～1920MHz 和 E 频段 2320～2370MHz，TD-SCDMA 网络与 TD-LTE 网络有共存的可能。此时为避免交叉干扰，要求 TD-LTE 系统与 TD-SCDMA 系统上下行时隙转换点对齐，目前一般通过配置 TD-LTE 特殊子帧实现，按照 3GPP 标准现有的配置模式，将空置 6～8 个 TD-LTE OFDM 符号的资源，对网络容量有一定影响。

TD-SCDMA 的帧长 10ms，分成 2 个 5ms 子帧，这 2 个子帧的结构完全相同。一个子帧含 6400 chip（CDMA 码片），分为 7 个常规和 3 个特殊，其中每个常规含 864 chip，特殊含 352 chip，包括 DwPTS（下行导频、96 chip）、GP（保护、96 chip）和 UpPTS（上行导频、160 chip）。

TD-SCDMA 帧结构如图 5-1 所示。

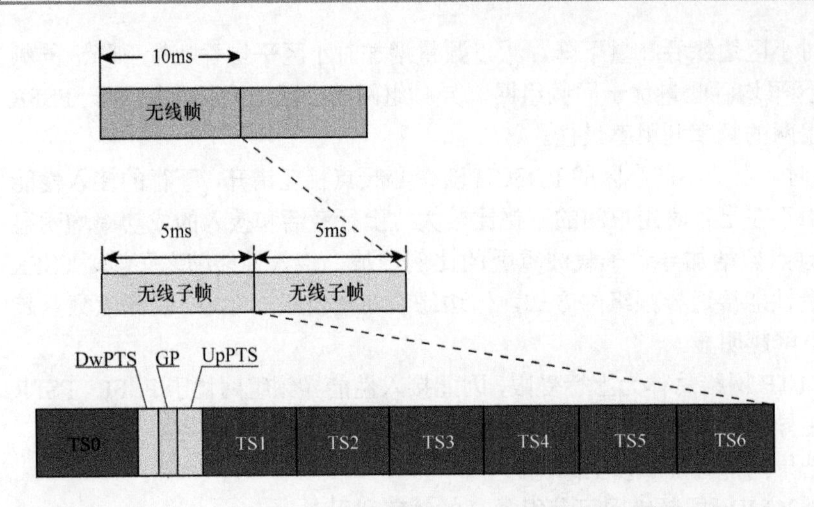

图 5-1　TD-SCDMA 帧结构

7 个常规时隙中，TS0 总是分配给下行用于承载广播及下行控制信息，而 TS1 总是分配给上行链路，主要承载上行控制信息，剩余 5 个时隙被转换点 2 划分给上行和下行。显然，TD-SCDMA 系统每 5ms 子帧均有 2 个上下行时隙转换点：第 1 个转换点采用 GP 保护间隔的方式将上下行分开（以下简称“GP 转换点”），第 2 个转换点为瞬间转换（以下简称“瞬间转换点”）。通过调整转换点 2，可以灵活的支持上下行非对称业务。

TD-LTE 技术帧长为 10ms，包含 2 个 5ms 的半帧(类比于 TD-SCDMA 技术的子帧)。这两个半帧的结构可以相同也可以不同，如图 5-2 所示。每个半帧又包含 5 个 1ms 子帧（类比于 TD-SCDMA 技术的时隙），其中前半帧的第 2 个子帧必须配置为特殊子帧，用于承载 DwPTS、GP 和 UpPTS 信号。TD-SCDMA 网络帧结构以 5ms 为一个周期，目前采用 2∶4 的上下行配比，为了避免 TD-LTE 与 TD-SCDMA 的交叉干扰，TD-LTE 只能采用子帧配比模式 2。

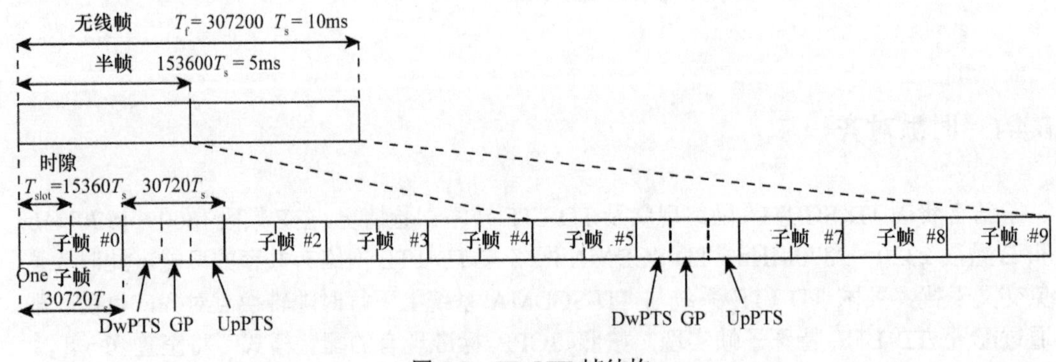

图 5-2　TD-LTE 帧结构

TD-SCDMA 系统的瞬间转换点距帧头 2 300μs；TD-LTE 系统配比模式 2 的瞬间转换点距帧头 3 000μs。为了实现瞬间转换点的对齐，要求 TD-LTE 的帧头前置 700μs，如图 5-3 所示。

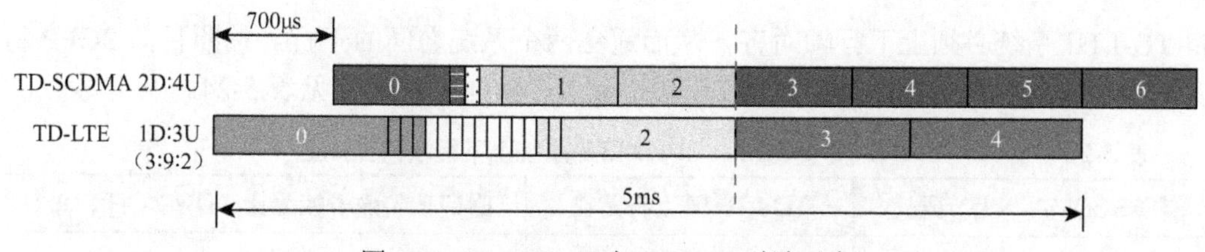

图 5-3　TD-SCDMA 与 TD-LTE 时隙对齐

TD-LTE 的 GP 位置和宽度共有 16 种配置，如表 5-23 所示。

表 5-23　　TD-LTE 特殊时隙配置表

特殊子帧配置模式	常规 CP			扩展 CP		
	DwPTS	UpPTS		DwPTS	UpPTS	
		常规 CP	扩展 CP		常规 CP	扩展 CP
0	$6592 \cdot T_s$	$2192 \cdot T_s$	$2560 \cdot T_s$	$7680 \cdot T_s$	$2192 \cdot T_s$	$2560 \cdot T_s$
1	$19760 \cdot T_s$			$20480 \cdot T_s$		
2	$21952 \cdot T_s$			$23040 \cdot T_s$		
3	$24144 \cdot T_s$			$25600 \cdot T_s$		
4	$26336 \cdot T_s$			$7680 \cdot T_s$	$4384 \cdot T_s$	$5120 \cdot T_s$
5	$6592 \cdot T_s$	$4384 \cdot T_s$	$5120 \cdot T_s$	$20480 \cdot T_s$		
6	$19760 \cdot T_s$			$23040 \cdot T_s$		
7	$21952 \cdot T_s$			—	—	—
8	$24144 \cdot T_s$			—	—	—

只要 TD-LTE 下行 DwPTS 或上行 UpPTS 跨越 TD-SCDMA GP 范围，即当 TD-LTE GP 的起始点晚于 TD-SCDMA GP 的终点 825μs，或 TD-LTE GP 的终点早于 TD-SCDMA GP 的起始点 750μs，两系统间就会出现交叉干扰。

由表 5-23 可知，对于常规时隙，只有配置模式 0 和 5 能避免交叉干扰；对于扩展 CP，只有配置模式 0 和 4 能避免。其他模式中 TD-LTE GP 的起始点均晚于 TD-SCDMA GP 的终点 825μs，都将导致 TD-LTE 基站的下行信号对 TD-SCDMA 基站的上行形成交叉干扰。

此外，常规 CP 的配置模式 5 比模式 0 的 GP 更短，少占用 1 个 OFDM 符号（含 CP，约 71），这样上行 UpPTS 能多一个符号来承载控制信息，故一般情况下采用配置模式 5；对于扩展 CP，采用配置模式 4。

5.4.2　传输效率估计

结合我国 TD-SCDMA 网络现状及 TD-LTE 技术试验情况，在 F 频段，这两个系统之间的互干扰是双系统共存最主要的问题。在某些情况下（如 TD-SCDMA 和 TD-LTE 系统共用 RRU，或者 TD-SCDMA 和 TD-LTE 系统邻频共存等场景），要求 TD-SCDMA

和 TD-LTE 系统必须上下行帧对齐，从而避免两个系统之间的干扰。按照目前 3GPP 协议，可以做到 TD-SCDMA 和 TD-LTE 系统上下行帧同步的配置见表 5-24。

表 5-24　TD-SCDMA 和 TD-LTE 系统上下行帧同步配置

TD-SCDMA 下上行配比	TD-LTE 下上行配比	TD-LTE 特殊子帧配比（Dw：GP：Up）	
4：2	3：1	Normal CP 配置 0	3：10：1
		Normal CP 配置 5	3：9：2
3：3	2：2	Normal CP 配置 0	3：10：1
		Normal CP 配置 1	9：4：1
		Normal CP 配置 2	10：3：1
		Normal CP 配置 7	10：2：2

当 TD-SCDMA 采用 4DL：2UL 下上行时隙配比，TD-LTE 必须采用 3DL：1UL 配比，同时特殊子帧必须采用配比 0 或配比 5，才能保证和 TD-SCDMA 上下行帧同步，即不存在一个系统处于上行接收而另一个系统处于下行发射的情况。TD-LTE 采用其他下上行时隙配比和特殊子帧配比时，无法做到和 TD-SCDMA 的 4DL：2UL 上下行帧同步，但是 LTE 的特殊子帧采用 3：9：或 3：10：1 的方式，GP 区占用了 9 个或 10 个符号。通常 GP 区有 2～3 个符号已经足够使用，这种方式浪费了 6～7 个符号的系统资源。同时，协议规定，在特殊时隙 DwPTS 仅有 3 个符号时，DwPTS 上无法传输 PDSCH，导致特殊时隙的资源利用率低，对网络吞吐量有一定影响，典型配置下的 TD-LTE 有效传输效率如图 5-4 所示。

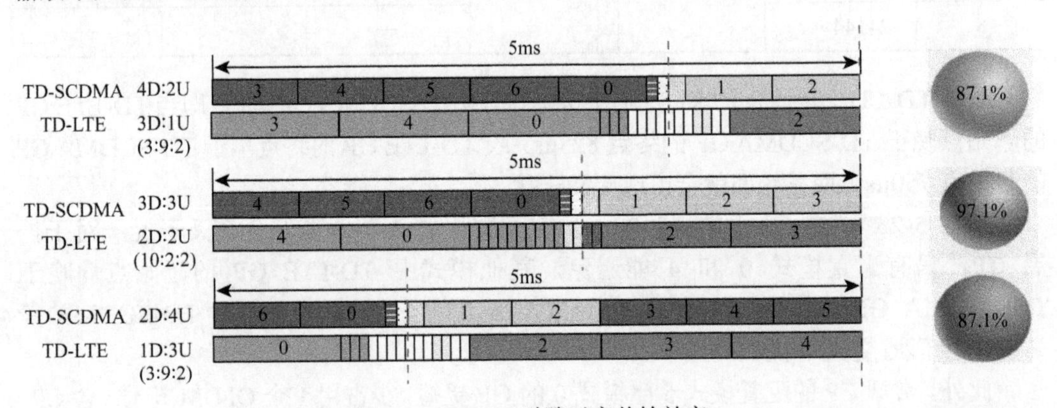

图 5-4　TD-LTE 时隙对齐传输效率

从提高 TD-LTE 有效传输效率的角度而言，综合考虑系统间交叉时隙干扰和数据传输效率，建议 TD-LTE 优先采用 2DL：2UL 时隙配比，其次选取 3DL：1UL 或 1DL：3UL。

5.5　多系统共存与干扰规避

随着 LTE 时代的到来，由于在 2GHz 频段附近集中了所有的 3G 及 TD-LTE 系统，在空间资源非常紧张的密集城区环境中，多运营商、多系统共存几乎无法避免，异系统间的相互干扰影响尤为严重，如果系统间的隔离度不足，将严重影响各系统的性能。

5.5.1 干扰来源

导致干扰产生的因素很多，因此干扰类别也很多，造成的现象也比较复杂。主要的干扰类型包括杂散发射、带外发射、交调、互调、泄漏及阻塞等。

1. 杂散发射

杂散发射是在必要带宽外某个或某些频率上的发射，其发射电平可降低但不影响相应信息传递，包括谐波发射、寄生发射、互调产物、变频产物，但带外发射除外。一般来说，落在中心频率两侧，必要带宽±2.5 倍处或以外的发射都认为是杂散发射。杂散发射作用于系统通带外，对其他系统产生干扰。

接收机杂散发射特性描述的是具备分离的发射与接收端口基站，在发射链路工作时在接收天线连接口测得的杂散发射电平，测试的是接收机对其他系统的干扰，而不是接收机自身的抗干扰能力。

2. 带外发射

带外发射是在紧靠必要信道带宽的外侧，由调制过程产生的一个或多个频率的发射，但杂散发射除外。一般来说，落在中心频率两侧，必要带宽±2.5 倍处以内的无用发射都认为是带外发射。带外发射作用于系统通带内，会对自系统内不同信道产生干扰。

3. 交调与互调

交调和互调都是系统非线性失真产物，但不是同一概念。

当多个强信号同时进入接收机时，在接收机前端非线性电路作用下产生交调频率，交调频率落入接收机中频频段内造成的干扰，称为接收机交调干扰。当输入两个等幅信号时，由于非线性作用，将产生两个新的频率分量，这种现象称之为互调。

由于系统的非线性，系统输入输出函数可以通过级数展开得到式（1）的形式：

$$S_0 = a_1 S_{\mathrm{i}} + a_2 S_{\mathrm{i}}^2 + a_3 S_{\mathrm{i}}^3 + K \tag{1}$$

当存在两个不同频率的输入信号时，输入信号可以用 $S_{\mathrm{i}} = A_1 \cos\omega_1 t + A_2 \cos\omega_2 t$ 来表示，代入式（1）可以得到：

$$\begin{aligned} S_0 &= a_1 S_{\mathrm{i}} + a_2 S_{\mathrm{i}}^2 + a_3 S_{\mathrm{i}}^3 + K \\ &= a_1 \left(A_1 \cos\omega_1 t + A_2 \cos\omega_2 t\right) \\ &\quad + a_2 \left(A_1 \cos\omega_1 t + A_2 \cos\omega_2 t\right)^2 \\ &\quad + a_3 \left(A_1 \cos\omega_1 t + A_2 \cos\omega_2 t\right)^3 + K \end{aligned} \tag{2}$$

因为三阶产物最容易落到所需频段内，所以通常只关心三阶产物，即式（2）中的第三项 $a_3 S_{\mathrm{i}}^3$。将该项展开可以得到：

$$
\begin{aligned}
a_3 S_{\mathrm{i}}^3 &= a_3\left(A_1 \cos \omega_1 t + A_2 \cos \omega_2 t\right)^3 \\
&= a_3\Big[A_1^3 \cos^3 \omega_1 t + A_2^3 \cos^3 \omega_2 t + 3A_1 A_2^2 \cos \omega_1 t \cos^2 \omega_2 t + 3A_1^2 A_2 \cos^2 \omega_1 t \cos \omega_2 t \\
&\quad + \frac{3}{4} A_1^2 A_2 \cos\left(2\omega_1 + \omega_2\right) t + \frac{3}{4} A_1^2 A_2 \cos\left(2\omega_1 - \omega_2\right) t \\
&\quad + \frac{3}{4} A_1 A_2^2 \cos\left(2\omega_2 + \omega_1\right) t + \frac{3}{4} A_1 A_2^2 \cos\left(2\omega_2 - \omega_1\right) t \\
&\quad + \frac{3}{2} A_1 A_2^2 \cos \omega_1 t + \frac{3}{2} A_1^2 A_2 \cos \omega_2 t\Big]
\end{aligned} \tag{3}
$$

在式（3）中，可以看到第 9、10 项，即最后两项仍是信号的基本频率，但是频率为 ω_1 的信号幅度中存在 A_2^2 项，假如输入信号为调幅信号，那么频率为 ω_1 的信号就受到了频率为 ω_2 的信号的幅度调制，这种干扰类型就称为交调干扰。

同样在式（3）中，可以看到由于非线性产生了频率为 $2\omega_1-\omega_2$、$2\omega_2-\omega_1$ 的不必要的频率产物，并且容易进入到所需的信道中，这种由于系统非线性产生的不必要频率干扰称为互调干扰。

4. 阻塞特性

通过以上分析可以看到，信号间幅度的相互调制会造成系统的交调干扰，但是幅度的相互调制还会导致另外的干扰现象——阻塞。接收微弱的有用信号时，受到带外的强信号引起的接收饱和失真造成的干扰，称为阻塞干扰。

根据式（1）及式（3）可以知道系统最终得到的频率为 ω_1 信号的幅度为 $\left(a_1 A_1 + \frac{3}{2} a_3 A_1 A_2^2\right)$，可以看到频率为 ω_1 的信号幅度不仅仅和线性放大系数 a_1 有关，也和频率为 ω_2 信号幅度 A_2 有关。

通常来说，a_1、a_3 符号相反，即 $a_1 A_1$ 与 $\frac{3}{2} a_3 A_1 A_2^2$ 两项将相互抵消。因此当 $a_1 A_1$ 与 $\frac{3}{2} a_3 A_1 A_2^2$ 幅度相近时，频率为 ω_1 的信号放大倍数几乎为 0，于是该信号将被淹没，导致接收机接收不到，类似于被阻塞掉了，这种现象即阻塞现象。

5.5.2 干扰理论分析的一般方法

移动通信系统干扰研究的方法大致可分为确定性分析和系统仿真两大类。系统仿真一般分为静态仿真和动态仿真。静态仿真又称蒙特卡洛（Monte Carlo）仿真，是涉及移动台的研究方法，包括基站与移动台、移动台与移动台之间的干扰研究。蒙特卡洛仿真方法需对基站与移动台的发射功率，小区负载等情况进行仿真。这是因为移动台的位置不是固定的，并且由于功率控制，移动台不会满功率发射。蒙特卡洛法主要通过抓拍（Snapshot）的方法实现，每次抓拍终端均服从均匀分布，从而可以通过有限次抓拍来模拟实际系统中用户的各种位置可能性。由蒙特卡洛仿真方法所得结果更贴近实际系统的真实情况。该方法应用广泛，被公认为是一种行之有效的方法，但它的复杂度随着系统复杂性的增加而迅速增加，对仿真计算机有较高的要求。

目前，研究干扰和保护带问题的方法通常用最小耦合损耗（MCL）计算法。确定性分析方法即最小耦合损耗（MCL）计算法。其基本思路是根据协议规定的干扰源系统发射指标和被干扰系统接收指标核算二者之间的隔离度要求，亦即最小耦合损耗（MCL）。根据得到的隔离度要求，结合具体场景下干扰源和被干扰系统天线位置关系损耗和视距传播模型计算隔离距离。通过检查隔离度要求和隔离距离之间的关系确定系统间干扰的程度，进而为可能的避免措施提供快速的检验途径。

MCL 计算法研究在最恶劣情况下的共存干扰难题，通过计算两系统间的最小耦合损耗来确定系统间干扰情况。在这种情况下，干扰者以最大的功率发射。当研究基站与基站间干扰时可以采用此方法。MCL 计算法适用于理论上的估计和分析，得出的结论比较悲观，不太符合实际的复杂系统，但该方法简单高效，可以从理论上估算系统的干扰大小，从理论极限的角度研究系统的干扰共存问题，且对工程施工有实际指导意义。

目前我国移动通信系统频谱划分中与 TD-LTE 频段较为接近的是 WLAN、WCDMA 及 TD-SCDMA 的 A 频段。

在多系统共存的条件下，同时考虑各系统的上下行链路，TD-LTE 与其他系统的干扰模式可以分为：

（1）A 系统基站对 B 系统基站的干扰；

（2）A 系统基站对 B 系统基站的干扰；

（3）A 系统基站对 B 系统终端的干扰；

（4）B 系统基站对 A 系统终端的干扰；

（5）A 系统终端对 B 系统基站的干扰；

（6）B 系统终端对 A 系统基站的干扰；

（7）A 系统终端对 B 系统终端的干扰；

（8）B 系统终端对 A 系统终端的干扰。

由于基站之间本身是大功率设备，互相干扰情况应该是最严重的，本文主要采用 MCL 计算法，通过定量计算 TD-LTE 与其他系统之间的隔离度指标和空间隔离度要求分析基站与基站之间的干扰，即上述（1）、（2）类。涉及终端的干扰耦合损耗都很大，发生干扰的情况比较复杂。在实际环境中，由于天线周围物体和建筑物结构的影响，建立一个准确预测天线增益和路径损耗的数学公式很难，因此在实际工程中，我们应该通过测试的方法来确定所需的天线间隔。通过测试上下行吞吐量给出包括终端在内的 TD-LTE 与 WLAN 系统之间的干扰情况可以定性反映干扰趋势。涉及到终端的干扰分析还有待继续补充或 TD-LTE 网络建设、系统间干扰的实际环境较为成熟时，通过大量实验统计手段解决。

1. 杂散干扰分析方法

从干扰效果来看，杂散与带外发射干扰都是干扰设备发射的带外噪声落入被干扰接收机的接收频段内，形成对有用信号的同道干扰，因而在分析中统一考虑。如果两个基站之间没有足够的隔离或干扰基站的发送滤波器没有提供足够的带外衰减（也就是说，截止特性不好），那么落入被干扰基站接收带宽内的寄生辐射可能很强，结果导致接收机噪声门限的增加。导致接收机灵敏度降低造成性能损失。这类干扰一般只能从干扰源这一侧进行消除。

从干扰基站的发送放大器输出的寄生辐射信号首先被发送滤波器滤波，然后因两个基站间有一定的隔离而得到衰减，最后被受干扰基站的接收单元接收。因此，经过这些处理后受干扰基站的天线终端接收到的干扰功率可以表述为：

$$P_R = P_T + G_R + G_T - L_{REJECT} + BWAF \tag{1}$$

其中：P_R 表示最终体现在被干扰基站终端的干扰电平（单位 dBm）；P_T 表示发送放大器输出端的额定最大载波功率电平（单位 dBm）；L_{REJECT} 表示干扰信号抑制比（单位 dB）；G_R 表示接收天线增益（单位 dBi）；G_T 表示发送天线增益（单位 dBi）。上式中的 $BWAF$ 表示带宽调整因子，它由下面的公式定义：

$$BWAF = 10\lg\frac{W_{interfered}}{W_{interfering}} \tag{2}$$

其中：$W_{interfered}$ 表示被干扰系统的信道带宽（单位 kHz）；$W_{interfering}$ 表示干扰电平的可测带宽（单位 kHz）。

然后代入特定的路径损耗模型，就可以计算出需要的分隔距离。

（1）各系统热噪声

系统工作信道带宽内热噪声功率计算公式：

$$P_N = 10\lg(\mathrm{K}TB) \tag{1}$$

其中：K 为波尔兹曼常数，$\mathrm{K} = 1.381\times10^{-23}\,\mathrm{W/Hz/K}$；$T$ 为绝对温度，一般取 $T = 290\mathrm{K}$；B 为射频载波带宽（Hz），扩频系统使用码片速率。公式（1）折算成 dBm 需要更改为：

$$P_N = 10\lg(\mathrm{K}TB \times 1000\mathrm{mW}) \tag{2}$$

① CDMA 系统

CDMA 系统码片速率 1.2288Mbit/s，因此热噪声功率：

$$\begin{aligned} P_N &= 10\lg(\mathrm{K}TB) \\ &= 10\lg(1.381\times10^{-23}\,\mathrm{W/Hz/K}\times290\mathrm{K}\times1.2288\times10^{6}\,\mathrm{Hz}\times1000\mathrm{mW}) \\ &= -113.1\mathrm{dBm} \approx -113\mathrm{dBm} \end{aligned} \tag{3}$$

② GSM 系统

GSM 系统射频载波带宽 200kHz，因此热噪声功率：

$$\begin{aligned} P_N &= 10\lg(\mathrm{K}TB) \\ &= 10\lg(1.381\times10^{-23}\,\mathrm{W/Hz/K}\times290\mathrm{K}\times200\times10^{3}\,\mathrm{Hz}\times1000\mathrm{mW}) \\ &= -121\mathrm{dBm} \end{aligned} \tag{4}$$

③ DCS 系统

DCS 系统射频载波带宽 200kHz，因此热噪声功率：

$$\begin{aligned}P_{\mathrm{N}} &= 10\lg(KTB)\\ &= 10\lg\left(1.381\times10^{-23}\,\mathrm{W/Hz/K}\times290\mathrm{K}\times200\times10^{3}\mathrm{Hz}\times1000\mathrm{mW}\right)\\ &= -121\mathrm{dBm}\end{aligned}\qquad(5)$$

④ WCDMA 系统

WCDMA 系统码片速率 3.84Mbit/s，因此热噪声功率：

$$\begin{aligned}P_{\mathrm{N}} &= 10\lg(KTB)\\ &= 10\lg\left(1.381\times10^{-23}\,\mathrm{W/Hz/K}\times290\mathrm{K}\times3.84\times10^{6}\mathrm{Hz}\times1000\mathrm{mW}\right)\\ &= -108.1\mathrm{dBm}\approx-108\mathrm{dBm}\end{aligned}\qquad(6)$$

⑤ TD-SCDMA 系统

TD-SCDMA 系统码片速率 1.28Mbit/s，因此热噪声功率：

$$\begin{aligned}P_{\mathrm{N}} &= 10\lg(KTB)\\ &= 10\lg\left(1.381\times10^{-23}\,\mathrm{W/Hz/K}\times290\mathrm{K}\times1.28\times10^{6}\mathrm{Hz}\times1000\mathrm{mW}\right)\\ &= -112.9\mathrm{dBm}\approx-113\mathrm{dBm}\end{aligned}\qquad(7)$$

⑥ WLAN 系统

WLAN 系统射频载波带宽 22MHz，因此热噪声功率：

$$\begin{aligned}P_{\mathrm{N}} &= 10\lg(KTB)\\ &= 10\lg\left(1.381\times10^{-23}\,\mathrm{W/Hz/K}\times290\mathrm{K}\times22\times10^{6}\mathrm{Hz}\times1000\mathrm{mW}\right)\\ &= -100.5\mathrm{dBm}\approx-101\mathrm{dBm}\end{aligned}\qquad(8)$$

⑦ TD-LTE 系统

TD-LTE 系统射频载波带宽按 20MHz 计算，因此热噪声功率：

$$\begin{aligned}P_{\mathrm{N}} &= 10\lg(KTB)\\ &= 10\lg\left(1.381\times10^{-23}\,\mathrm{W/Hz/K}\times290\mathrm{K}\times20\times10^{6}\mathrm{Hz}\times1000\mathrm{mW}\right)\\ &= -101\mathrm{dBm}\end{aligned}\qquad(9)$$

（2）各系统接收灵敏度

系统接收灵敏度一般以 $10\log(KTB)+NF$ 计算，NF 为系统噪声系数。干扰容限以接收机灵敏度下降 0.8dB 计算，即干扰比系统接收灵敏度低 7dB。计算结果如表 5-25 所示。

表 5-25　各系统接收机灵敏度及干扰容限

系统名称	GSM	DCS	CDMA	WCDMA	TD-SCDMA	TD-LTE	WLAN
系统底噪	−121	−121	−113	−108	−113	−101	−101
噪声系数	5	5	5	5	5	5	5
系统接收灵敏度	−116	−116	−108	−103	−108	−96	−96
干扰容限	−123	−123	−115	−110	−115	−103	−103

（3）杂散隔离度

某系统为了避免被其他系统杂散干扰，需要一定的系统隔离度来避免接收机灵敏度恶化严重，适当的恶化量是允许的。所谓系统间隔离度就是在不同系统共存时，在各系统均能满足各自的技术指标的前提下，各系统均能可靠工作而不相互干扰所需要采取的必要的防护度。发射机各指标定义的参考面是发射机的天线端口，接收机各指标定义的参考面是接收机的天线端口，隔离度是指这两个参考面之间信号的隔离度。在这种情况下，$G_R = 0$，$G_T = 0$，令 $P_T = P_{SPU}$，$L_{REJECT} = MCL$，则公式 $P_R = P_T + G_R + G_T - L_{REJECT} + BWAF$ 变为：

$$P_{SPU} - MCL + BWAF = P_R \leqslant P_N + NF - 7$$

即：

$$MCL = P_{SPU} + BWAF - \left(P_N + NF - 7\right) \quad (1)$$

其中：P_{SPU} 表示干扰系统的杂散发射功率；MCL 表示系统隔离度；P_N 表示被干扰系统的系统底噪即系统热噪声；NF 表示被干扰系统的接收机噪声系数。

TD-LTE 对其他系统的杂散干扰产物如表 5-26 所示。

表 5-26　TD-LTE 对其他系统的杂散干扰指标

系统名称	GSM900	DCS1800	CDMA800	WCDMA	TD-SCDMA	WLAN
TD-LTE 杂散干扰指标	–98dBm /100kHz	–98dBm /100kHz	–96dBm /100kHz	–96dBm /100kHz	–96dBm /100kHz	–30dBm /MHz

为防止 TD-LTE 对其他系统产生杂散干扰所需要的隔离度如表 5-27 所示。

表 5-27　防止 TD-LTE 对其他系统杂散干扰所需隔离度

系统名称	GSM	DCS	CDMA	WCDMA	TD-SCDMA	WLAN
隔离度	28dB	28dB	30dB	30dB	30dB	86dB

其他各系统对 TD-LTE 的杂散干扰指标如表 5-28 所示。

表 5-28　各系统在 TD-LTE 频段上的杂散干扰指标

系统名称	GSM900	DCS1800	CDMA800	WCDMA	TD-SCDMA	WLAN
各系统对 TD-LTE 的杂散干扰指标	–30dBm /3MHz	–30dBm /3MHz	–36dBm /MHz	–86dBm /MHz	–76dBm /1.28MHz	–30dBm /MHz

防止 TD-LTE 被其他系统的杂散干扰所需要的隔离度如表 5-29 所示。

表 5-29　防止 TD-LTE 被其他系统杂散干扰所需隔离度

系统名称	GSM	DCS	CDMA	WCDMA	TD-SCDMA	WLAN
隔离度	81.2dB	81.2dB	80dB	30dB	39dB	86dB

2. 阻塞干扰分析方法

阻塞干扰是指被干扰接收机的接收频段外的强信号干扰，使得接收机灵敏度恶化。当较强功率加于接收机端时，可能导致接收机过载，而当接收机处于过载状态时，它的放大增益是下降的（或者说被抑制）。为了防止接收机过载，从干扰基站接收到的总的载波功率电平需要低于它的 1dB 压缩点（P_{1dB}），两个同置基站隔离度（定义为 $e_{\text{isolution}}^{\text{overload}}$）用来将受干扰基站的接收机接收到的有效干扰载波总功率抑制在一个可以接受的范围内，这类干扰一般只能在被干扰接收机侧进行消除。

在分析阻塞干扰时主要考虑发射机发射的信号对接收机的干扰，而发射机产生的杂散信号主要通过落入接收机的工作信道对接收机产生同频干扰。计算阻塞隔离度的公式：

$$MCL = P_{\mathrm{T}} - P_{\mathrm{BLOCK}}$$

为防止 TD-LTE 对其他系统产生阻塞干扰所需要的隔离度（TD-LTE 发射功率按 43dBm 计）如表 5-30 所示。

表 5-30 防止 TD-LTE 对其他系统阻塞干扰所需隔离度

被干扰系统	GSM900	DCS1800	CDMA800	WCDMA	TD-SCDMA	WLAN
TD-LTE 发射功率	43dBm	43dBm	43dBm	43dBm	43dBm	43dBm
各系统在 TD-LTE 频段上的阻塞指标要求	8dBm	0dBm	−23dBm	−15dBm	−15dBm	−40dBm
隔离度	35dB	43dB	66dB	58dB	58dB	83dB

防止 TD-LTE 被其他系统的信号阻塞干扰所需要的隔离度如表 5-31 所示。

表 5-31 防止 TD-LTE 被其他系统阻塞干扰所需隔离度

干扰系统	GSM900	DCS1800	CDMA800	WCDMA	TD-SCDMA	WLAN
发射功率	49dBm	49dBm	49dBm	49dBm	46dBm	27dBm
TD-LTE 阻塞指标要求	16dBm	16dBm	16dBm	16dBm	16dBm	−15dBm
隔离度	33dB	33dB	33dB	33dB	30dB	42dB

3. *互调干扰分析方法*

当接收到的干扰载波功率很强时，由于接收机增益传递函数有一定的非线性，就会在接收机中产生互调干扰（IMP）并在输出端体现，有时这种互调干扰可能会很强。如果它们落在被干扰系统的接收带宽内，就会导致干扰并降低接收机的性能。对互调干扰的特性的很多研究表明，三阶互调干扰是最强的互调干扰，而且它们对于接收机的性能有着不利的影响。一般来说，互调产物电平应不超过杂散干扰要求，这样为防止互调产物造成干扰，天线间必需的隔离与杂散干扰情形要求相同。

5.6 多天线技术对性能的影响

在无线通信领域，对多天线技术的研究由来已久。其中天线分集、波束赋形、空分复用（MIMO）等技术已在 3G 和 LTE 网络中得到广泛应用，多天线技术对 LTE 系统的性能产生极大的影响。在实际应用中，不同的天线技术互为补充，应当根据实际信道的变化灵活运用。

TD-LTE 天线出现了诸如 FAD 天线、2 通道天线、8 通道天线、单 D 天线、小型化天线等各种形态，各种类型的天线对系统性能造成了不同程度的影响。其中 FAD 波长天线控制信道和业务信道的模式选择、常规 2 通道天线与 FAD/单 D 天线性能对比、小型化天线对比以及 TD-LTE 与 TD-SCDMA 共天馈问题等就是其中亟待解决的问题，因此有必要在实际网络中对这些问题展开研究，为后续的 TD-LTE 大规模商用提供性能支持。

（1）FAD 天线与单 D 天线控制信道与业务信道模式选择：主要通过对不同场景下控制信道的 Fixed BF 和业务信道 TM2、TM3 以及 TM7 几个模式进行测试对比分析，给出不同场景下的模式选择的建议。

（2）常规 2 通道天线与 FAD/单 D 天线性能对比：主要通过对比常规 2 通道天线下的 TM2/TM3 与 FAD/单 D 天线下的 TM2/TM3/TM7 的性能，分析出两者之间的差异，为后续的网络部署时部分站点是否可使用常规 2 通道天线提供依据。

（3）小型化天线：主要通过分析小型化 2 通道天线与小型化 8 通道天线不同模式下的性能差异，为后续部分站点使用小型化天线提供选择依据。

不同的传输模式对应了不同的复用和分集模式，对网络覆盖和容量提升具有不同的效果，笔者通过现场实测，对以上各自类型天线的 TM 性能进行了对比分析，并对各种天线的使用场景进行了归纳和总结。

5.6.1 测试对比方法

室外定点测试场景下，常规 2 通道天线在 0°、30°和 60°方向分别选取近点、中点、远点进行 DL/UL FTP 业务，统计和比较 TM2、TM3 以及 TM2/TM3 自适应模式下的控制信道导频信号强度 CRS RSRP 和导频信干噪比 CRS SINR，分别计算 TM3、TM2/3 自适应相对于 TM2 的控制信道 CRS RSRP 和 CRS SINR 增益，TM2/3 自适应相对于 TM3 的控制信道 CRS RSRP 和 CRS SINR 增益，TM3、TM2/3 自适应相对于 TM2 在业务信道上的吞吐率增益，TM2/3 自适应相对于 TM3 在业务信道上的吞吐率增益等指标。

室外覆盖室内，选取了未穿透玻璃、穿透玻璃、未穿透一堵墙和穿透一堵墙共 4 个场景进行天线模式间对比。各室外覆盖室内测试场景下，TM3 相对于 TM2、TM2/TM3 自适应相对于 TM2、TM2/TM3 自适应相对 TM3 的导频信号强度 CRS RSRP、导频信干噪比 CRS SINR 增益及业务信道上吞吐率增益等指标。

测试发现：

（1）由于常规 2 通道天线不同模式在室外定点测试以及相室外覆盖室内的相同测试点上收到的有效导频功率基本相同，受周围干扰和噪声的影响也大致保持一致，因此，相同的测试点上，天线不同模式下的导频信干燥比 CRS SINR 差别不大，差异也主要存在于测试环境引起的接收导频信号和干扰、噪声信号的波动。

（2）TM3 相对于 TM2 只在高信干噪比且低信道相关性的测试场景下，对 DL 业务有吞吐率方面有明显增益，由于测试终端天线为内置天线，天线接收方向不可调，在高信干噪比的条件下不易获得 2 路相互独立的低相关性信道。因此常规 2 通道天线在高信干噪比场景下，TM3 相对 TM2 在业务信道上无法测试出明显的 DL 吞吐率增益。

（3）常规 2 通道天线若设置为 TM2/TM3 自适应模式，则在信干噪比较好的测试场景下，由于信道质量相对较好，eNodeB 会自动调整天线以最优的 TM2 或 TM3 模式工作。

5.6.2　性能对比结论

1. 常规 2 通道天线和小型化 2 对比

（1）对 D 频段：常规 2 通道天线业务信道 DL/UL 吞吐率性能在天线 30°和 60°方向优于小型化 2 通道天线，天线 0°方向相差不多。

（2）对 D 频段：在 TM2/TM3 自适应模式下，分别进行法线方向拉远测试。从测试结果来看，常规 2 通道天线 DL/UL 业务覆盖距离要优于小型化 2 通道天线。

2. 小型化 8 通道天线与 FAD/单 D 对比

（1）对 D 频段：天线主瓣 0°方向，常规 8 通道天线控制信道信号强度优于小型化 8 通道天线。

（2）对 D 频段：天线主瓣 0°方向，小型化 8 通道天线 DL 吞吐率性能差于 FAD 天线，优于单 D 天线；小型化 8 通道天线 UL 吞吐率性能与 FAD 天线没有明显差异，优于单 D 天线。

（3）对 D 频段：天线主瓣 30°和 60°方向，小型化 8 通道天线业务信道 DL 吞吐率性能优于常规 8 通道天线，天线主瓣 30°方向 UL 吞吐率无明显增益，天线主瓣 60°方向方向 UL 吞吐率小型化 8 通道天线有明显增益。

（4）对 D 频段：天线主瓣 60°方向的室外覆盖室内场景，小型化 8 通道天线控制信道信号强度以及业务信道 DL/UL 吞吐率性能方面优于常规 8 通道天线。

3. FAD 与 FAD 集束合路天线

（1）对 D 频段：FAD 集束合路天线在控制信道 CRS RSRP 信道强度略差于 FAD 天线。

（2）对 D 频段：FAD 集束合路天线在业务信道 DL/UL 吞吐率性能方面与 FAD 天线相差不多。

（3）对 D 频段：由于引入了合路器及接头损耗，FAD 集束合路天线在业务信道覆盖能力上要差于 FAD 天线。

4. 常规 2 通道天线与 FAD 天线高速移动测试对比

（1）常规 2 通道天线水平波束宽度高于 FAD 天线，体现在天线横向覆盖距离上，常规 2 通道天线要优于 8 通道天线。

（2）通过高速移动下的对比测试，常规 2 通道天线更适合用于高速路上的连续覆盖。

5. FAD 与单 D 对比

（1）对于信噪比条件较差的测试场景，TM7 模式通过对数据加权赋形后，将能量对准目标用户，从而提高了目标用户的解调信干噪比，体现在 DL 业务吞吐率方面，TM7 比 TM2 增益很明显，一定程度上证明了 BF 的好处。因此天线的 TM7 模式更适合用在小区边缘或室外覆盖室内的低信噪比场景下。

（2）在信干噪比好的场景下，由于信道质量较好，天线将自适应到最优的 TM2 或 TM3 模式上工作，此时相比 TM2 在 DL 业务吞吐率上增益不明显。而在低信噪比场景下，天线会自适应到 TM7 模式上工作，由于赋形增益的影响，体现在小区边缘 DL 吞吐率方面增益明显。

（3）FAD 和单 D 天线在 TM2/TM3/TM7 自适应模式下，进行法线方向拉远测试。从测试结果来看，FAD 天线的 DL/UL 业务覆盖距离要优于单 D 天线。

（4）在 D 频段上，FAD 天线性能优于单 D 天线，能够满足 TD-LTE 网络需求。

6. 常规 2 通道天线和 FAD/单 D 对比

（1）8 通道天线相比常规 2 通道天线在上行存在分集接收增益，体现在业务信道 UL 吞吐率性能方面，8 通道天线优于常规 2 通道天线。

（2）8 通道天线工作在单流 BF 模式下时，相比常规 2 通道天线存在下行业务信道赋形增益，在低信噪比场景下，8 通道天线 DL 吞吐率性能优于常规 2 通道天线。

（3）常规 2 通道天线水平波束宽度高于 8 通道天线，体现在天线横向覆盖距离上，2 通道天线要优于 8 通道天线。通过高速移动下的对比测试，2 通道天线更适合用于高速路上的连续覆盖。

7. FAD 集束合路天线（TDS）与 FA 对比

（1）对 FA 频段：室外定点测试条件下，FA 天线在 TDS 现网下的导频信道信号强度优于 FAD 集束合路天线。

（2）对 FA 频段：FA 天线 TDS 现网下法线方向拉远业务信道 DL/UL 覆盖距离稍优于 FAD 集束合路天线。

5.6.3 应用场景分析

从建设成本来看，8 通道天线相比 2 通道天线单设备成本较高（器件成本约为 1.8 倍），但在指定覆盖区域内、指定覆盖指标要求下，8 通道天线所需站点数减少 15%～30%，综合建网成本低。

从网络性能来看，8 通道天线与 2 通道天线相比：

（1）覆盖。控制信道基本相当，业务信道有 3～3.5dB 增益。

（2）吞吐量。以 8 通道天线双流 BF 为例，城区环境下行边缘速率提升 70%，平均吞吐量提升 40%。郊区环境增益更高。

（3）在连续覆盖的多种场景下，8 通道天线相比 2 通道天线在覆盖、吞吐量方面都具备显著优势。

（4）装维难度。由于天线面积大、射频远端站（RRU）设备重，以及体积大、接头数量多，8 通道天线相比 2 通道天线施工难度高，8 通道 RRU 设备复杂度高，设备故障概率增加，通过小型化天线等方案可降低施工和运维难度。

考虑到 8 通道天线在容量和覆盖性能有一定优势，可以减少站址需求，降低投资成本，建议在大部分室外基站采用 8 通道天线。但由于 8 通道天线在工程建设难度较高，客观上存在 8 通道天线部分实施受限场景，可以视实际情况，在 8 通道天线受限场景下使用 2 通道天线、8 通道天线共天馈方案或 8 通道天线小型化方案。

2 通道天线主要在部分实施受限的场景、基带集中建设场景采用，主要可考虑采用的场景如下：

（1）物业和居民对大面板天线反感较大，难以实施的站点；

（2）街道站；

（3）高速公路站点；

（4）补盲站点；

（5）其他 8 通道天线不适合采用的站点。

5.7 站址资源

各运营商 2G/3G 网络已经达到了很高的覆盖水平，如何充分地利用已有的 2G/3G 站址资源进行 LTE 共站址建设已经成为向 LTE 平滑演进工作的重中之重。

站址规划需结合对覆盖、容量、质量要求的分析结果，根据规划区域的地形地貌和建筑物特点确定合理的基站位置。站址初步确定后，还需要确定天馈系统的一系列参数，包括站址高度、天线方位角和下倾角等系列参数，同时需要注意工程建设中的一些问题，如施工难度、建筑物遮挡以及和其他系统的隔离度等相关问题。

5.7.1 站址设计的一般性考虑

站址选择对整个无线网络的质量和可持续发展有着重要影响，在选址时应全面考虑无线环境、业务密度和建站条件等方面因素。

站址选择应满足以下要求。

（1）业务量和业务分布要求

基站分布与业务分布应基本一致，优先考虑热点地区。

（2）覆盖要求

按密集市区>一般市区>郊区>农村的优先级，完成基站选址，此外对重要旅游区也应优先考虑。

（3）网络结构要求

基站站间距根据规划结果确定，一般要求基站站址分布与标准蜂窝结构的偏差应小于站间距的 1/4。

（4）无线传播环境要求

候选站址高度符合覆盖要求，天线主瓣方向 100m 范围内无明显阻挡。在实际工程中，候选站建筑物高度、天线挂高可以根据具体情况作适当调整。

（5）有效利用已有物业

在满足网络结构和其他建站条件的情况下，应尽量利用运营商自己的现有物业，包括通信机房、微波站等，但不应选用明显不符合建站条件的已有物业。

（6）站址安全性要求

站址应尽量选在交通方便、市电可用、环境安全的地点，避免设在雷击区以及大功率无线电发射台、雷达站或其他强干扰源附近；不宜选址在易燃、易爆建筑物以及生产过程中散发有毒气体、多烟雾、粉尘、有害物质的工业企业附近。

（7）站型及设备配置

从控制投资的角度，应有选择地使用射频远端站（RRU）和直放站等辅助手段，实现低成本覆盖。RRU 主要应用于以下情况：

① 作为室内分布系统的信号源，解决室内覆盖问题。

② 在密集市区、一般市区的业务热点地区，解决基站选址困难问题。

③ 在话务量低、覆盖范围广、建网效益低的偏远地区，使用射频远端站解决覆盖问题。

④ 利用沿途的光纤资源，设置射频远端站，解决主要交通公路、铁路等狭长地形的覆盖。

直放站主要应用于以下情况：

（1）室内、地下室、隧道等无线覆盖盲区。

（2）郊区、农村以及主要交通公路、铁路等低话务地区。

考虑到直放站不可避免地会对施主基站接收灵敏度、接入、切换等无线性能造成影响，在市区不建议大量使用直放站。直放站在市区的使用范围主要限于解决室内覆盖，并且尽可能使用光纤直放站，避免导频污染。

在站址选择存在困难的情况下，可以根据周边的电波传播环境有创新地选择站址和设备类型。根据具体情况，灵活选用室外一体化基站、微基站、射频远端站和直放站，增加选址灵活性。此外，在选择站址时还应注意以下几个方面：

（1）基站站址在目标覆盖区内尽可能平均分布，尽量符合蜂窝网络结构的要求，一般要求基站站址分布与标准蜂窝结构的偏差应小于站间距的 1/4。

（2）新建基站应建在交通方便，市电可用、环境安全的地方；避免在大功率无线电发射台、雷达站或其他干扰源附近建站。

（3）新建基站应设在远离树林处以避免信号的快速衰落。

（4）在山区、岸比较陡或密集的湖泊区、丘陵城市及有高层玻璃幕墙建筑的环境中选址时要注意信号反射及衍射的影响。

5.7.2 站址资源共享

在 3G 规模部署过程中，一度因为站址协调困难等原因，造成 3G 站点部署和工程实施进度的滞后。其主要原因在于：一方面，绝大部分地区（尤其是发达城市）的 2G 网络覆盖紧密，先期已经占用了大量的站址资源；另一方面，由于居民环保意识的增强，对基站辐射比较敏感，站址的选择也因此受到较大影响。因此，要实现 LTE 网络的大规模快速部署，实现安全、可靠、节省的建网要求，站址的选取和建设至关重要。

如果能够充分利用现有的网络资源，实现 LTE 与 2G/3G 共址，则可以为建网带来很大的便利。要实现与 2G/3G 共站址的要求，就要解决如何利用现有站址资源，包括机房、电源、传输等已有资源的相关问题。对于已有的 2G/3G 基站资源的重利用，包括以下几个方面：电源设备重利用，室内外防雷接地网的利用，传输设备及管线资源、DDF/ODF 架的共用，走线架的共用，门禁、监控设备的共用现有铁塔，桅杆等资源的利用，现有馈线窗的利用。

为节约投资成本，LTE 站点的部署应重复考虑对已有 2G/3G 站点的充分利用。如前文所述，LTE 站点与 2G/3G 共址建设是可行的，从成本以及工程难度方面来考虑，在已有 2G/3G 站址与规划方案偏差不大的情况下，应优先考虑共址，其次则选择新增站址建设 LTE 系统。

从 3G 建网经验中可以看到，天馈建设从运营商投资以及网络部署进度方面对网络建设的影响是比较大的，若 LTE 的部署中，重新大规模建设一套 LTE 的天馈系统，其难度及成本将比较大，将涉及大量资金、工期的再投入。与 2G/3G 共址建设 LTE 则可以大幅减小新增站点投资，同时有利于缓解 2G/3G 站址的协调难度。

LTE 对 2G/3G 站址资源的共享，主要有以下方面。

（1）机房共享

机房共享包括共享基站的配套、电源等设施，包括机房空间、电源、传输、机房走线、其他配套等。

① 机房空间

对现有基站来说，由于机房里已经布置了基站主设备、开关电源、传输柜、空调等，必须有空余位置才能实现机房共享，且最好在后期的网络扩容中具备机柜扩容的空间。机房共享还必须解决机房的承重问题，对放置主设备和电源的机房进行承重核算。按照规范，一般要求机房楼层机架设备区地面负荷要求为 $6kN/m^2$；机房楼层电池区地面负荷要求为 $10kN/m^2$。

② 电源

机房共享中，电源以共享为主。若机房空间大，在新增电源设备许可的情况下，可自建电源。自建电源包括蓄电池、开关电源、交流配电箱等设备。无论是自建电源还是共享电源，都应满足 2G/3G/LTE 基站对蓄电池和开关电源容量的需求。基站的市电引入应考虑共享，当市电引入容量不足时需申请增容。

③ 传输

基站的传输可以根据实际条件选择共用传输还是另建传输。

④ 走线空间

共址基站的馈线较多，机房内馈线的走线空间需求比其他系统多，馈线洞、走线架等空间需要重点考虑。

⑤ 其他配套

基站中的其他配套，如消防、基站监控、空调可完全共享。空调的配置与热负荷相关。在新增加 LTE 设备后，可根据机房的热负荷增加做相应的配置更新。

（2）塔桅共享

天馈系统的共站安装是站址共享的关键。塔桅共享主要考虑两方面内容：天馈安装空间和塔桅荷载。

① 天馈安装空间

需要注意的是系统间隔离度要求。一般情况下，共塔桅的天线用垂直隔离方式。

② 塔桅荷载

塔桅上的荷载核算主要有垂直荷载和风荷载。现有塔桅一般均能满足多系统的垂直荷载要求，风荷载是塔桅荷载核算的关键内容，必须进行核算。

③ 共天线共馈线

共天线共馈线采用双频或多频天线，加装合路器。共天线共馈线的优点是减少天馈的数量，只需更换天线，无需增加馈线。缺点是多系统共天线，在网络优化中不能独立优化，难以达到最佳网络性能。

④ 共天线

共天线不共馈线方式只是共用天线，馈线独立。相对于前一种情形，共天线节省合路器，无插入损耗。

⑤ 共馈线

在共馈线不共天线方式下天线独立，加装合路器，馈线合用。此方式天线独立，各系统可以独立优化。

各种共天馈方式适用于不同场景，在实际应用中可根据铁塔自身的条件选择合适的共天馈方式。

（3）天面共享

天面共享常见于城区基点。天面是稀缺资源，在无法更换站址的情况下，在设计中尽量考虑天面共享。天面共享的关键是满足天线间的隔离度要求。

工程上可以运用多种隔离方式进行天面共享。灵活采用不同的方式实现良好隔离，将垂直隔离、背对背隔离、借助天面建筑物隔离等多种方式综合运用，在大多数情况下还是能实现天面共享的。

当仅用水平或垂直隔离不一定能满足天线之间的隔离度要求时，工程上可利用天面的建筑物、天线的不同指向等加大隔离度。如可将天线背靠建筑物，利用建筑物阻挡加大隔离度。当各种空间隔离措施仍不能满足隔离要求时，可加装滤波器实现系统间的隔离。

5.7.3 站址筛查

LTE 网络和 2G/3G 相比对信号质量更为敏感，对提升 SINR 的需求很迫切，规划应从传统注重场强的思路向更注重信号质量转变，站址规划时，应对现网高站、偏离度较高的站址进行详细排查分析，当共站达不到规划要求时应新建站，尽量保证基站建设符合蜂窝结构。LTE 在信道环境好时，用户可以使用双流传输模式提升用户吞吐量，在规划阶段，应通过合理选址，将站点设置在业务密度高的位置，使更多的用户分布在小区中心区域，尽量以双流传输模式提高用户感知。

对于已有 2G/3G 站址及储备站址的可用性筛查是 LTE 网络规划的重中之重。通过工程现场勘察，结合物理站址进行系统仿真，室外站点规划必须满足相应指标要求，在不满足指标要求的区域内，可以通过调整站点工程参数、新增站址等方式解决。

多系统共址需进行干扰排查，以确定已有站址的可用性。在干扰排查和定位后，应通过一系列措施予以解决，保证 LTE 规划站址可用。

（1）提升现有设备抗干扰能力：升级 AGC 等功能提升抗阻塞能力，增加抗阻塞滤波器、杂散抑制滤波器。

（2）调整异系统干扰频点。

（3）天面调整：调整天线安装位置，加大天线间隔离度。

（4）设备更换：替换阻塞指标不达标的 3G RRU 设备。

对于采取措施仍无法解决干扰的站点，将不纳入规划站址选择范围。此外，须对 3G 网络进行结构分析，避免过近站、高站，对现网站址资源进行取舍和优化，确定 LTE 规划站址。在网络结构不合理，尤其对于原 3G 站址布局不合理、重叠覆盖等因素带来严重系统内干扰的情况。

5.7.4　站址储备

随着人们对居住环境越来越重视，要求越来越高，基站选址已经是一件难度很大的工作。优良的基站站址和建设条件已成为了一种稀缺资源，做好站址资源的战略储备，对无线通信网络的可持续发展有着非常重大的意义。

随着移动通信的快速发展，用户对网络质量的要求也越来越高，势必就需要更多的站址资源来满足网络扩容的需要。为了满足网络建设的需要，保障移动通信网络的高质量运营，必须对站址资源做必要的储备，建立基站站址资源储备库，无疑对保障网络建设具有很强的战略意义。

实施站址资源的储备可以优化网络规划流程，提高网络规划的质量和可操作性。在没有站点储备时受网络规划时间限制，网络规划过程中覆盖补点规划基础数据的收集需要花费大量的时间，网络维护、优化部门需要在短时间内收集大量的覆盖补点基础数据，压力较大。同时，由于时间限制，影响了覆盖补点规划的准确性。

站址储备的意义至少有以下几点：

（1）通过站址资源储备，可以节省规划基础数据收集的时间，留出更多的时间把规划方案做得更精细。

（2）站址资源储备的实施可以使网络规划成为一项日常化的工作，通过对规划流程的改进，可以为工程实施预留出更多的时间，并提高规划站点选址的成功率，同时也可以减轻选址人员的工作压力。

（3）列入资源库的相对非紧急的站点可以有较长时间来选点，工程建设将较少的受选址进度的影响。

（4）基站的配套建设将较少地因为受到天气及人为因素等原因影响整个工程建设的进度，为基站的铁塔基础养护及外电引入留出充裕的时间，从而保证工程建设的进度和质量、优化建设资源的利用。

储备站址选取需要考虑的因素：

（1）客户投诉情况，包括投诉次数、投诉人的用户级别等；

（2）城市建设的影响，如新建工业区、住宅小区等；

（3）路测数据，包括场强测试数据、通话质量测试等；

（4）网路覆盖情况与竞争对手的对比，有无差距，差距有多大；

（5）话务统计分析，包括小区忙时话务量、每线话务量、配置信道数等。

第6章 LTE规划流程与方法

6.1 总体规划流程

LTE 总体规划流程可以分为需求分析、预规划、站址规划、网络仿真、选址与规划修订、无线资源及参数规划 6 个阶段。具体流程如图 6-1 所示。

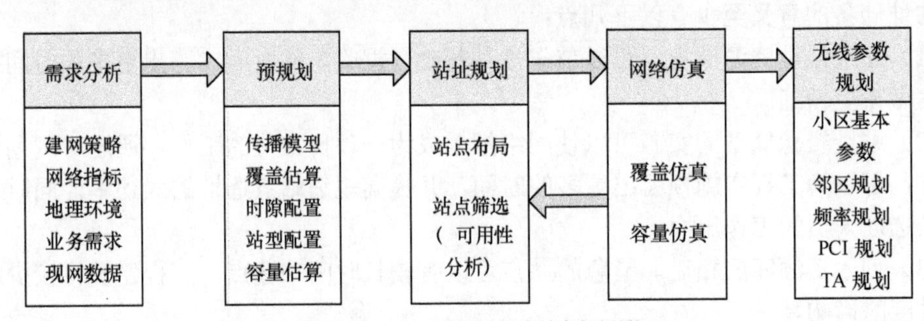

图 6-1 LTE 无线网络规划流程图

6.2 需求分析

6.2.1 网络指标要求

LTE 规划指标体系主要包括覆盖和容量两大指标。覆盖指标主要关注 RSRP（公共参考信号接收功率）和 RS-SINR（公共参考信号信干噪比）；容量指标应重点关注边缘用户速率、小区平均吞吐量等。如图 6-2 所示。

RSRP：主要反映信号场强情况，综合考虑终端接收机灵敏度、穿透损耗、人体损耗及干扰余量等因素。

RS-SINR：主要反映用户信道环境，与用户下行速率存在强相关性，一般情况下，RS-SINR 值越高，传输效率就越高，规划时应保证 RS-SINR 达到基本接入要求，并且尽量提高该指标。

小区平均吞吐量：反映了一定网络负荷和用户分布下的基站承载效率，是网络规划重要的容量评价指标。

边缘用户速率：指标定义为 95%用户都能达到的速率，主要关注在信道环境较差的点时能否保障用户的感知。

其他网络指标还包括接通率、BLER Target（块差错率目标值）等，与传统 2G/3G 定义上无差别。

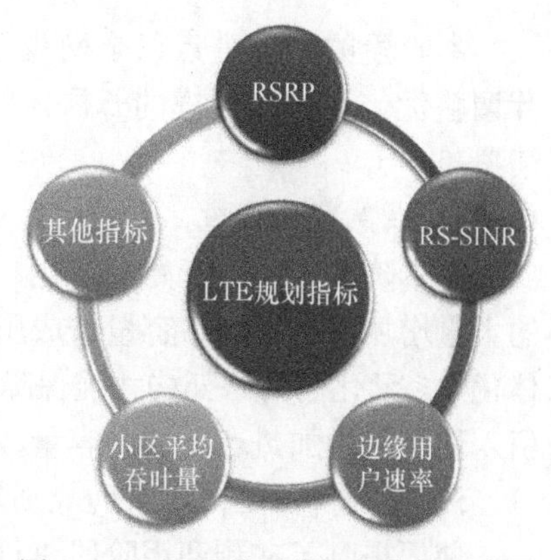

图 6-2　LTE 无线网络规划指标示意图

就 LTE 网络来说，覆盖方面 SINR 与系统的吞吐量更为紧密。与 2G/3G 网络相比，LTE 对信号质量更为敏感，规划应该从传统的注重场强的思路向场强与质量两手抓的思路转变。

6.2.2　网络规划建设策略

在确定网络建设指标之后还需要对本期工程规划建设的思路进行讨论，明确建设重点，提炼规划建设策略。一般情况下一张新网络的建设需要经过 4 个阶段：试验网、预商用网、商用初期及大规模成熟商用期。根据不同阶段建设运营的需要，LTE 业务的推广有很大区别，因此 LTE 网络的规划覆盖策略也有相应的调整。

1. 试验网阶段

LTE 试验网阶段主要是新技术、新设备的验证，网络基本不承载商用用户和商用终端，业务方面以公开演示和宣传类体验业务为主。终端方面主要是单模/多模数据卡、CPE 等终端为主，用户较少。

因此在本阶段的网络规划主要以局部热点规划为主，在局部形成连续覆盖的网络，以便对设备和终端进行测试，并积累网络规划、建设、优化经验。

2. 预商用阶段

LTE 预商用阶段主要是为了为商用做准备，验证设备的可靠性及性能，优化调整网络及相关业务支撑系统等，重点面向友好用户进行发放数据卡、CPE 及 MIFI 等终端，通过用户测试进一步对网络进行优化调整。

本阶段需要根据试验网中的测试结果，制定 LTE 网络规划指标，并基本完成全网规划。但是一般情况下运营商并没有能力一次性完成全网建设，因此可以采取分步实施的建设方式，在数据业务热点优先建设 LTE 网络并完成深度连续覆盖，为预商用用户提供良好的体验并打造高端品牌形象。

3. 商用初期阶段

LTE 商用初期仍然以数据卡、CPE 及 MIFI 为主，并投放少量多模双待终端，业务仍然以数据业务为主，但是用户数会爆发式增长，分流 2G/3G 数据业务流量。

本阶段的建设重点以全网规划为蓝本，结合试商用网的建设经验，对规划方案进行调整优化，并大规模的开展网络建设，从数据热点出发，逐步完成城区和镇区的连续覆盖。

4. 成熟商用阶段

在本阶段，终端开始多样化，VoIP、高清视频通话将成为主流业务之一。用户数据的大量增加将会对网络容量造成压力，因此补盲覆盖和异构网将成为建设重点，形成立体化、多元化的网络架构才能保障用户得到良好的业务体验。同时 LTE-A 技术也将会被引入现网来增加热点区域的容量，本阶段的规划重点将从覆盖转向容量和用户感知保障。

5. 不同阶段不同场景的规划策略

前面提到了在预商用阶段进行全网规划，并在商用阶段分步进行网络建设的思路，一般情况下分步建设的方法就是对全网按照地理类型、城市功能区规划等资料进行场景划分，对不同场景采取不同的覆盖策略。

如果按照无线传播环境，一般情况下可以分为密集市区、一般市区、效区和乡镇、农村，以及道路、山地、水面等其他特殊地形，如图 6-3 所示。

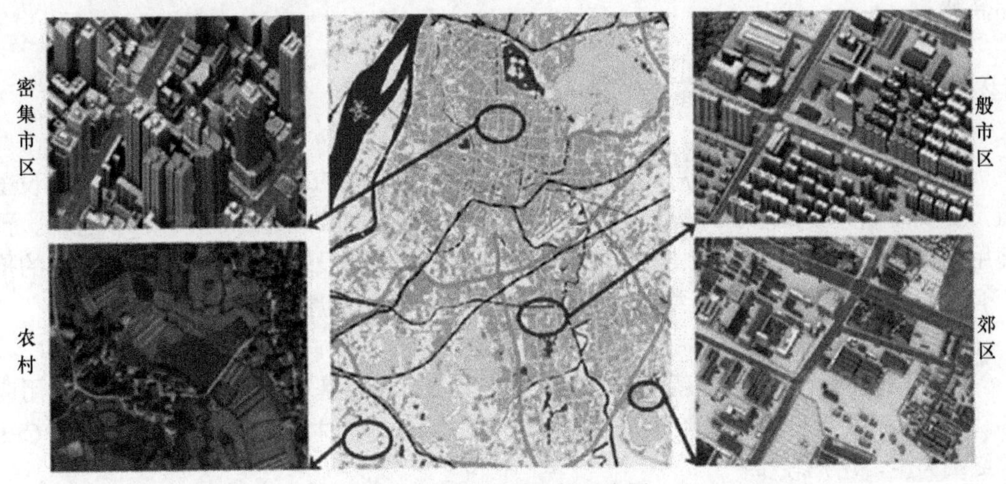

图 6-3　无线传播环境示意图

（1）密集市区

密集市区的特征主要是建筑物密集，高楼大厦相互紧邻，从卫星照片上看建筑物间几乎没有空隙和成片绿地，建筑物平均高度超过 30m，平均楼间距小于 30m。该区域一般情况下都是城市中最繁华的地段，高端写字楼、大型市场、高层住宅楼及豪华星级酒店等集中分布，用户以高端客户为主，业务密度极高。

（2）一般市区

一般市区与密集市区的区别主要是在建筑物的密度和高度上。一般情况下，一般市区的建筑物平均高度在 15～30m，建筑物的楼间距小于 50m，主要以 9 层或 9 层以下的建筑物为主，中间可能分布零星高层建筑。典型的代表如城市旧中心区、县城区域等，业务密度一般。

（3）郊区和乡镇

该部分区域一般地形比较开阔，建筑物排列比较稀疏，建筑物以 6 层以下的楼房为主，如新开发的工业区、乡镇政府所在区域等，业务密度一般。

（4）农村

农村地区人口集中度较差，一般情况下话务密度较小，地势开阔，建筑物零散分布且以三层以下的低矮建筑为主。

（5）道路

道路分为高速铁路、高速公路、国道、省道、市政一般道路等。其中高速铁路与高速公路较为特殊，主要是用户在高速路上移动速度较高，造成传统建网方式会导致用户在单个扇区的停留时间较短，会大量分生切换，容易产生掉线、数据速率较低等现象，因此采用专网覆盖。一般情况下，道路上业务密度不高，但是在发生交通事故、天气原因或者庆典活动等会造成道路上的业务量突发增长。

（6）山区、水面

山区属于无线传播环境较为恶劣的区域，站点建设困难，光纤资源匮乏，业务量较小。

水面主要是指江河湖海等大面积的水域，无线信号没有阻挡并经过水面反射，传播距离较远，信号杂乱且容易相互产生干扰，主要满足少量特殊用户的需求，业务量也较小。

如果按照业务特征，一般可以分为室外、室内两大区域。室外又可划分为商务区、商业区、政务区、居民区、工业园区、高校与科技园区、3A 级以上风景区及其他场景等；室内可以分为住宅、写字楼、商场、交通枢纽、工厂、宾馆酒店、学校、医院、娱乐餐饮场所、党政军机关驻地及其他场景等。

在实际规划中，两种划分方式经常结合使用，如在密集城区的商务区一般划分为中心商务区，而在一般城区的商务区则可以划分为一般商务区等。

结合 LTE 的商用阶段，建议对不同场景采取以下建设思路：

（1）在试验网阶段，挑选少量数据业务热点，充分利用运营商自有物业建设小规模试验性网络，主要用于设备验证、网络测试及网络建设模式探索等工作。

（2）在试商用阶段，室外部分对中心商务区、中心政务区、高校和科技园区进行深度覆盖，室内部分则重点考虑室外覆盖区域内的星级酒店、高档写字楼、党政军机关驻地、体育场馆、会展中心、交通枢纽等。

（3）在商用初期阶段，室外部分建议覆盖城区和县城所有数据热点，暂不考虑农村和乡镇的广域覆盖，但是 3A 级以上经典和重要道路可以优先考虑。室内部分进一步扩展城区和县城内的重要建筑，在室外覆盖扩大的同时做好室内深度覆盖。

（4）在成熟商用期阶段，室外部分在做到广域覆盖，达到目前 2G 网络的覆盖水平，在城区业务热点区域要规划建设 TD-TLE/LTE FDD 融合的网络，同时满足容量和覆盖的需求。

6.2.3 业务需求分析

1. LTE 业务定位

LTE 做为第一张纯数据移动通信网络，采用了扁平化的网络架构，缩短了端到端的时延，更适合开展高速、移动及实时的业务。

在不同的商用阶段承载不同业务是 LTE 网络建设的特点之一，因此在规划之前需要跟踪 LTE 的建设进程，根据建设需求来考虑业务规划。一般通过分析 2G/3G 中的数据业务分布情况确定现网数据业务高发区域，以此做为 LTE 网络规划的重点。

具体做法可以参考下面的方法：

（1）利用规划工具确定各 2G/3G 宏基站的最佳服务小区，确定各小区的覆盖面积，记为 S_i（i 为小区编号）。

（2）取各小区最近一周内每天数据业务最忙时的数据流量均值，记为 P_i（i 为小区编号）。

（3）各小区的数据业务密度记为 $D_i=P_i/S_i$，全网平均数据业务密度为 D：

若（D_i/D）≥2，则该小区为 1 级热点小区；

若 2>（D_i/D）≥1.5，则该小区为 2 级热点小区；

若 1.5>（D_i/D）≥1，则该小区为 3 级热点小区；

若 1>（D_i/D）≥0.5，则该小区为 4 级热点小区；

若 D_i/D <0.5，则该小区为非热点小区。

（4）将各级热点小区分别显示在地图上，根据热点小区的分布确定热点区域。

2. LTE 典型业务介绍

目前 3GPP 将系统提供的业务主要分为 4 个大类，分别是会话类、交互类、流类和背景类。其中定义的最大带宽需求是 384kbit/s，端对端的时隙最严格的要求为小于 75ms。上述要求对于目前的 3G 网络来说已经完全可以满足要求，对于 LTE 网络来说效果更佳。

但是随着移动终端处理能力的提升，一些对移动互联网要求更高的业务迅猛发展，甚至一些在传统有线宽带网的业务出来在了人们的眼前。

（1）高清视频业务

随着智能手持终端的普及，显示屏为 5 英寸大小且支持 1080P 的智能手机成为了消费者青睐的产品，从来带动了移动互联网高清视频业务的普及。目前来说下行至少要满足 720P 分辨率的要求才能给消费者良好的体验，由于手机的限制，一般视频厂商提供的视频码率都在 1.3～1.8Mbit/s，因此良好感知要求上下行的带宽要达到 64 kbit/s/2Mbit/s。

（2）高清视频通话

高清视频通话是指通话双方通过 IMS 或 OTT 服务进行实时高清视频通话，上下行均达到 720P 的分辨率，因此上下行带宽要求均为 2Mbit/s，如果上行不能满足可以自动降至 VGA 的标清分辨率，上下行最低带宽要求为 800kbit/s。

（3）高清视频监控

高清视频是指企业或个人利用高清摄像头转送至中央服务器，然后经过中央服务器转发至终端，让客户可以实现安全预防、预警等作用。高清摄像头侧上下行带宽要求 2Mbit/s/64 kbit/s，客户移动终端上下行带宽要求为 64 kbit/s/2Mbit/s。

（4）网络浏览

不同于之前的上网浏览，这里讨论的是高速上网服务。随着智能终端的发展和平板电脑的普及，现在越来越要求移动终端上网能达到传统有线网络的体验。根据业界实验室数据，当有线宽带高于 1Mbit/s 带宽的时候，用户网页浏览将达到良好的体验，即

1Mbit/s 的下行，256 kbit/s 的上行。

（5）云服务

2013 年的网盘大战正式拉开了中国的云服务战场。未来，大家会像习惯电子邮件一样在云中操作自己的文件，分享自己拍摄的照片和视频等。而享受云计算带来的各种便利需要高速稳定的网络支持。

3. 业务需求预测

目前常用的预测模型较多，大致可以分为用户规模预测和业务量预测两类，不同的模型对应不同的预测理论和历史数据。下面主要从 LTE 规划入手，介绍可能适用的预测模型。

（1）用户规模预测

常用的用户规模预测有曲线拟合、渗透率分析、类比、统计分析等，但是这些方法都各有各的局限性，比较适合用于成熟且有历史数据积累的场景。

对于 LTE，建议采用一种新型的预测方法——市场策略预测。从 3G 开始，国内运营商已经加大了对终端渠道的管控力度，每家运营商都成立了自己的终端公司，特别是像中国移动的 TD-SCDMA 手机几乎没有公开的社会渠道。因此用户数的增长趋势与终端公司和运营商市场终端投放策略高度重合。

所以，我们只需要跟踪每年的终端投放策略，终端投放与终端激活在网的比例关系即可以比较准确的预测出未来的用户增长趋势。

（2）业务量预测

业务量预测从 GSM 时代就是网络规划中的重要输入数据，它是决定网络建设投资规模的主要因素之一，很大程度上影响运营商的投资收益比。准确进行业务量预测对整个无线网络规划有着非常重要的意义。这里介绍几种比较常用的业务预测方法和一种最新的业务预测思路。

① 趋势外推法

趋势外推法（Trend extrapolation）是根据过去和现在的发展趋势推断未来的一类方法的总称，用于科技、经济和社会发展的预测，是情报研究法体系的重要部分。

趋势外推法首先由 R.赖恩（Rhyne）用于科技预测。他认为，应用趋势外推法进行预测，主要包括以下 6 个步骤：

a. 选择预测参数；

b. 收集必要的数据；

c. 拟合曲线；

d. 趋势外推；

e. 预测说明；

f. 研究预测结果在制订规划和决策中的应用。

趋势外推的基本假设指未来是过去和现在连续发展的结果。当预测对象依时间变化呈现某种上升或下降趋势，没有明显的季节波动，且能找到一个合适的函数曲线反映这种变化趋势时，就可以用趋势外推法进行预测。趋势外推法的基本理论是，决定事物过去发展的因素，在很大程度上也决定该事物未来的发展，其变化，不会太大；事物发展过程一般都是渐进式的变化，而不是跳跃式的变化掌握事物的发展规律，依据这种规律推导，就可以预测出它的未来趋势和状态。

趋势外推法是在对研究对象过去和现在的发展作了全面分析之后，利用某种模型描述某一参数的变化规律，然后以此规律进行外推。为了拟合数据点，实际中最常用的是一些比较简单的函数模型，如线性模型、指数曲线、生长曲线、包络曲线等。在通信业务预测客户，经常使用线性回归模型、指数曲线模型等。其中线性回归模型常借助 Excel 中的 trend 函数直接进行曲线拟合。

由于趋势外推法简单、实用，即可以用于数据业务也可以用于语音业务，因此在通信行业中广泛使用。但是由于其只考虑历史因素，没有办法体现未来业务发展过程中的新生变化因素，其预测结果只在短期内有参考性，远期预测结果通常有较大的偏差。

② 计费时长转换法

计费时长的变化趋势是当地经济发展情况、运营商市场策略、资费政策调整等有很强的关联性，一般情况下可以较为准确的预测。将计费时长转换为网络侧的业务量可以有效的体现市场与网络运营相关联的思路。

对于数据业务，其转换公式一般为：

系统忙时数据流量=年数据流量/折算系数×忙月集中系数×忙日集中系统×忙时集中系数

不过计费时长一般情况下要对市级公司以上的区域进行整体预测才比较有意义，不适用于较小区域内的预测。

③ 基于历史数据单用户业务量的预测模型

本预测方法一般与用户数预测结合使用，基本思路为：

未来业务量=未来单用户业务量×未来用户数

单用户业务量主要是指单用户系统忙时的业务量，该值为统计意义上的值，即系统忙时每用户平均业务量。一般情况下，该值会受节假日的影响较大，因此需要避开此类数据，最好每月取一周左右的非特殊日数据，取其平均值作为本月的单用户业务量。

如果要考虑节假日的波动，则需要考虑节假日波动系数。

④ 基于目标网业务的单用户业务量的预测模型

本思路主要是从用户的体验出发，考虑每种业务的使用习惯和满足体验需要的带宽需求，典型方法如坎贝尔算法。

坎贝尔算法综合考虑所有业务需求，构造一个虚拟业务，计算总的等效业务量和系统提供该业务的信道数量，计算比较简单，易于实际应用，计算结果适度。

坎贝尔算法的计算步骤为：

a. 考虑所有的业务，构造一个虚拟业务；

b. 计算系统提供该虚拟业务的信道数和总的等效业务量；

c. 计算得到混合业务的容量。

$$m=\sum_i A_i \times E_i \quad v=\sum_i A_i^2 \times E_i$$

$$A_x=\frac{v}{m} \quad E_x=\frac{m}{A_x}$$

其中：A_i表示第 i 种业务的单用户负荷；

E_i表示第 i 种业务的话务量；

A_x表示虚拟业务的单用户负荷；

E_x表示单用户的虚拟话务量。

6.2.4　现网站址资源分析

一般来说传统运营商都拥有 2G 或 3G 网络，LTE 的建设可以优先选择共用 2G/3G 基站的相关站址和配套资源，主要包括机房、肝塔、外电、配套电源及空调等资源。2G/3G 网络已经运营了多年，积累了大量的历史数据，因此在 LTE 规划前首先对现网进行摸底很有必要。

在本分析过程中主要收集、核实现网基站参数，如经纬度、天线高度、设备型号、方向角、下倾角、电源类型、传输资源、机房配套及天馈配套等资源，为 LTE 预规划提供数据支撑。

6.2.5　覆盖估算

在 LTE 系统中，不存在电路域业务，只有 PS 域业务。不同 PS 数据速率的覆盖能力不同，在覆盖规划时，须首先确定边缘用户的数据速率目标。不同的目标数据速率的解调门限不同，导致覆盖半径也不同。LTE 在进行覆盖规划时，可以灵活的选择用户带宽和调制编码方式组合，以应对不同的覆盖环境和规划需求。由于 LTE 系统采用了 OFDM 多址接入方式，不同用户间频率正交，使得同一小区内的不同用户间的干扰几乎可以忽略，但小区间的同频干扰依然存在，不同的干扰消除技术对小区间业务信道的干扰抑制效果不同，从而影响 LTE 链路预算。此外，不同的多天线传输方式会带来不同的多天线增益，而较高的频段也会带来相应的传播损耗。这都使得 LTE 的链路预算相比较于 2G/3G 有较大的差别，详见第 5 章。

6.2.6　频率规划

根据国家相关部门批复的频率资源及使用情况，TD-LTE 商用网工作频段分配如下。

中国移动：130MHz 频谱资源，分别为 1880～1900 MHz、2320～2370 MHz、2575～2635 MHz；

中国联通：40MHz 频谱资源，分别为 2300～2320 MHz、2555～2575 MHz；

中国电信：40MHz 频谱资源，分别为 2370～2390 MHz、2635～2655 MHz。

其中室分基站使用 2300～2390MHz（E 频段），其余频段用于室外站建设。

目前 LTE FDD 国内并没有分配频率资源，但是按照国际上的频率使用情况有可能使用 1.8GHz、2.1GHz 和 2.6GHz。

LTE 即可以同频组网也可以异频组网，在具备足够的频率资源的条件下，异频组网具有较大的优势，可以充分避免小区间同频干扰。但是考虑到 LTE 需要 20MHz 的载波带宽，各运营商都没有足够的频点去支撑异频组网，因此建议在组网初期采用同频组网的方式，通过覆盖控制和 ICIC 等技术来降低小区间的同频干扰。

6.2.7 子帧规划

子帧转换点可以灵活配置是 TD-LTE 系统的一大特点，非对称子帧配置能够适应不同业务上下行流量的不对称性，提高频谱利用率，但如果基站间采用不同的子帧转换点会带来交叉时隙的干扰，因此在网络规划时需利用地理环境隔离、异频或关闭中间一层的干扰子帧等方式来避免交叉时隙干扰。

TD-LTE 子帧规划要求如下。

（1）宏基站：TD-SCDMA 采用 2∶4 时隙配置，为避免交叉干扰，TD-LTE F 频段宏基站业务子帧配置为 1∶3，特殊子帧配置为 3∶9∶2；D 频段宏基站根据上行业务需求情况可全网将业务子帧配置为 2∶2，特殊子帧配置为 10∶2∶2；

（2）室内站：原则上业务子帧配置为 1∶3，特殊子帧配置为 10∶2∶2，上行业务需求大的楼宇可将业务子帧配置为 2∶2，特殊子帧配置为 10∶2∶2。

LTE FDD 不存在子帧规划的问题。

6.2.8 站型配置

室外站原则上采用 S111 三小区配置，室内站采用 O1 配置。目前 LTE 基站均为 1 载波配置，建议载波带宽配置 20MHz。

6.2.9 容量配置

由于 LTE 系统在 20MHz 载波的配置下，可用带宽远高于 3G，所以 LTE 的系统的吞吐量、用户链路平均速率相对于 3G 来说会有明显的提升，进而带动用户使用的次数和频次。根据已经在运营 LTE 网络的运营商统计，LTE 用户月均流量是 3G 用户的 2 倍以上。

由于 3G 到 4G 对用户来说并没有明显的区别，因此他们在 3G 阶段使用智能手机、上网卡及 MIFI 等的设备的习惯会平滑过渡到 4G 网络上来，加上移动互联网的强势业务会在短期内保持一定的发展势头，不会发生大的改变。因此 LTE 初期的业务模型可以参考 3G 的业务模型。目前 3G 的数据业务模型暂时只靠虑了码资源占用率、拥塞率等无线侧的资源，这种传统的分析方式并不能保障用户的感知。现在业内普遍认同资源分析和业务分析相结合的分析方法。

无线网侧的话务分析当然还是以码资源占用率、空口连接次数、数据突发时长、数据链路占用时长等指标为主。

核心网侧则相应的启动业务类型统计，对用户的互联网业务进行归类，如分为网页浏览、流媒体、高清视频通话、VoIP、FTP 等业务，统计每种业务的上下行链路占用时间、上下行的流量等，归纳单用户的业务需求。并结合保障感知的情况下每种业务需要的的理论带宽去计算用户所需要的综合带宽需求。根据用户的综合带宽需求，结合单基站能提供的承载能力，即可得出区域所需要的容量需求。

当时目前国内的 LTE 基站仍处于建设初期，主要关注覆盖质量，容量需求并不是主要的站址数量约束条件。这里提供一个目前估算容量的简单用户模型以供参考。某地市预测未来 LTE 用户数为 A，月均流量 B，忙时集中度 C（忙时流量与全天总流量的比值），忙时峰值吞吐量为忙时平均吞吐量的 D 倍，基站类型为 S111，小区平均吞吐率指标为 E。则每站点可以承载的用户数 F=3×E/（B/30（天）×8（bit）×C/3600×D），需要的基站数为 G=A/F。

6.3　站址规划

1．*总体建设原则*

在选择合适的基站位置时，需要结合当前覆盖状况以及基站建设所能带来的经济效应和社会效应来考虑。经济效应主要是关心该基站所能给运营商带来的收入情况，针对这方面就需要掌握基站周围住户的收入情况、用户的数量及文化层次。

社会效应就是单纯为了扩大电信公司的社会影响力。例如，高速公路沿线、重要的国道、省道区域话务量不高，但是建设的基站会给用户带来良好的心理体验，为运营商带来潜在的客户。大部分基站的建设能够带来社会效应和经济效应的双丰收，某些仅仅是为了获得社会效应，如对于“珠峰”的网络覆盖。如果一个基站的建设，上述两个目的都没有达到，就完全没有必要建设了。

2．*选址要点（一般性要求）*

在根据上述的建设原则确定在某一区域内建设基站后，就要进行基站的实地选址工作了。在确定基站位置时，要综合考虑以下几个方面的因素。

（1）市电引入距离和方式

由于基站需要 380V 三相电作为供电电源，所以在选择合适的基站位置时要考虑市电引入。如果周围有合适的三相电，就直接从现有的三相电源处转接，三相电引接距离最好小于 1km。如果当地没有合适的三相电可供引接，可以从附近高压线加装变压器解决。

（2）设备运输和后期维护

要选择交通较方便的区域建设基站，以便后期运送设备和基站维护。

对于后期的维护工作，要考虑基站周围交通是否便利，另外要与当地群众建立良好和稳固的关系。

（3）传输路由

在选择基站位置时，要同时考虑传输线路的走线情况，避免传输线路过长和路由情况复杂。

（4）覆盖效果

基站一般选择在所需覆盖区域的中心地带，使得各个扇区的话务量比较均匀。基站最好选择在村镇的中心地区，另外农村基站间距至少保持在 1km 以上，城区在 500m 以上。

（5）外在因素

针对当地的地质条件，要充分考虑基站所处位置的土质情况，避免由于土质疏松和结构不稳定引起基站的安全问题。基站周围空间开阔，避免基站信号被阻挡。一般要求天线主瓣方向 100m 范围内无明显阻挡。所选位置有适合基站建设的区域，基站所占区域面积在 20～100m^2。

另外，基站应避免选在易燃、易爆的仓库，以及生产过程中容易发生火灾和爆炸危险的工业、企业附近。郊区基站应避免选择在雷击区和地势低洼处。避免设在雷击区以及大功率无线电发射台、雷达站、电视塔和高压线等强干扰源附近或加油站、医院等电磁辐射会对仪器仪表产生干扰的场所。不宜选址在易燃、易爆建筑物场以及生产过程中散发有毒气体、多烟雾、粉尘、有害物质的工业企业附近。

（6）其他因素

此外，还要了解基站站址所在地的规划发展，避免被规划拆迁。与市政规划相结合：选站过程中，要争取政府部门的支持，如和环保、市政规划等相关部门做好协调，避免由于对市政规划不了解而造成的不必要的工程调整。

在选择基站位置时要考虑到以后在该区域建设基站的可能性，避免当前基站对后期建设带来不便。

6.4 LTE 系统仿真

6.4.1 传播模型校正

传播模型是移动通信网小区规划的基础，传播模型的准确与否关系到小区规划是否合理，运营商是否以比较经济合理的投资满足了用户的需求。

在移动通信系统中，由于移动台不断运动，传播信道不仅受到多普勒效应的影响，而且还受地形、地物的影响，另外移动系统本身的干扰和外界干扰也不能忽视。基于移动通信系统的上述特性，严格的理论分析很难实现，需对传播环境进行近似、简化，从而使理论模型误差较大。

此外，由于我国幅员辽阔，各省、市的无线传播环境千差万别。如果仅仅根据经验而无视各地不同地形、地貌、建筑物、植被等参数的影响，必然会导致所建成的网络或者存在覆盖、质量问题，或者所建基站过于密集，造成资源浪费。

因此就需要针对各个地区不同的地理环境进行测试，通过分析与计算等手段对传播模型的参数进行修正。最终得出最能反映当地无线传播环境的、最具有理论可靠性的传播模型，从而提高覆盖预测的准确性。

现阶段校模的方法主要是采用基于大量测量数据的统计模型，而无线传播模型主要考虑的是室外环境适用于宏蜂窝信号预测的传播模型。对于传播模型的研究，传统上集中于给定范围内平均接收场强的预测，和特定位置附近场强的变化。对于预测平均场强并用于估计无线覆盖范围的传播模型，由于它们描述的是发射机和接收机之间长距离上的场强变化，所以被称为大尺度传播模型，下面就宏蜂窝的标准播模型进行介绍。

$$P_{\mathrm{RX}} = P_{\mathrm{TX}} + k_1 + k_2 \lg(d) + k_3 \lg(H_{\mathrm{eff}}) + k_4 Diffraction + k_5 \lg(H_{\mathrm{eff}}) \lg(d) + k_6 (H_{\mathrm{meff}}) + k_{\mathrm{CLUTTER}}$$

式中：

P_{RX} 为接收功率；

P_{TX} 为发射功率；

d 为基站与移动终端之间的距离 m；

H_{meff} 为移动终端的高度 m；

H_{eff} 为基站距离地面的有效天线高度 m；

Diffraction 为绕射损耗；

k_1 为参考点损耗常量；

k_2 为地物坡度修正因子；

k_3 为有效天线高度增益；

k_4 为绕射修正因子；

k_5 为奥村哈塔乘性修正因子；

k_6 为移动台天线高度修正因子；

k_{CLUTTE} 为移动台所处的地物损耗。

利用该模型校正的方法是：首先选定一个模型并设置各参数值 k_1～k_6 及 k_{CLUTTER} 的值，通常可选择该频率上的缺省值进行设置，也可以是其他地方类似地形的校正参数，然后以该模型进行无线传播预测，并将预测值与路测数据比较，得到一个差值，再根据所得差值的统计结果反过来修改模型参数，经过不断地迭代处理，直到预测值与路测数据的均方差及标准差达到最小，则此时得到的模型各参数值就是所需的校正值，如图 6-4 所示。

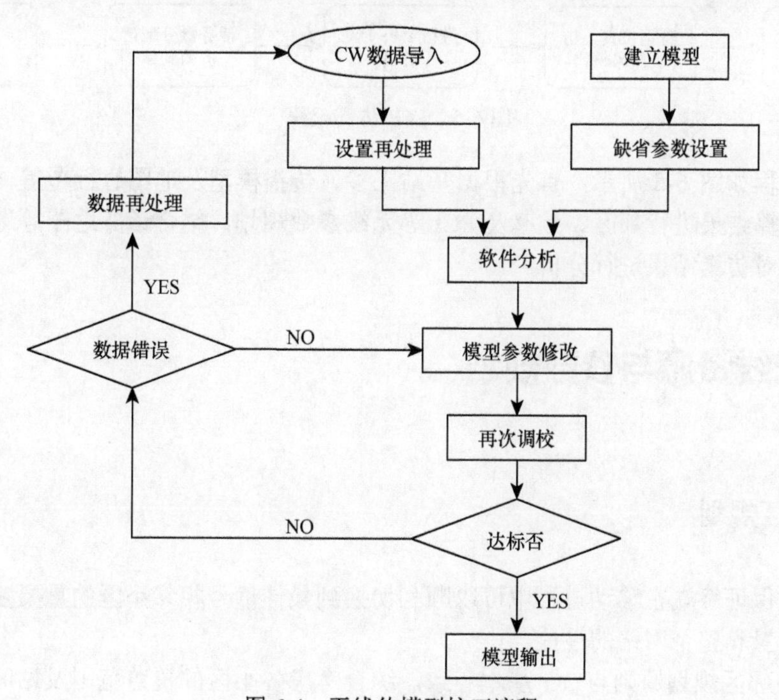

图 6-4 无线传模型校正流程

6.4.2 仿真方法

1. 静态仿真

目前常用商用仿真工具都是基于静态仿真的。其主要特征一般是单机，利用传播模型计算单站覆盖面积，针对多天线传输模式一般情况下没有办法动态调整，只能按照预设的链路性能曲线来近似模拟，无法模拟 X2 接口交互，无法进行切换等仿真，采用多次快照式蒙特卡洛静态仿真来近似模拟用户的随机分布和业务行为。

2. 动态仿真

动态仿真是指利用云计算等分布式计算技术，由多台服务器构成分布式计算平台，实时进行三维空间信道建模，体现出与实际环境相接近的时间/频率/空间特征。动态仿真可以完整实现多天线算法，如空时编码、MMSE 检测、特征波束赋形等，可以进行多用户实时资源调度（时域/频域/MU-MIMO），可以基于容量负荷准确评估干扰考虑控制信道与业务信道的相互影响，可以模拟用户的移动过程并且准确评估进切换过程等。但是目前动态仿真由于内核还不成熟、计算成本较高等因素，暂时没有得到大规模商用，只是业界用于评估和仿真新技术的验证平台。

3. 仿真流程

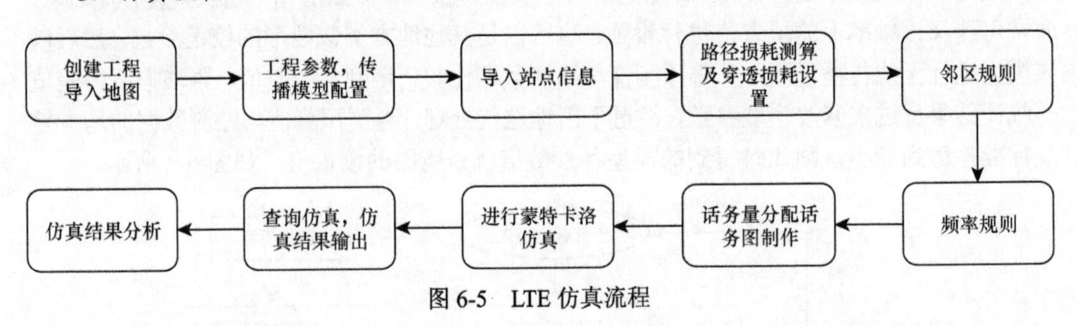

图 6-5 LTE 仿真流程

仿真流程如图 6-5 所示，首先根据基站工参、传播模型及地图进行覆盖估算，然后根据覆盖估算结果进行邻区、频率及 PCI 等无线参数规划，结合话务地图等进行蒙特卡洛仿真，并对仿真结果进行分析。

6.5 无线资源与参数规划

6.5.1 邻区规划

邻区是保证终端在移动过程中可以顺利切换到最佳信号相邻小区的重要参数，可以保障通信质量和整个网络的性能。

LTE 的邻区规划原则与 3G 基本一致，综合考虑各小区的覆盖范围及站间距、方位角等进行规划，可以利用仿真软件进行自动配置，结合人工测试等手段判断邻区是否错配、漏配等情况。

另外，LTE设备厂家还开发一种叫作ANR（Auto Neighbor Relation，自动邻区关系）的算法，作为LTE SON体系中的一部分，可在在网络开通后自动检测周边小区信号并自动添加邻区关系。

6.5.2 PCI规划

LTE的物理小区标识（PCI）是用于区分不同小区的无线信号，规划需要保证在相关小区覆盖范围内没有相同的物理小区标识。LTE的小区搜索流程确定了采用小区ID分组的形式，先通过PSS（小区主同步信号）确定具体的小区ID，再通过SSS（小区辅同步信号）确定小区组ID。对于LTE FDD来说，PSS位于子帧1和子帧6的第3个符号，SSS位于子帧0和子帧5的最后一个符号，对于TD-LTE来说，PSS相应的位于5ms半帧的DwPTS时隙的第3个符号，SSS位于5ms半帧的子帧0的最后一个符号。

根据协议规定，LTE有0～503共504个PCI编号。PCI分为3组，每组有168个，组ID即为SSS，小区ID为PSS，即PCI=3×Group ID（SSS）+Sector ID（PSS）。因此，如果两个小区的PCI mod 3值相同的话PSS就会相同，如果这两个小区覆盖区域重叠就会造成PSS干扰，也就是常说的模3干扰。

PCI与小区专属参考信号CRS的产生和位置都有相关性，如果两个小区的PCI相同，那么它们的CRS序列也是相同的，因此相邻小区的PCI相同会造成CRS间的干扰。CRS的位置是经过PCI mod 6运算决定的，因此如果相邻小区的PCI mod 6相同，同样会造成CRS间的干扰。

在PUSCH信道中携带了DM-RS和SRS的信息，这两个参考信号对于信道估计和解调非常重要，它们是由30组基本的ZC序列构成，即有30组不同的序列组合，所以如果PCI mod 30值相同，那么会造成上行DMRS和SRS的相互干扰。

在以上的干扰中，PCI相同与PCI mod 3引发的干扰最为严重，会造成PSS解析失败，SINR大幅下降、切换失败等问题的产生。因此，在规划PCI时需要遵循以下原则。

（1）邻区不冲突原则：要尽量保持相邻小区间的PCI不相等。

（2）干扰最小化原则：在保证相邻小区间PCI不相等的前提下，优先选择干扰最优的解决方案，可以采用遗传算法等方法去寻找最优解决方案。

（3）尽量避免过多的同频小区覆盖同一片区域，降低PCI规划的难度。

6.5.3 TA规划

1. TA及TA list概念

跟踪区（TA，Tracking Area）是LTE系统为UE的位置管理设立的概念。TA功能与3G系统的位置区（LA）和路由区（RA）类似。通过TA信息核心网络能够获知处于空闲态的UE的位置，并且在有数据业务需求时，对UE进行寻呼。

一个TA可包含一个或多个小区，而一个小区只能归属于一个TA。TA用TA码（TAC）标识，TAC在小区的系统消息（SIB1）中广播。

LTE 系统引入了 TA list 的概念，一个 TA list 包含 1～16 个 TA。MME 可以为每一个 UE 分配一个 TA list，并发送给 UE 保存。UE 在该 TA list 内移动时不需要执行 TA list 更新；当 UE 进入不在其所注册的 TA list 中的新 TA 区域时，需要执行 TA list 更新，此时 MME 为 UE 重新分配一组 TA 形成新的 TA list。在有业务需求时，网络会在 TA list 所包含的所有小区内向 UE 发送寻呼消息。

因此在 LTE 系统中，寻呼和位置更新都是基于 TA list 进行的。TA list 的引入可以避免在 TA 边界处由于乒乓效应导致的频繁 TA 更新。

2. TA 规划原则

TA 作为 TA list 下的基本组成单元，其规划直接影响到 TA list 规划质量，需要满足如下要求。

（1）TA 面积不宜过大

TA 面积过大则 TA list 包含的 TA 数目将受到限制，降低了基于用户的 TA list 规划的灵活性，TA list 引入的目的不能达到。

（2）TA 面积不宜过小

TA 面积过小则 TA list 包含的 TA 数目就会过多，MME 维护开销及位置更新的开销就会增加。

（3）应设置在低话务区域

TA 的边界决定了 TA list 的边界。为减小位置更新的频率，TA 边界不应设在高话务量区域及高速移动等区域，并应尽量设在天然屏障位置（如山川、河流等）。

在市区和城郊交界区域，一般将 TA 区的边界放在外围一线的基站处，而不是放在话务密集的城郊结合部，避免结合部的用户频繁位置更新。同时，TA 划分尽量不要以街道为界，一般要求 TA 边界不与街道平行或垂直，而是斜交。此外，TA 边界应该与用户流的方向（或者说是话务流的方向）垂直而不是平行，避免产生乒乓效应的位置或路由更新。

3. TA list 规划原则

由于网络的最终位置管理是以 TA list 为单位的，因此 TA list 的规划要满足两个基本原则。

（1）TA list 不能过大

TA list 过大则 TA list 中包含的小区过多，寻呼负荷随之增加，可能造成寻呼滞后，延迟端到端的接续时长，直接影响用户感知。

（2）TA list 不能过小

TA list 过小则位置更新的频率会加大，这不仅会增加 UE 的功耗，增加网络信令开销，同时，UE 在 TA 更新过程中是不可及，用户感知也会随之降低。

（3）应设置在低话务区域

如果 TA 未能设置在低话务区域，必须保证 TA list 位于低话务区。

6.6 选址与规划修订

仿真完成后，根据仿真结果进行不达标区域的筛选和重新选址的工作，并再次进行仿真，直到规划方案满足此次规划要求。

第 7 章　LTE 无线网规划实务

本章主要从某市的 LTE 具体规划案例出发，来展示 LTE 如何进行网络规划。

7.1　需求分析

7.1.1　覆盖需求分析

某市 LTE 规划采用以 TD-LTE 为主的方式，要求首先进行数据热点区域的连续覆盖。根据规划要求，我们对现网 2G/3G 数据业务进行统计得出该市室内外基站数据热点集中区域。

步骤一：将 3G 及 2G 现网数据业务密度分别或相加进行数据业务密度等级计算。

步骤二：一般来说，数据业务密度可分为一级到四级以及非业务密度热点小区。

热点小区与分层级的目标网的对应关系参考表 7-1（地市可以根据自身实际情况进行微调）。

表 7-1　　热点小区与分层级的目标网的对应关系

热点小区	对应分层级目标网
1 级热点小区	一级热点区域
2 级热点小区	二级热点区域
3 级热点小区	三级热点区域

在进行覆盖区域选择的时候，需按照优先级（一级热点区域>二级热点区域>三级热点区域）进行顺序覆盖，各热点区域要求尽量连续覆盖。

步骤三：根据链路预算及仿真得到的不同覆盖区域站密度，结合现网站址资源，规划每一片连续数据热点区域所需要的站数。并根据步骤二得到的覆盖优先级，将最需要覆盖的区域进行站址数计算。同时，将较为临近的覆盖备选区域连接起来，重新计算或仿真得到新的连续区域站址数。

步骤四：对以上得到的覆盖区域进行微调，得到最终覆盖区域。图 7-1 显示了室外站的数据热点区域分布。

图 7-1　现网室外数据热点区域示意图

室内部分可以直接统计现网室分基站的数据业务量，具体情况如表 7-2 所示。

表 7-2 室内热点分布统计表

覆盖类型	一级	二级	三级	普通热点	非热点	总计
餐饮娱乐	0	0	2	3	6	11
产业园区	1	0	1	0	2	4
公共场所	0	2	1	0	2	5
酒店	1	1	2	3	12	19
商场	1	0	3	1	6	11
校园区	0	0	0	0	1	1
写字楼	0	1	2	2	15	20
医院	0	0	0	0	5	5
政府机关	0	1	0	0	19	20
住宅区	5	3	5	7	41	61
总计	8	8	16	16	109	157

7.1.2 网络指标要求

1. 覆盖指标

（1）室外覆盖网络规划指标：目标覆盖区域内公共参考信号接收功率（RSRP）≥–100dBm 的概率达到 95%。

（2）数据业务热点区域室内有效覆盖指标：在建设有室内分布系统的室内目标覆盖区域内公共参考信号接收功率（RSRP）≥–105dBm 且 RS-SINR≥6dB 的概率达到 95%。营业厅（旗舰店）、会议室、重要办公区等业务需求高的区域要建设双路室分系统。目标覆盖区域内公共参考信号接收功率 RSRP≥–95dBm 且公共参考信号信干噪比 RS-SINR ≥9dB 的概率达到 95%。

2. 用户速率

邻小区 50%负载情况下：

（1）F 频段网络小区边缘单用户上下行速率达到 256kbit/s/4Mbit/s，单小区上下行平均吞吐量达到 4Mbit/s/22Mbit/s。（业务子帧配置 1∶3，特殊子帧配比 3∶9∶2）。

（2）D 频段网络小区边缘单用户上下行速率达到 512kbit/s/4Mbit/s，单小区上下行平均吞吐量达到 8Mbit/s/20Mbit/s。（业务子帧配置 2∶2，特殊子帧配比 10∶2∶2）。

3. 块差错率目标值（BLER Target）

数据业务为 10%。

4. 室内分布系统信号的外泄要求

室内覆盖信号应尽可能少地泄漏到室外，要求室外 10m 处应满足 RSRP≤–110dBm 或室内小区外泄的 RSRP 比室外主小区 RSRP 低 10dB（当建筑物距离道路不足 10m 时，以道路靠建筑一侧作为参考点）。

7.2 规划原则

本网络需实现主要数据热点区域室外成片连续覆盖及重要楼宇的室内有效覆盖，初步具备试商用条件。

覆盖区域主要考虑城市的主城区，包括中心商务区、商业区，高校园区，普通商务区、商业区、居民区等，覆盖区域要相对连续。根据数据热点情况，按照三级目标网原则进行覆盖，具体见表 7-3。

表 7-3 TD-LTE 网络发展定位的建议原则

场景划分	典型场景	场景细分	TD-LTE 场景定位策略
场景一	商务区	室外：中心商务区、中心商业区、政务区等；室内：写字楼、酒店	LTE 引入后，通过建设 LTE 宏基站及室内分布系统的方式进行数据热点地区的覆盖
场景二	高校园区	室外：高校园区；室内：高校宿舍楼	LTE 引入后，通过建设 LTE 宏基站及室内分布系统的方式进行数据热点地区的覆盖
场景三	居民小区	室外：居民区；室内：居民宿舍楼	属于 TD-LTE 次要覆盖区域，根据业务部署计划逐步引入
场景四	乡镇镇区	室外：乡镇镇区	暂不考虑在乡镇区域建设 TD-LTE 网络

7.2.1 商务区

1. 业务需求

该地区一般属于话务密集区域，语音、数据业务密度均较高。

（1）中心商务区：位于密集城区，高端用户多，室内业务量高，以语音、高速上网业务为主，对移动性和 QoS 要求高。

（2）中心商业区：室内和室外都有密集人群、业务量高，室内外的网络容量压力都很大。

（3）政务区：政府工作人员分布为主，业务需求以语音、中速上网等语音、中高速上网等为主，对 QoS 要求较高。

2. TD-LTE 网络规划优化思路

（1）在 F 频段，TD-LTE 基于 TD-SCDMA 宏蜂窝站点采用直接叠加方式进行覆盖规划，可实现 TD-LTE 的基础覆盖。

（2）在室外弱覆盖区域采用一体化微蜂窝基站进行针对性补盲覆盖。

（3）在重点建筑物建设室内分布系统以实现楼内深度覆盖。

（4）在部分办公场所采用企业级 Femto 设备进行热点覆盖。

7.2.2 高校园区

1. 业务需求

（1）语音业务与数据业务分布集中，对网络容量需求极大。

（2）学生、教师分布为主，业务需求以语音、中高速上网等为主，对网络质量需求一般，对资费要求较敏感。

（3）网络在开学或大型活动时会话务激增，在放假时校园网基站基本无话务，潮汐表现突出。

2. TD-LTE网络规划优化思路

（1）在F频段，TD-LTE基于TD-SCDMA宏蜂窝站点采用直接叠加方式进行覆盖规划，实现TD-LTE的基础覆盖。

（2）在宿舍楼区域使用Pico设备采用室外分布系统进行覆盖。

7.2.3 居民小区

1. 业务需求

该地区一般话务密度不高。容量压力不大，需要进一步完善覆盖，保证网络质量。

2. TD-LTE网络规划优化思路

属于TD-LTE次要覆盖区域，根据业务部署计划逐步引入。

7.2.4 乡镇镇区

1. 业务需求

主要用户为沿街商铺和住宅，建筑物密度较低，房屋楼层较低，有利于室外信号传播。该地区人口比较分散，一般业务需求量较小。但在节假日，如春节、中秋期间会有话务量的突增。

2. TD-LTE网络规划优化思路

暂不考虑在乡镇区域建设TD-LTE网络。

7.3 预规划

7.3.1 工作频段

（1）宏站：使用1880～1900MHz（F频段）和2575～2635MHz（D频段）。

（2）室分：使用2330～2370MHz（E频段）。

7.3.2 子帧规划

子帧转换点可以灵活配置是TD-LTE系统的一大特点，非对称子帧配置能够适应不同业务上下行流量的不对称性，提高频谱利用率，但如果基站间采用不同的子帧转换点会带来交叉时隙的干扰，因此在网络规划时需利用地理环境隔离、异频或关闭中间一层的干扰子帧等方式来避免交叉时隙干扰。

本次子帧规划要求如下。

（1）宏基站：TD-SCDMA 采用 2∶4 时隙配置，为避免交叉干扰，TD-LTEF 频段宏基站业务子帧配置为 1∶3，特殊子帧配置为 3∶9∶2；D 频段宏基站根据上行业务需求情况可全网将业务子帧配置为 2∶2，特殊子帧配置为 10∶2∶2。

（2）室内站：原则上业务子帧配置为 1：3，特殊子帧配置为 10∶2∶2，上行业务需求大的楼宇可将业务子帧配置为 2∶2，特殊子帧配置为 10∶2∶2。

7.3.3 天线选择原则

TD-LTE 可选择采用八阵元天线和两阵元天线等类型天线，在无线覆盖区设计中，应根据覆盖要求、工程实施条件合理选择。

八阵元天线在系统性能，尤其是小区边缘吞吐量的性能上具有一定优势，可作为 TD-LTE 无线网络的主用天线类型。两阵元天线在八阵元天线无法发挥赋形性能或安装受限的场景采用，包括热点覆盖、补盲、道路覆盖、天线美化及隐蔽性要求高等场景。应根据 TD-LTE 无线网主设备情况新建天线或与 TD-SCDMA/GSM 共用天馈线。

（1）无线网主设备采用 TD-SCDMA 升级建设方式，使用原 TD-SCDMA 系统天线。若原 TD-SCDMA 系统天线不支持 TD-LTE，应替换为支持 TD-LTE 的天线。

（2）无线网主设备采用新建方式，对于 8 通道 RRU，可使用独立的 8 通道智能天线或与 TD-SCDMA 系统共用天线；对于 2 通道 RRU，可使用独立的双通道天线或通过外置合路器与 GSM 系统共用双极化天线。

7.3.4 容量规划

根据该运营商市场方面提供的信息，预计未来每平方公里 LTE 用户数为 5 000 人，每用户月均流量为 3GB，流量忙时占比为日均流量的 10%，忙时峰值吞吐量为忙时平均吞吐量的 2 倍，基站类型为 S111，小区平均吞吐率指标为 20Mbit/s。则：

每站点可以承载的用户数=3×20/（3×1024/30（天）×8（bit）×10/3600×2）=1318 人，每平方千米需要的基站数为 G=5000/131=4 个。

室内容量主要根据每栋建筑物的用户分布情况进行计算，如某高档写字楼内预计有 5 000 个 LTE 用户，则需要划分为 4 个覆盖区域。

7.4 室外覆盖规划

7.4.1 链路预算

在 TD-LTE 中，不存在电路域业务，只有 PS 域业务。不同 PS 数据速率的覆盖能力不同，在覆盖规划时，须首先确定边缘用户的数据速率目标。不同的目标数据速率的解调门限不同，导致覆盖半径也不同。TD-LTE 在进行覆盖规划时，可以灵活的选择用户带宽和调制编码方式组合，以应对不同的覆盖环境和规划需求。由于 TD-LTE 系统采用了 OFDM 多址接入方式，不同用户间频率正交，使得同一小区内的不同用户间的干扰几乎可以忽略，但小区间的同频干扰依然存在，不同的干扰消除技术对小区间业务信道的干扰抑制效果不同，从而影响 TD-LTE 链路预算。此外，不同的多天线传输方式会带来不同的多天线增益，而较高的频段也会带来相应的传播损耗。这都使得 TD-LTE 的链路预算相比较于 2G/TD-SCDMA 有较大的差别。

本工程链路预算基于下列预设条件：

（1）F/D 频段、八阵元智能天线组网；

（2）子帧配比为 F 频段 1∶3（3∶9∶2），D 频段 2∶2（10∶2∶2）；

（3）边缘速率 1Mbit/s/256kbit/s（下行/上行），用户占用 20RB 资源，RSRP 大于等于–100dBm 的概率大于 95%。

通过链路预算，可以得出 TD-LTE 不同场景下 F 频段业务信道链路预算对比表如表 7-4 所示。

表 7-4　　TD-LTE F 频段业务信道链路预算对比表（95%覆盖概率）

场景	密集城区	一般城区	景区
最大允许路径损耗（dB）		122	
小区半径（km）	0.29	0.31	0.39
站距（km）	0.44	0.46	0.59
每平方公里站数（个）	6.03	5.42	3.32

通过链路预算，可以得出 TD-LTE 不同场景下 D 频段业务信道链路预算对比表如表 7-5 所示。

表 7-5　　TD-LTE D 频段业务信道链路预算对比表（95%覆盖概率）

场景	密集城区	一般城区	景区
最大允许路径损耗（dB）		124.5	
小区半径（km）	0.25	0.26	0.34
站距（km）	0.38	0.40	0.51
每平方公里站数（个）	8.10	7.31	4.49

7.4.2　覆盖半径与站址需求

根据链路预算结果，结合网络建设需求，TD-LTE 基站站距设置应按表 7-6 所示原则进行规划。

表 7-6　　TD-LTE F/D 频段站间距规划原则

区域类型	典型场景	F 频段		D 频段	
		站间距（m）	站址密度（个/km²）	站间距（m）	站址密度（个/km²）
密集市区	中心商务区、中心商业区、政务区、密集居民区等	400～500	5～7 个基站	300～400	7～9 个基站
一般市区	普通商务区、普通商业区、低矮居民区、高校园区、科技园区、工业园区等	450～550	4～6 个基站	350～450	6～8 个基站
其他场景	景区	600～800	2～4 个基站	500～700	3～6 个基站
	高速公路等	800～1000	1～2 个基站	700～900	1～3 个基站

7.5　室内覆盖规划

7.5.1　单双路覆盖性能分析

1. *建设方式*

（1）单路建设方式：通过合路器使用原单路分布系统。

TD-LTE 与其他系统共用原分布系统，按照 TD-LTE 系统性能需求进行规划和建设，必要时应对原系统进行适当改造。

（2）双路建设方式：一路新建，一路通过合路器使用原单路分布系统。

TD-LTE 双路中的一路使用原分布系统，并新建一路室分系统。应通过合理的设计确保两路分布系统的功率平衡。

（3）双路建设方式：两路新建。

对于新建场景，新建两路分布系统，并通过合理的设计确保两路分布系统的功率平衡。

对于改造场景，若合路存在严重多系统干扰（如多运营商、多系统场景），可在不改动原分布系统的基础上新建两路天馈线系统。

2. *覆盖性能分析*

（1）最大链路分析

天线口与终端间的最大链路损耗计算具体如下：

天线输入端 LTE 单子载波最大发射功率=15（国家一级标准天线口发射功率）–10×lg1200（平分到 1200 个导频子载波）=–15.8dBm

Min RSRP：–105dBm

天线输入端与终端间的最大链路损耗=–15.8–（–105）=89.2dB

说明：

① 目前 TD-LTE 各信道功率配比还处于摸索阶段，因此在进行边缘场强估算时假设

各子载波配置了相同的发射功率。

② 系统载波带宽以 20MHz 计。

（2）室内传播模型

目前室内传播模型应用较广的有 Keenan-Motley 模型、ITU 推荐的 ITU-R P.1238 建议书室内传播模型和衰减因子传播模型。

采用衰减因子传播模型，计算路径损耗的公式如下：

$$Path\ Loss\text{（dB）}=PL\text{（}d0\text{）}+10\times n\times \lg\text{（}d/d0\text{）}+R$$

其中：

PL（*d*0）：距天线 1m 处的路径衰减，2350MHz 时的典型值为 39.9dB；

d 为传播距离；

n 为衰减因子。对不同的无线环境，衰减因子 *n* 的取值有所不同。不同环境下 *n* 的取值如表 7-7 所示。

表 7-7　衰减因子取值

环境	衰减因子 *n*
自由空间	2
全开放环境	2.0～2.5
半开放环境	2.5～3.0
较封闭环境	3.0～3.5

R：附加衰减因子。指由于楼板、隔板、墙壁等引起的附加损耗。覆盖区域按封闭环境考虑，取 n=3，R=25。

（3）天线覆盖半径

对于全向天线，则：

$$Path\ Loss\text{（dB）}=39.9+10\times 3\times \lg d+25=89.2+2\text{（天线增益）}-0\text{（人体损耗）}$$

经计算 d=8m，即本场景下全向天线最大覆盖半径约为 8m。

TD-LTE 系统自由空间损耗比 TD-SCDMA 系统多 1～2dB；比 GSM 多 8～10dB。根据 TD-LTE 系统频段与其他系统频段损耗的比较，可以看出 TD-LTE 可以与 TD-SCDMA 共分布系统。与 GSM 共分布系统时改造量较大，建议采用以下方案进行改造：

① 信源设备后移，后端馈入，降低分布系统损耗。

② 增加天线密度，减少传播距离，降低自由空间损耗。

③ 工程设计中建议两种方式组合使用。

7.5.2　典型场景链路预算

本设计研讨链路预算基于下列预设条件：

① E 频段。

② 子帧配比为 1∶3（10∶2∶2）。

③ 边缘速率 2Mbit/s/512kbit/s（下行/上行），用户占用 20RB 资源。

TD-LTE E 频段室内分布系统链路预算表见表 7-8。

表 7-8　　TD-LTE E 频段室内分布系统链路预算表（95%覆盖概率）

信道类型	最大允许路径损耗	
	单路	双路
PDSCH（2Mbit/s，5 用户）	120.0	125.0
PBCH	130.6	135.6
PDCCH（8CCE）	125.8	130.8
PDCCH（2CCE）	119.8	124.8
PCFICH	126.5	131.5
PHICH	122.9	127.9
PUSCH（512kbit/s，5 用户）	113.6	116.6
PUCCH format1a	136.8	139.8
PUCCH format2	136.1	139.1
PRACH format1	131.7	134.7
PRACH format4	124.0	127.0

在当前指标要求下，理论计算的 TD-LTE 室内分布系统最大允许路径损耗与 TD-SCDMA 基本相当，因此天线点间距可基本参照现有 TD-SCDMA 系统进行设置。即：

（1）在可视环境，如商场、超市、停车场、机场等，MIMO 天线情况下，覆盖半径取 10～16m。

（2）在多隔断，如宾馆、居民楼、娱乐场所等，MIMO 天线情况下，覆盖半径取 6～10m。

7.5.3　小区规划

TD-LTE 室内分布系统小区规划应该遵循以下原则。

（1）TD-LTE 室内分布系统小区规划要充分考虑室内具体环境。规划时重点考虑小区之间的隔离。可以借助建筑物的楼板、墙体等自然屏障产生的穿透损耗形成小区间的隔离，如图 7-2 所示。

（2）空旷或封闭性较差的室内环境，如同一楼层由多个小区覆盖的商场、超市，或挑空大堂、体育场馆等开放性室内环境，必须严格控制不同小区之间的覆盖区域。对于大型场馆等小区间隔离度较低的场景，应采用异频组网，如图 7-3 所示。

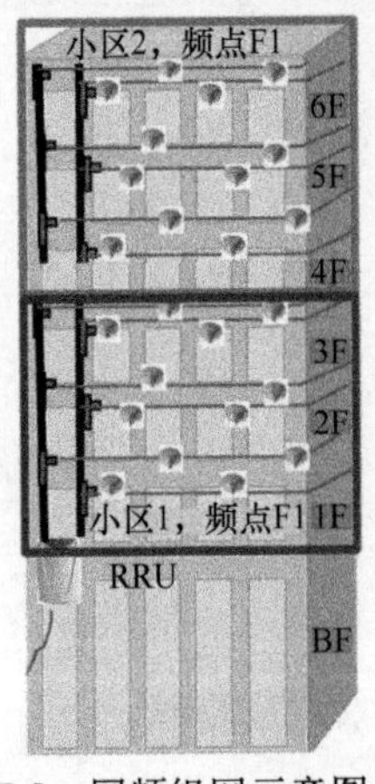

图 7-2　同频组网示意图

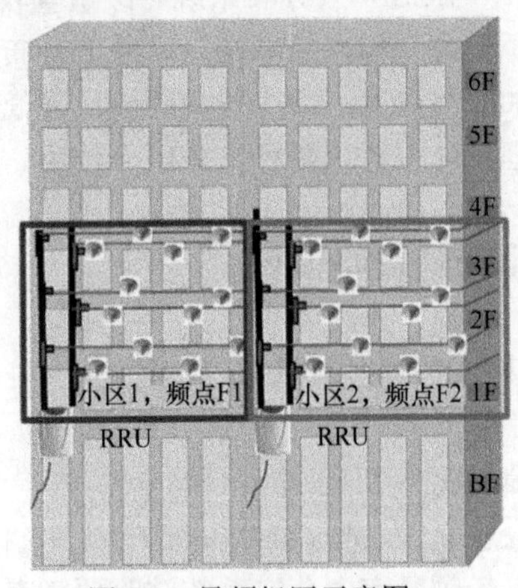

图 7-3　异频组网示意图

原则上单个小区覆盖面积不宜过大，容量不宜过高，均衡覆盖和容量，从而避免后期容量增加对现网室内分布系统做大的调整。

7.6 仿真分析

7.6.1 传播模型校正

无线传播模型是用来对无线电波的传播特性进行预测的一种模型。传播特性的预测，是无线网络规划的基础，其准确性影响到网络规划的准确性和质量。因此，准确的传播模型是进行无线网络规划的前提条件。为了获得与实际环境更加吻合的传播模型，我们针对密集市区、一般市区两种具有代表性的区域进行了 1.9GHz 和 2.6GHz 传播模型校正。

本次仿真使用的是 ANPOP 软件的 Standard Propagation Model 模型，其公式如下：

$$L_{\mathrm{model}} = K_1 + K_2 \times \lg(d) + K_3 \times \lg(H_{\mathrm{Texff}}) + K_4 \times DiffractionLoss + K_5 \times \lg(d) \times \lg(H_{\mathrm{Texff}}) + K_6 \times H_{\mathrm{Rxeff}} + K_{\mathrm{clutter}} \times f(clutter)$$

其中：

K_1：常量，单位为 dB；

K_2：常量；

d：接收机到发射机的距离，单位为 m；

K_3：常量；

H_{Texff}：发射天线等效高度，单位为 m；

K_4：常量；

$DiffractionLoss$：绕射损耗，单位为 dB；

K_5：常量；

K_6：常量；

H_{Rxeff}：接收天线等效高度，单位为 m；

K_{clutter}：常量因子。

在 Atoll 标准传播模型的基础上，参考该地区典型区域的实际测试数据取定传播模型参数，具体参数如表 7-9、表 7-10 所示。

表 7-9 某地区传播模型参数表

传播模型参数	F 频段		D 频段	
	密集市区	一般市区	密集市区	一般市区
K_1	17.4	17	21.9	21
K_2	46.13	46.13	54.7	54.7
K_3	5.83	5.83	5.83	5.83
K_4	0	0	0	0

（续表）

传播模型参数	F 频段		D 频段	
	密集市区	一般市区	密集市区	一般市区
K_5	–6.55	–6.55	–6.55	–6.55
K_6	0	0	0	0
K_{clutter}	0	0	0	0

表 7-10　某地区地形参数表

地形参数	密集市区	一般市区
Inland Water	0.11	0.63
Ocean Area	0	0
Wet land	0	5.71
Open Land in Village	0	0
Park in Urban	0	–3.6
Open Land in Urban	–3.86	11.07
Green Land	1.34	–3.4
Forest	0.61	4.89
High Buildings	1.27	–1.95
Common Buildings	–12.15	5.61
Paralleland Lower Buildings	1.94	–2.85
Largerand Lower Buildings	–3.3	11.27
Others Lower Buildings	0.65	–4.09
Dense Urban	–3.11	5.55
Town in Suburban	0	0
Village	0	0

7.6.2　仿真区域和方案

本次 F、D 频段仿真分为两种区域进行仿真。

区域内 F 频段物理站址共 589 个，1763 个小区，规划区面积 251.5km^2，平均站间距为 702m，覆盖半径为 351m；密集市区共 178 个基站，532 个小区，规划区面积 39.52km^2，平均站间距为 506m，覆盖半径为 253m；一般市区 411 个基站，1231 个小区，规划区面积 211.98km^2，平均站间距为 771.72m，覆盖半径为 386m。D 频段总体基站共 859 个，2558 个小区，规划区面积 251.5km^2，平均站间距为 581.4m，覆盖半径为 291m。

由于仿真分析的思路基本一致，以下只列出 F 频段的仿真结果分析过程。

7.6.3　仿真结果分析

1. RSRP

RSRP 仿真结果如图 7-4 所示。

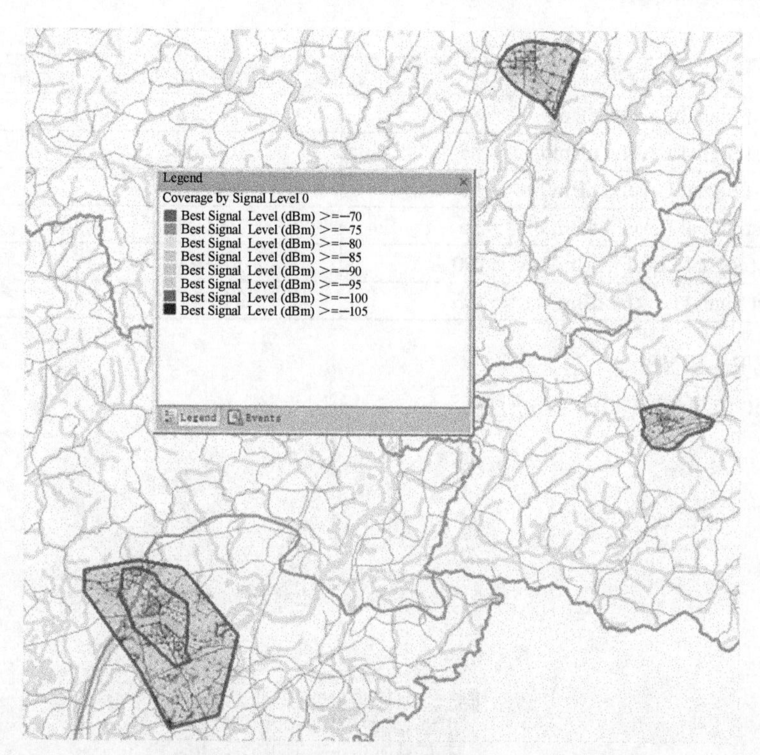

图 7-4　RSRP 仿真结果

局部区域 RSRP 仿真效果如图 7-5 所示。

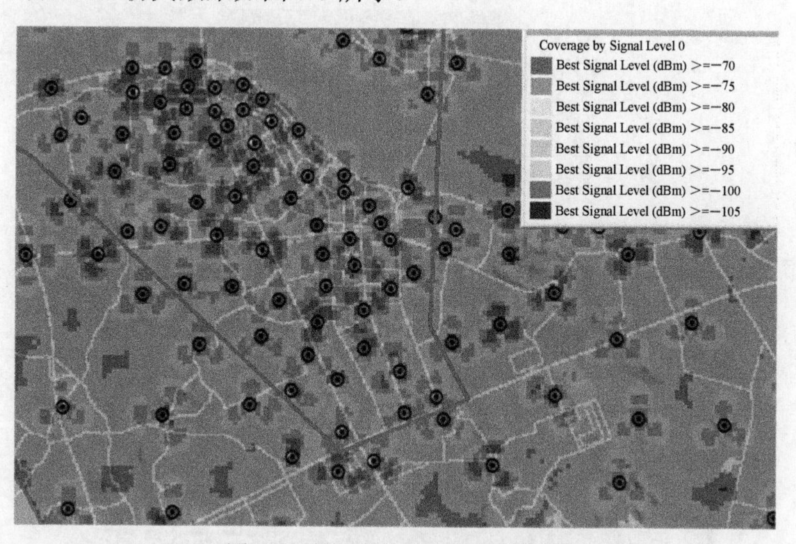

图 7-5　部分市区 RSRP 仿真结果

RSRP 仿真结果见表 7-11。

表 7-11　RSRP 仿真结果统计表

项目	面积（km^2）	所占百分比
Best Signal Level（dBm）≥−70	21.083	8.4
Best Signal Level（dBm）≥−75	59.36	23.6

（续表）

项目	面积（km^2）	所占百分比
Best Signal Level（dBm）≥−80	113.78	45.3
Best Signal Level（dBm）≥−85	165.628	66
Best Signal Level（dBm）≥−90	206.473	82.3
Best Signal Level（dBm）≥−95	232.77	92.7
Best Signal Level（dBm）≥−100	245.21	97.7
Best Signal Level（dBm）≥−105	248.943	99.2

2. 满载 RS-SINR

RS-SINR 仿真结果如图 7-6 所示。

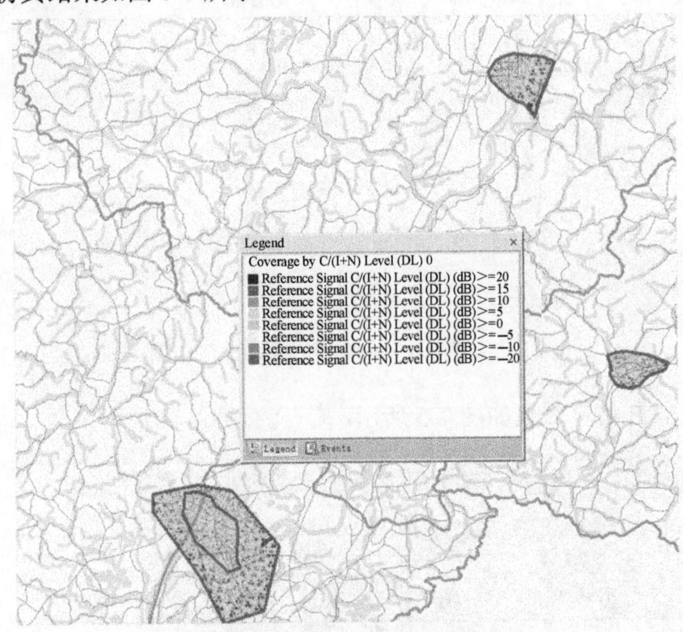

图 7-6 RS-SINR 仿真结果

部分市区 RS-SINR 仿真结果如图 7-7 所示。

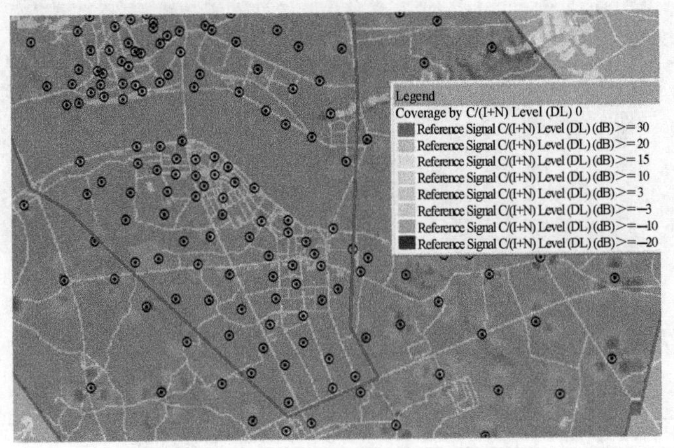

图 7-7 部分市区 RS-SINR 仿真结果

满载 SINR 仿真结果见表 7-12。

表 7-12　　满载 SINR 仿真结果统计表

项目	面积（km^2）	所占百分比
Reference Signal C/（I+N）Level（DL）（dB）≥20	7.915	3.2
Reference Signal C/（I+N）Level（DL）（dB）≥15	25.005	10
Reference Signal C/（I+N）Level（DL）（dB）≥10	59.098	23.5
Reference Signal C/（I+N）Level（DL）（dB）≥5	118.33	47.1
Reference Signal C/（I+N）Level（DL）（dB）≥0	208.383	83
Reference Signal C/（I+N）Level（DL）（dB）≥－3	242.218	96.5
Reference Signal C/（I+N）Level（DL）（dB）≥－5	248.3	98.9
Reference Signal C/（I+N）Level（DL）（dB）≥－20	250.813	99.9

3. 蒙特卡洛仿真结果

蒙特卡洛仿真结果见表 7-13。

表 7-13　　蒙特卡洛仿真结果统计表

仿真指标	目标	仿真结果
用户数	—	17784
接入成功率	大于 95%，挑战值 98%	96.10%
上行平均速率	大于 4Mbit/s	4722
上行边缘速率	大于 256kbit/s	289
下行平均速率	大于 20Mbit/s	24521
下行边缘速率	大于 1Mbit/s	1625
上行平均 RB 利用率	—	86.64%
下行平均 RB 利用率	—	53.64%

4. 仿真分析结论

根据仿真结果，F 频段 RSRP 大于–100dB 的面积有 245.21km^2，所占比例达 97.7%，满载时 RS-SINR 大于–3dB 的面积有 242.22 km^2，所占比例达 96.3%，达到了既定的覆盖规划目标。从蒙特卡洛仿真结果可以看出上、下行平均速率及边缘速率也达到了预计值的要求。

7.7 基站传输需求

由于 TD-LTE 系统相对于 2G/3G 的峰值速率有了飞跃性的提升，因此其引入对机房的传输条件也提出了较高的要求，各类基站对于 S1/X2 接口的带宽要求如表 7-14 所示。

表 7-14　　传输带宽需求表

站型		项目	宏站	室分（双路）	室分（单路）
宏基站	S111（单 F 站点）	平均传输速率	40	—	—
		峰值传输速率	320	—	—
	S11（单 F 站点）	平均传输速率	27	—	—
		峰值传输速率	213	—	—

（续表）

站型		项目	宏站	室分（双路）	室分（单路）
宏基站	S111（F+D 站点）	平均传输速率	80	—	—
		峰值传输速率	640	—	—
室内分布	O1（单 E 站点）	平均传输速率	—	30	20
		峰值传输速率	—	147	73
	S11（单 E 站点）	平均传输速率	—	60	40
		峰值传输速率	—	294	147

7.8 规划结论

规划结论一般情况下是对本规划方案进行总结，概述方案中的关键部分，如规模、建设方式、建成后的意义及风险点等。示例如下：

本规划方案从现网分析入手，结合实际情况分别制定了该地区 TD-LTE 室外及室内部分的建设方案。其中 F 频段共建设 589 个基站，共址基站 461 个，新选站址 128 个，共址率为 78%。D 频段宏蜂窝基站 859 个，其中共址基站 461 个，新选站址 398 个，共址率为 54%。无论是采用 F 频段还是 D 频段组网均能较好的完成覆盖目标，D 频段建设需要基站数较多，特别是新址新建基站数较多，会在建设过程中带来更大成本和风险，但是有利于实现 TD-LTE“走得出，进的来”的国际化道路。

室内采用 E 频段组网，本规划方案共计新建 527 个 TD-LTE 室内覆盖点，主要采用 BBU+RRU 的信源方式，通过对分布系统调研分析，需采用新建方式建设分布系统 241 个，改造原有分布系统 286 个（其中改造＋新建一路实现双路天馈方式系统 116 个、改造实现单路天馈系统 170 个）。其中单路建设方式 170 个，占比 32%，双路建设方式 357 个，占比 68%。其中一个重点就是室内分布系统新址新建站点全部采用双流建设模式，这主要是参考一类、二类地市之前的经验——对已有系统进行双流改造非常困难，协调成功率 30%都难以达到，对除停车场和电梯以外区域全部新建双流系统虽然增加了投资，但是可以一步到位，避免后续的风险。

第8章 LTE工程设计

8.1 概述

工程设计是通信工程建设项目的重要环节，它根据已确定的可行性研究报告对拟建工程的技术、经济、资源、环境等进行更加深入细致的分析，编制设计文件和绘制设计图纸的工作。对拟建工程的生产工艺流程、设备选型、建筑物外型和内部空间布置、结构构造、建筑群的组合以及周围环境的相互联系等方面提出清晰、明确、详尽的描述，并体现在图纸和文件上，以便据此施工建设。

工程设计是对规划思路、原则、方案的细化与实现，是指导工程施工的最重要的技术手段，起到承上启下的作用。

8.1.1 建设流程

通信建设工程通常分为立项、实施和验收投产3个阶段，如图8-1所示。

通信建设工程各阶段的工作内容包括以下几部分。

（1）项目建议书：经过前期调研、规划、分析，提交建议书。

（2）可行性研究：进行需求预测、预估规模、方案比较、技术经济论证。凡是达到国家规定的大中型建设规模的项目，以及利用外资的项目、技术引进项目、主要设备引进项目、国际出口局新建项目、重大技术改造项目等，都要进行可行性研究。小型通信建设项目，也可进行可行性研究，但要参照相关规定进行技术经济论证。

（3）初步设计：根据可行性研究报告，进行初步勘察，取得设计基础资料后进行编制。

（4）年度计划：主要是投资和进度控制计划。

（5）施工图设计：根据初步设计和设备订货合同，进一步进行现场勘察，确定具体施工方案，绘制施工详图，编制施工图预算。

（6）开工报告：施工前，建设单位会同施工单位向主管部门提出开工报告。

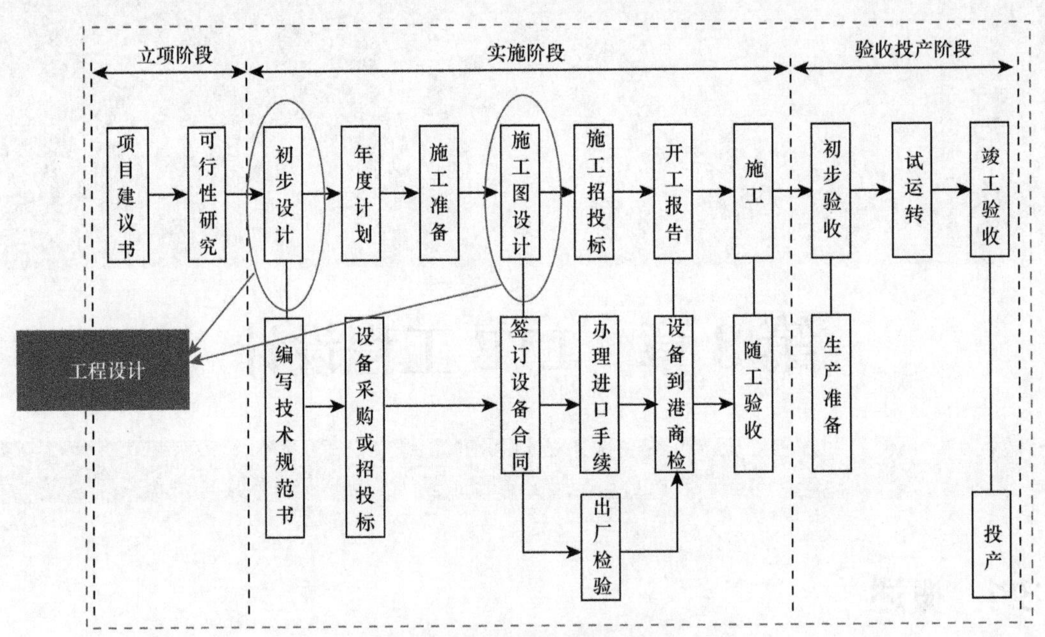

图8-1 通信建设工程阶段划分

（7）初步验收：施工单位完成承包合同工作量后，向建设单位申请项目完工验收，提出交工报告，由建设单位、监理、设计、施工、维护等个各单位参加，检验各项技术指标是否达到设计要求。

（8）试运转：试运转期3个月，网路和电路运行正常即可组织竣工验收的准备工作。

（9）竣工验收：工程建设过程的最后一个环节，全面考核建设成果、检验设计和工程质量是否符合要求，审查投资使用是否合理。验收前由建设单位向主管部门提出竣工验收报告，编制总决算及相关技术资料，报上级主管部门审查。

通信工程设计主要包括初步设计和施工图设计两个部分，统称一阶段设计。在复杂系统工程、新技术工程中，通常还需要在一阶段设计之前进行总体设计。

总体设计部分要对现有网络覆盖、容量、质量现状进行有效评估；结合总体规划方案和投资安排，制定网络扩容、改造、替换的总体建设指导原则和方案；根据评估结果制定典型的工程建设指导解决方案，对一阶段设计工作起到指导的作用。

在一阶段设计阶段，重点加强工程深度设计，完善和细化总体设计，根据现场情况和订货合同制订合理的设计方案。初步设计是将可行性研究报告的实施方案进一步具体化。可行性研究报告批准后，项目法人委托有相应资质的设计单位，按照批准的可行性研究报告的要求，通过现场勘察取得可靠地设计基础资料，编制初步设计。初步设计的主要任务是确定项目的建设方案，进行设备选型，编制工程项目的总概算。施工图设计根据建筑、安装、非标准设备制作的需要，把初步设计确定的设计准则和设计方案进一步具体化和详细化，要求详细、具体地将初步设计的技术方案加以体现，最终确定设备选型、数量、实施方案等，绘制施工详图，并编制施工图预算。施工图设计深度应满足设备、材料的订货，设备安装工艺及施工要求。

8.1.2　设计内容

总体设计应以现有网络的现状评估为依据，以指导一阶段设计工作为目标，结合总体规划方案和投资安排开展工作。其主要任务是着眼于全网，针对整个工程阶段，制定网络扩容、改造、替换的总体建设指导原则和方案。

在网络工程开展前，从覆盖、容量、质量各个方面对网络现状进行有效评估有利于全面了解网络，把握网络扩容重点，可以将网络规划方案和投资安排中制定的建设计划进一步与实际相结合，有的放矢地进行工程扩容安排，并对工程的实际进行起到指导作用。因此开展总体设计利于将网络规划方案和投资安排实际落地，通过制定建设指导原则和方案来指导后续的设计工作。

总体设计要完成的主要工作内容包括以下几部分。

（1）网络现状分析。从网络覆盖，话务分布，网络指标，用户投诉等各方面评估网络的覆盖、容量、质量；分析网络扩容的重点。

（2）无线网络建设目标和原则。以无线网基本指标和设计基本数据为基础，确定无线网络建设目标，并确定无线网络建设的具体原则。

（3）无线网络建设方案。评估覆盖区域的区域类型特点，分区域给出解决区域覆盖、容量的主要方法和技术手段。

（4）基站设置原则。根据无线网络建设目标和建设方案，针对城区、住宅小区、高层住宅、市政项目、交通干线等不同覆盖目标，确定基站、直放站的站址选择及设置原则；并结合新技术，新手段给出建站难点的解决方案。

（5）无线网络的调整及优化。无线环境时时刻刻的变化带来无线网络不断调整及优化以适应环境变化的需求，网络结构的优化，硬件设备的改造，天馈线系统的改造都对网络带来不同的影响。

（6）无线网络频率设置。频率方案设置的优劣严重影响了 GSM 系统的网络质量，在网络容量不断增加，站点密度不断增大的情况下，如何安排频率方案，合理利用频谱资源是网络扩容方案的重点，在总体设计中需要针对区域站点分布情况确定无线网络的频率设置方案和原则，全面的指导后期的方案设计。

针对以上总体设计的主要工作内容，总体设计应重点做好两个方面工作。

（1）做好总体设计的前期数据准备工作

总体设计以网络现状分析为依据，并需要结合网络规划方案和投资安排，因此在设计方案制定前需获取足量的网络实际运营统计数据，并由设计单位配合规划部门详细了解总体规划方案和投资安排。

（2）切实做好总体设计与规划的衔接

总体设计需要将总体规划方案和投资安排进一步细化，便于实际方案设计的实施，更多的是从全网角度出发，确定网络建设的原则和思路，因此在做总体设计需与规划部门做好沟通，了解建设单位的总体思路，并结合网络现状的评估结果，在总体上把握网络扩容的方案和原则，为方案设计提供切实的指导。

初步方案设计应以当期工程的覆盖原则与建设原则为指导，在前期规划及批准的可行性研究报告的基础上开展工作。其主要任务是细化工程项目的建设规模、技术方案等，将规划需求落实到实际建站环境中。

由于网络规划主要着眼于网络容量、覆盖、未来网络发展需求等技术因素，而实际根据规划建设站点时，常遇到业主拒绝建站，因结构问题满足不了高度要求，机房面积不够等问题，导致需要后期换点。若进行方案设计，将规划需求落实到实际建站环境中，一定程度上可以减少换点的反复，提高工程建设效率，同时更好地保证实际站点建设贴近规划，提高网络覆盖效果，另一方面方案设计方案可以作为选点人员谈点的专业性依据，提高选点成功率，因此开展方案设计对于工程建设有着积极深远的意义。

方案设计要完成的主要工作内容包括：

（1）根据规划方案进行现场站点初勘，评估建站需求，并通过对现网情况进行分析与仿真，找出目前的覆盖盲区、弱覆盖区域，制定基站建设站址设计方案，有效指导选址工作。

（2）确定站点建设类型及配套建设方案，有效指导开展后续的配套建设工作。

（3）明确主要的无线技术参数，包括载波配置情况、天线类型、挂高、方位角、俯仰角、电源配置等信息，有效指导设备工程建设的实施。

（4）加强对基站新技术的应用，根据初勘的结果和实际情况，适当应用基站新技术，如C-RAN、一体化天线、双通道RRU、GPS光纤拉远等。

施工图设计分专业开展，通常包括无线、传输、配套、动力与环境等专业，主要完成室内外设备平面布置加固、线缆布放、防雷接地及结构复核等工作。

（1）无线设计指基站室内外无线设备的安装设计，包括室内设备平面布置和调整、与其他设备间相关信号线缆的布放设计、新增室内外线缆走线架及新开馈线洞设计、室内外设备间连接线缆布放、室外天线和室外设备单元安装位置设计（含天馈防雷接地工艺要求）等。

（2）传输设计包括传输网络的核心/汇聚、接入层设备的安装设计，光纤分配架、综合分配架和数字配线架等设备的安装设计，管道及光缆线路敷设安装设计和光缆线路防护设计。

（3）配套设计包括室内外走线架/梯、天线/GPS 杆塔设计、天线美化外安装设计、土建机房设计、杆塔基础设计、对基站机房结构进行承重复核、提出承重复核报告并根据复核结果确定所需的整改措施。

（4）动力与环境设计包括无线基站的交流系统、直流系统、接地系统、空调系统等。

8.1.3 设计依据

设计依据是开展工程设计所遵循的标准、规范、原则和基于事实的调研资料，主要包括批复、委托、国家标准、行业标准、地方标准、企业标准、合同、现场勘测资料、建设方工作要求及其他由国家有关部门发布的合法信息。

这里主要对设计相关的标准和规范进行汇总、归类。标准为在一定的范围内获得最佳秩序，经协商一致制定并由公认机构批准，共同使用的和重复使用的一种规范性文件。它以科学、技术和实践经验的综合成果为基础，以促进最佳的共同效益为目的。规范是在工业生产和工程建设中，对设计、施工、制造、检验等技术事项所做的一系列规定。

标准、规范都是标准的一种表现形式，习惯上统称为“标准”，针对产品、方法、符号、概念等基础标准时，一般采用“标准”，针对工程勘察、设计、施工等技术事项时，一般采用“规范”。

标准按照约束力来分可以分为强制性标准和推荐性标准。强制性标准是必须执行的标准。不符合强制性标准的产品，禁止生产，销售和进口。推荐性标准是国家鼓励企业自愿采用。一旦纳入指令性文件，具有相应的行政约束力。

1. 通用标准与规范

通用标准规范主要指的是对各专业工程设计都相关的工艺、加固、消防、环保、安全生产等相关要求，节选部分基站设计相关的标准、规范、要求如下。

设计要求：

（1）《电信工程制图与图形符号规定》（YD/T 5015—2007）

（2）《工程建设标准强制性条文》（信息工程部分）（2007 年版）

建设用房：

（3）《电信专用房屋设计规范》（YD/T 5003—2005）

（4）《中小型电信机房环境要求》（YD/T 1712—2007）

（5）《租房改建通信机房安全技术要求》（YD/T 2198—2010）

防火：

（6）《邮电建筑防火设计标准》（YD 5002—94）

（7）《建筑设计防火规范》（GB 50016—2012）

（8）《通信机房防火封堵安全技术要求》（YD/T 2199—2010）

防雷：

（9）《建筑物防雷设计规范》（GB 50057—2010）

（10）《通信局（站）防雷与接地工程验收规范》（YD/T 5175—2009）

（11）《通信局（站）防雷与接地工程设计规范》（GB 50689—2011）

（12）《基站防雷与接地技术规范》（QB—W—011—2007）

抗震加固：

（13）《通信建筑抗震设防分类标准》（YD 5054—2010）

（14）《通信设备安装抗震设计图集》（YD 5060—2010）

（15）《电信设备安装抗震设计规范》（YD 5059—2005）

（16）《电信机房铁架安装设计标准》（YD/T 5026—2005）

节能环保与共建共享：

（17）《通信局（站）节能设计规范》（YD 5184—2009）

（18）《通信工程建设环境保护技术暂行规定》（YD 5039—2009）

（19）《电信基础设施共建共享工程技术暂行规定》（YD 5191—2009）

（20）《电磁辐射防护规定》（GB 8702—1988）

（21）《微波和超短波通信设备辐射安全要求》（GB 12638—1990）

（22）《建筑施工场界噪声限值》（GB 12523—2011）

（23）《工业企业厂界环境噪声排放标准》（GB 12348—2008）

（24）《通信工程建设环境保护技术暂行规定》（YD 5039—2009）

安全生产：

（25）《国务院关于进一步加强安全生产工作的决定》（国发[2004]2 号）

（26）关于发布《通信建设工程安全生产操作规范》的通知（工信部规[2008]110 号）

（27）关于印发《通信建设工程安全生产管理规定》的通知（工信部规[2008]111 号）

（28）中华人民共和国劳动部、原邮电部标准《邮电通信定员》（LD/T 102—1997）

2. 无线标准与规范

无线专业工程设计相关国标、行标有：

（1）《900MHz TDMA 数字移动通信工程设计暂行规定》（邮部[1998]202 号）

（2）《900/1800MHz TDMA 数字蜂窝移动通信网工程设计规范》（YD/T 5104—2005）

（3）《900/1800MHz TDMA 数字蜂窝移动通信网工程验收规范》（YD/T 5067—2005）

（4）《无线通信系统室内覆盖工程设计规范》（YD/T 5120—2005）

（5）《移动通信应急车载系统工程设计规范》（YD/T 5114—2005）

（6）《无线通信系统室内覆盖工程验收规范》（YD/T 5160—2007）

（7）《第三代移动通信基站设计暂行规定》（YD/T 5182—2009）

（8）《800MHz/2GHz cdma 2000 数字蜂窝移动通信网工程设计暂行规定》（YD 5110—2009）

（9）《2GHz WCDMA 数字蜂窝移动通信网工程验收暂行规定》（YD/T 5173—2009）

（10）《2GHz WCDMA 数字蜂窝移动通信网工程设计暂行规定》（YD 5111—2009）

（11）《2GHz TD-SCDMA 数字蜂窝移动通信网工程验收暂行规定》（YD/T 5174—2008）

（12）《2GHz TD-SCDMA 数字蜂窝移动通信网工程设计暂行规定》（YD 5112—2008）

3. 传输标准与规范

传输设计相关的标准规范有：

（1）《市内通信全塑电缆线路工程设计规范》（YD J9—90）

（2）《市内电话线路工程设计规范》（YD J8—85）

（3）《通信管道与通道工程设计规范》（YD 5007—2003）

（4）《通信管道工程施工及验收技术规范》（YD 5103—2003）

（5）《数字同步网工程设计规范》（YD/T 5089—2005）

（6）《数字同步网设备安装工程验收规范》（YD/T 5090—2005）

（7）《海底光缆数字传输系统工程设计规范》（YD 5018—2005）

（8）《SDH 本地网光缆传输工程设计规范》（YD/T 5024—2005）

（9）《同步数字体系（SDH）光纤传输系统工程验收规范》（YD/T 5044—2014）

（10）《光缆线路自动监测系统工程设计规范》（YD/T 5066—2005）

（11）《SDH 光缆通信工程网管系统设计规范》（YD/T 5080—2005）

（12）《波分复用（WDM）光纤传输系统工程设计规范》（YD/T 5092—2014）

（13）《光缆线路自动监测系统工程验收规范》（YD/T 5093—2005）

（14）《同步数字体系（SDH）光纤传输系统工程设计规范》（YD/T 5095—2014）

（15）《WDM 光缆通信工程网管系统设计规范》（YD/T 5113—2005）

（16）《基于 SDH 的多业务传送节点（MSTP）本地网光缆传输工程设计规范》（YD/T 5119—2005）

（17）《波分复用（WDM）光纤传输系统工程验收规范》（YD/T5122—2014）

（18）《有线接入网设备安装工程设计规范》（YD/T 5139—2005）
（19）《有线接入网设备安装工程验收规范》（YD/T 5140—2005）
（20）《通信管道与通道工程设计规范》（GB 50373—2006）
（21）《通信管道工程施工及验收规范》（GB 50374—2006）
（22）《自动交换光网络（ASON）工程设计暂行规定》（YD/T 5144—2007）
（23）《自动交换光网络（ASON）工程验收暂行规定》（YD/T 5145—2007）
（24）《架空光（电）缆通信杆路工程设计规范》（YD 5148—2007）
（25）《SDH 本地网光缆传输工程验收规范》（YD/T 5149—2007）
（26）《基于 SDH 的多业务传输节点（MSTP）本地光缆传输工程验收规范》（YD/T 5150—2007）
（27）《光缆进线室设计规定》（YD/T 5151—2007）
（28）《光缆进线室验收规定》（YD/T 5152—2007）
（29）《SDH 数字微波设备安装工程验收规范》（YD/T 5141—2005）
（30）《本地网光缆波分复用系统工程设计规范》（YD/T 5166—2009）
（31）《本地网光缆波分复用系统工程验收规范》（YD/T 5176—2009）
（32）《光缆通信工程网管系统验收规范》（YD/T 5179—2009）
（33）《通信线路工程设计规范》（YD 5102—2010）
（34）《通信线路工程验收规范》（YD 5121—2010）
（35）《住宅区和住宅建筑内光纤到户通信设施工程施工及验收规范》（GB 50847—2012）
（36）《住宅区和住宅建筑内光纤到户通信设施工程设计规范》（GB 50846—2012）

4. 建筑标准与规范

建筑结构相关的标准规范有：
（1）《民用建筑可靠性鉴定标准》（GB 50292—2014）
（2）《建筑结构荷载规范》（GB 50009—2012）
（3）《建筑结构荷载规范》（GB 50009—2012）
（4）《混凝土结构设计规范》（GB 50010—2010）
（5）《通信建筑工程设计规范》（YD 5003—2014）
（6）《移动通信工程钢塔桅结构设计规范》（YD/T 5131—2005）
（7）《移动通信工程钢塔桅结构验收规范》（YD/T 5132—2005）
（8）《高耸结构设计规范》（GB 50135—2006）

5. 电源标准与规范

电源设计相关的标准规范有：
（1）《通信局（站）电源系统总技术要求》（YD/T 1051—2010）
（2）《通信电源集中监控系统工程设计规范》（YD/T 5027—2005）
（3）《通信电源集中监控系统工程验收规范》（YD/T 5058—2005）
（4）《通信电源设备安装工程设计规范》（YD/T 5040—2005）
（5）《通信电源设备安装工程验收规范》（YD 5079—2005）
（6）《通信局（站）防雷与接地工程设计规范》（YD 5098—2005）
（7）《通信局（站）防雷与接地工程设计规范》（GB 50689—2011）

（8）《通信局（站）防雷与接地工程验收规范》（YD/T 5175—2009）
（9）《电力工程电缆设计规范》（GB 50217—2007）
（10）《通信局（站）节能设计规范》（YD 5184—2009）
（11）《通用用电设备配电设计规范》（GB 50055—2011）
（12）《低压配电设计规范》（GB 50054—2011）

6. 其他依据

其他设计依据包括但不限于：
（1）建设单位提供的可行性研究报告、设计批复等相关工程资料；
（2）建设单位编制下发的企业规范；
（3）设备厂家提供的设备参数及安装维护要求；
（4）设计、施工、监理及设备采购合同；
（5）现场勘测数据；
（6）与工程相关的政府公告；
（7）地方年鉴等。

8.1.4 设计原则

根据LTE网络基站设计要求，将LTE基站设计原则总结归纳如下。

1. 机房选址

机房设计主要考虑所需安装设备和线缆敷设所需要的空间、动力、结构需求。

（1）机房净高大于或等于2.7m，以便于安装机架、走线梯和布放电缆。

（2）机房和天面荷载能力应由土建专业现场勘察进行核实，并出具相应的承重核实报告。

（3）宜选在交通便利、供电可靠的地方；不宜在大功率无线发射台、大功率电视发射台、大功率雷达站和有电焊设备、X光设备或产生强脉冲干扰的热和机、高频炉的企业或医疗单位附近设站。

（4）远离加油站，至少保证：油量<50 m^3时，间距>12 m；油量在50～1000 m^3之间时，间距>15 m；油量在1000～2000 m^3之间时，间距>20 m。

（5）不应选择在易燃、易爆的仓库和材料堆积场，以及在生产过程中容易发生火灾和爆炸危险的工业、企业附近。基站尽可能避免设在雷击区。

（6）不宜设置在生产过程中散发较多粉尘或有腐蚀性排放物的工业企业附近。

（7）高压线附近设站时，通信机房应保持20m以上的距离，铁塔离开高压线距离必须在自身塔高以上。

2. 土建改造

LTE建设中，共址新建将成为主要的建设方式，对于共址机房应复核新增设备后的动力需求变化，新增设备对机房承重的影响，如选择新建机房，需满足通用的机房土建要求。

（1）基站室内机房需根据实际情况由结构专业核算，满足机房承载要求；对于不满足的站点，应提出改造方案或另选新站址。

（2）基站机房宜优先选择具有现浇楼板结构的房屋。

（3）在屋面建设轻体房屋作为机房使用时，应充分考虑屋面的承载能力，采用合理的建设方案，以确保轻体房屋与屋面结构有可靠的拉结措施，同时应考虑屋面防水层的保护和修复。

（4）应考虑电池组荷载的远期要求，在土建专业确认后，非承重隔墙可拆除，降低楼板载荷，增加设备负载容限。

（5）有条件时应预先安装电池组架空支架，以满足正常使用和扩容后的承重需求。

（6）机房门一般情况宽度不小于 1m，门应向外开，应具有防火、防盗能力，门窗应符合防尘、防晒、防火、密封的要求；房门口设门槛；机房内做好防水措施。

（7）窗户需进行避光处理，做好防水防盗措施。

（8）电信机房的室内装修，应满足电信工艺的要求，满足《建筑内部装修设计防火规范》（GB50222—2001）的规定。装修材料应采用不燃烧材料，选取耐久、不起灰、环保的材料。电信机房不设吊顶。

（9）机房需做好防强电、防鼠、防白蚁保护措施。进出局电缆、光纤须采用防鼠、防蚁护套材料。

（10）原则上机房内部水暖器材、管道和阀门全部拆除，如遇特殊情况管道无法拆除的，应做铁制品堵漏处理。

3. 电源建设

电源的设计应当充分考虑 2G/3G/4G 主设备、传输设备、远端设备、空调等机房交直流供电需求。

（1）一般性原则

① 交流电源配置原则：基站交流电源引入功率、交流配电箱容量均按远期考虑。

② 高频开关电源配置原则：高频开关组合电源机架按远期容量配置，整流模块按本期负荷配置，高频开关组合电源中整流模块数按 N+1 冗余方式配置，即当主用模块 n ≤10 时，另加热备用模块一个；当 N>10 时，每 10 只备用 1 只。其主用整流模块总容量应按负荷电流和均充电流之和确定。

③ 蓄电池配置原则：蓄电池组容量应按近期通信负荷配置，并考虑一定的发展负荷需要。

④ 交流配电设备的交流进线宜按远期负荷计算，出线应按被供负荷的容量计算，按允许载流量并兼顾机械强度选型。通信用交流中性线选用与相线截面相等的导线。

⑤ 采用 380V/220V 交流电源直接引入自建机房的无线基站，交流供电线路应采用套钢管或铠装直埋地的方式引入机房，埋地长度要求在 15m 以上，钢管或铠装电缆两端钢带应就近接地。

⑥ 机房内蓄电池放电回路的直流导线按允许压降并兼顾允许载流量选型。直流压降核算公式为：$\Delta U = I \cdot L \cdot 2/(r \cdot S)$，其中，$I$ 为放电回路设计电流（A）；L 为回路导线的单程长度（m）；S 为导线横截面积（mm^2）；r 为导线电导率，铜导线 r=57，铝导体 r=34。

⑦ 机房内的交、直流导线必须采用非延燃电缆，接地导线采用多股铜芯电缆。直流电源线正极外皮颜色应为红色，负极外皮颜色应为兰色。电源线、信号线必须是整条线料，外皮完整，中间严禁有接头和急弯处。

⑧ 由楼顶引入机房的电缆应选用具有金属护套的电缆，并应在采取了相应的防雷

措施后方可进入机房。

⑨ 对于交流供电通信设备的新建站点，应根据基站的容量需求及机房的面积、位置等情况综合考虑，尽量新增一套 1～3kVAUPS。若因业主原因不能安装大容量 UPS 的基站，可考虑换为小容量 UPS。对于无条件安装落地 UPS 的无机房交流供电基站，可采用挂墙式 UPS 设备。对于共址基站：

a. 原有 UPS 时，优先考虑和已有系统共用 UPS；若共用 UPS 不满足蓄电池后备放电时间或 UPS 端子不满足要求，则为新增系统新增一套 UPS。UPS 内置的空开数量不够时，则新增外置开关。

b. 原无 UPS 时，需根据实际情况选定合适的 UPS。

（2）配置原则

LTE 电源系统的建设通常面临与 2G/3G 系统共用的问题，而且通常一个基站内部的所有直流设备共用一套直流供电系统，因此，LTE 电源系统的设计需考虑所有相关系统的需求，有条件的情况下，直流供电系统应按照远期需求设计。

① 独立新建 LTE 基站。

a. 配置 1 套交直流供电系统，分别由 1 台交流配电箱（屏）、1 套–48V 高频开关组合电源（含交流配电单元、高频开关整流模块、监控模块、直流配电单元等）和 2 组（或 1 组）阀控式蓄电池组组成。

b. 要求引入一路不小于三类的市电电源，站内交流负荷应根据各基站的实际情况按 10～30kW 考虑。

c. 交流配电箱的容量按远期负荷考虑，输入开关要求为 100A，站内的电力计量表根据当地供电部门的要求安装。

d. 蓄电池组的后备时间应结合基站重要性、市电可靠性、运维能力、机房条件等因素确定，一般建议 3h 以上。

e. 配置 2 组蓄电池，机房条件受限或后备时间要求较小的基站可配置 1 组蓄电池。

f. 高频开关组合电源机架容量均按远期容量需求配置，整流模块容量按本期负荷配置，整流模块数按 n+1 冗余方式配置。

g. 电源电缆应采用非延燃聚氯乙稀绝缘及护套软电缆，各种用途电缆截面积及颜色选择见表 8-1。

表 8-1 电缆用途截面积及颜色选择表

<table>
<tr><th>电缆用途</th><th>电缆截面积选择</th><th>颜色选择</th><th>备注</th></tr>
<tr><td rowspan="3">交流市电引入电缆</td><td>≥4×16mm^2
（市电引入容量为 15kW）</td><td rowspan="6">外护套为黑色，内绝缘层分别为 A 相黄色、B 相绿色、C 相红色、中性线黑色；若采用五芯电缆引入，要求：外护套为黑色，内绝缘层分别为 A 相黄色、B 相绿色、C 相红色、中性线兰色，地线为黄线相间色</td><td rowspan="3">当市电引入距离>200m 时，应相应增大电缆线径，室外采用铠装电缆</td></tr>
<tr><td>≥4×25mm^2
（市电引入容量为 20kW）</td></tr>
<tr><td>≥4×35mm^2
（市电引入容量为 25～30kW）</td></tr>
<tr><td rowspan="2">高频开关组合
电源交流引入电缆</td><td>4×16mm^2（满架容量为 300A）</td><td></td></tr>
<tr><td>4×25mm^2（满架容量为 600A）</td><td></td></tr>
<tr><td>空调机电源电缆</td><td>5×4mm^2（3HP 或
5HP 三相空调机）</td><td></td></tr>
</table>

（续表）

电缆用途	电缆截面积选择	颜色选择	备注
蓄电池组电缆	$1\times150\text{mm}^2$		
无线设备机架电缆	$2\times6\text{mm}^2$		由无线设备厂家提供
地线引入电缆	$1\times95\text{mm}^2$	黄绿色	
高频开关组合电源工作地线	$1\times70\text{mm}^2$	外护套为红色或黑色	
交流配电箱/屏保护地线	$\geqslant1\times16\text{mm}^2$	外护套为黄绿色	
高频开关组合电源保护地线	$\geqslant1\times16\text{mm}^2$		
无线设备机架保护地线	$\geqslant1\times16\text{mm}^2$		由无线设备厂家提供
走线架的接地线	$1\times16\text{mm}^2$		
电池铁架的接地线	$1\times16\text{mm}^2$		

h. 对于无专用机房或机房条件受限的小型基站，条件许可的情况下可采用直流–48V 电源供电。

i. LTE 基站防雷系统、接地系统的设置应符合《通信局（站）防雷与接地工程设计规范》（YD 5098—2005）的要求。

j. 无线设备厂家应在 RRU 电源线两端配置浪涌保护器，屏蔽电缆的金属层在进入机房前应进行防雷接地，具体方案应满足《通信局（站）在用防雷系统 TD-SCDMA 基站防雷接地检测指导书》（工信部工信厅科函[2008] 86 号）的规定。

k. 独立新建 LTE 基站地线系统应采用联合接地方式，即工作接地、保护接地、防雷接地共设一组接地体的接地方式。在机房内应至少设置 1 个地线排。

② 共址新建 LTE 基站。

a. 共址新建 LTE 基站市电容量以及市电引入电缆应能满足本次新增 LTE 设备需求，对于原市电容量以及市电引入电缆不能满足要求的基站，应进行市电接入改造，并应向相关单位申请增容。

b. 对于需要进行市电接入改造的基站，应改造更换为不小于 $4\times25\text{mm}^2$ 截面的铜芯或 $4\times35\text{mm}^2$ 截面的铝芯电力电缆，进线开关容量应更换为 100A 的进线开关。

c. 现有设备负荷按的测算可以参考实测值，建议保留 20%以上的冗余。

d. 蓄电池组应根据基站后备时间要求、机房可承受的荷载、机房面积等因素来确定是否需要更换和更换后的容量，更换后的蓄电池仍宜采用 2 组。

e. 当原有室内地线排不能满足新增 LTE 设备的接地需求时，可在机房内的适当位置增加 1 个地线排，并用截面积不小于 95mm^2 的铜芯电力电缆与原有的室内地线排并接。

f. 现有无线设备采用–48V 电源的基站电源设备配置改造原则：

- LTE 设备应与现有无线设备采用同一套直流系统供电。如现有电源机架容量能满足新增 LTE 设备需求，则只需增加整流模块对原开关电源进行扩容；如现有电源机架容量不能满足需求，则采用更换开关电源的办法解决。
- LTE 基站开关电源的直流配电端子根据基站的现有情况和需要进行改造。如现有直流配电端子不能满足新增 LTE 设备的需求，或更换配电开关，或增加直流配电箱，直流配电箱的电源应从开关电源架母线排引接。

g. 现有无线设备采用+24V 电源的基站电源设备配置改造原则：

- 在基站机房面积、楼板荷载及市电容量等条件许可的条件下，尽量为 LTE 设备独立配置一套–48V 直流电源系统。
- 在机房条件不允许为 LTE 设备独立配置一套–48V 直流电源系统时，则采用与现有无线设备共用一套直流供电系统并配置 1 个+24V/–48V 的直流变换器为 LTE 设备供电的方案。如现有电源机架容量能满足新增 TD-LTE 设备需求，则只需增加整流模块对原开关电源进行扩容；如现有电源机架容量不能满足需要，则需要更换原有开关电源。
- +24V/–48V 直流变换器机架输出容量要求不小于 100A，变换器模块容量按本期负荷配置，变换器模块数按 n+1 冗余方式配置。

③ RRU 供电方案。

RRU 供电可参考表 8-2。

表 8-2　RRU 供电方案

供电距离 L（单位：m）	供电方案
L≤100	用标配的供电电缆从信号源处的–48V 直流电源取电
300≥L>100	1.使用信号源处的–48V 直流电源为 RRU 供电，标配的供电电缆不能满足电压降的要求时，可加粗供电电缆线径； 2.线缆数量较多或敷设路由困难时，就近为 RRU 单独配置小型–48V 直流电源系统设备； 3.若电源设备安装位置受限或 RRU 为级联方式时，可就近或采用从信源处引接交流电源为 RRU 供电； 4.新建或利旧原有–48V（+24V）直流电源系统，通过局端远供电源系统转换为 240～380V 直流电源输送至 RRU 侧，在 RRU 侧安装适配电源，重新转换为–48V 使用
L>300	1.宜单独采用–48V 直流电源为其供电，为 RRU 配置小型–48V 直流电源系统设备； 2.新建或利旧原有–48V（+24V）直流电源系统，通过局端远供电源系统转换为 240～380V 直流电源输送至 RRU 侧，在 RRU 侧安装适配电源，重新转换为–48V 使用； 3.若电源设备安装位置受限或 RRU 为级联方式时，可就近或采用从信源处引接交流电源为 RRU 供电

4. 设备安装

根据设备的安装方式不同，其要求略有不同。

（1）挂墙安装方式

① 设备挂墙安装时，安装墙体应为水泥墙或砖（非空心砖）墙，且具有足够的强度方可进行安装。

② 设备安装位置应便于线缆布放及维护操作且不影响机房整体美观，墙面安装面积应不小于 600mm×600mm，设备下沿距地宜为 1.4～1.6m，易于施工维护人员的操作。

③ 设备安装可以采用水平安装方式或竖直安装方式，设备安装时，设备上下左右应该预留不少于充足的散热空间，前面要预留 600mm 的维护空间，所有设备可达的区域需保留足够的设备及仪表搬运空间。

（2）19英寸标准机柜安装方式

19英寸标准柜的安装有利于各系统BBU集中堆叠式安装，可大大节省机房空间，降低选址要求，相关安装要求如下：

① 机房内具备可供设备安装的19英寸标准机柜，且机柜内空间能够满足所需安装BBU的高度和深度要求，方可采用机柜安装方式。

② BBU安装时，上下应该保留充足的空间用于设备散热。

③ BBU的接地由19英寸标准机柜统一提供即可。

5. 线缆布放

走线架布放应严格遵循设计规范。

（1）通信建筑内的配电线路除敷设在金属桥架、金属线槽、电缆沟及电缆井等处外，其余线路均应穿金属保护管敷设。

（2）通信建筑内的动力、照明、控制等线路应采用阻燃型铜芯电线（缆）。通信建筑内的消防配电线路，应采用耐火型或矿物绝缘类等具有耐火、抗过载和抗机械破坏性能的不燃型铜芯电线（缆）。消防报警等线路穿钢管时，可采用阻燃型铜芯电线（缆）。

（3）通信电缆不应与动力馈电线缆敷设在同一走线孔洞（管井）内。机房内的走线除设备的特殊要求外，一律采用不封闭走线架。

（4）交、直流电源的电力电缆应分开布放；电力电缆与信号线缆应分开布放；布放交、直流电缆时应分开捆扎，信号电缆和交直流电缆也应分开捆扎，尽量避免交叉，若交叉，交叉部分须套绝缘管做屏蔽处理。光纤尾纤加套管或走光纤专用线槽。必须同槽同孔敷设的或交叉的应采取可靠的隔离措施。

（5）馈线、光缆、交流电缆在引入机房处的外墙面上需做回水弯，避免雨水通过线孔进入机房。

（6）穿墙孔应加隔离板并用防火泥堵死，并内高外低。

（7）走线槽的布放要牢固、美观。切割走线槽时，切口要垂直整齐。走线槽的两端须安装盖子。

（8）要求所有的走线管整齐、美观，其转弯处要使用转弯接头连接。

（9）机房设备的排水管不能与电源线同槽敷设或交叉穿越；确实必须同槽或交叉的要采取可靠的防渗漏防潮措施。

（10）走线梯经过梁、柱时，就近与梁、柱加固。在走线梯上相邻固定点之间的距离不能大于2m。

（11）为了不阻碍机架里空气与外界的对流，机架顶与走线梯的距离必须大于200mm；同时为了方便在走线梯上电缆的布放，要求走线梯与机房顶的净空距离大于300mm。

（12）走线梯要求接地，用一根不小于16mm^{2}的接地线与总地线排连接，各段走线架接头处用16 mm^{2}电缆保持电气连通。

6. 天面建设

天馈系统的建设是LTE基站的主要工作内容，工程量所占比例最大。根据升级制式的不同，LTE天馈系统可能需要对原有3G系统的天馈部分进行升级改造，或者新增LTE专用的天馈系统。

（1）一般要求

① 天线应与其他系统天线满足隔离度要求，天线的主瓣方向附近应无金属物件或楼房阻挡。

② 设备安装位置应选于方便施工安装、线缆连接和维护操作，且不影响建筑物整体美观的楼面墙体位置。

③ 挂墙设备安装件的安装应符合相关设备供应商的安装及固定技术要求。

④ 天线安装时，天线支架顶端应高出天线上安装支架顶部 200mm。天线支架底端应比天线长出 200mm，以保证天线安装的牢固。

⑤ 馈线孔尽量开在房屋的背面墙、街道的背面墙，以免引起路人的关注。

⑥ 在工程实施中，两系统天线之间适当进行垂直或水平空间隔离，天线安装间距参照相关标准。

⑦ 垂直或水平空间隔离无法满足要求时，可以考虑通过增加滤波器、建筑物阻挡、天线方向角调整、主设备升级更新等手段加以解决。

⑧ 天馈线和支撑杆应注意做好防雷接地工作，所有天线应在避雷针 45° 保护范围内，所有防雷接地需符合安装规范。各小区馈线的接地点要分开，不能多个小区馈线在同一点接地。室外地线应接在室外接地系统中，不应引入室内接地系统。

⑨ GPS：GPS 天线用厂家配套的支架及 GPS 支撑杆与机房天面固定，应保证 GPS 天线安装在较空旷位置，上方南侧 90°范围内应无建筑物或其他障碍物阻挡。

⑩ 避雷针：避雷针要有足够的高度，能保护铁塔上或杆上的所有天线。所有室外设施都应在避雷针的 45° 保护角之内。

（2）RRU 安装

① RRU 采用抱杆安装时应该选用符合土建要求的抱杆。

② 当 RRU 与智能天线同抱杆安装时，中间应保持不小于充足的间距，以便于施工和维护。

③ RRU 设备下沿距楼面最小距离宜大于 500mm，条件不具备时可适度放宽至 300mm，以便于施工维护并防止雪埋或雨水浸泡，如图 8-2 所示。

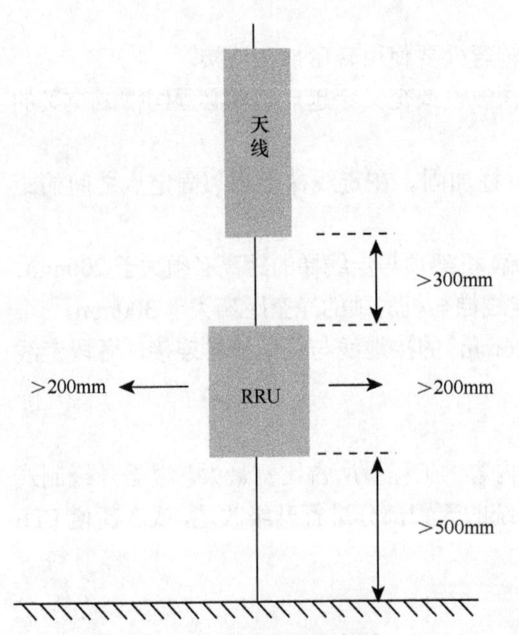

图 8-2 RRU 安装示意图

④ RRU 采用挂墙安装时，安装墙体应为水泥墙或砖（非空心砖）墙，且具有足够的强度方可进行安装。

⑤ RRU 用厂家配套的支架组件紧固在女儿墙或支撑杆上或支架上方，若紧固在支撑杆上，须保证 RRU 顶端离地小于 1m，尽量降低天馈的可视部分。

⑥ RRU 设备壳体用不小于 $16mm^2$ 保护地线接至就近室外小地排或室外走线架（要求确保室外走线架可靠接地网）。

⑦ RRU 电源线应可靠接地接地：在 RRU 侧，RRU 电源线的屏蔽层和 RRU 机壳相连接，通过 RRU 壳体接地；在机房

侧，RRU 电源线进入机房馈窗前，RRU 电源线的屏蔽层通过接地夹接到室外地排上；如果没有馈窗口接地排，在进入馈窗后剥开屏蔽层，就近通过接地夹接到机房内接地排。

（3）线缆敷设

① 室外走线架沿馈线孔引至支撑杆，以馈线弯曲、转弯次数最少为原则架设走线架。

② 馈线的布放要求整齐、美观，不得有交叉、扭曲、裂损情况。馈线和室外跳线的接头要接触良好并作防水处理，在馈线从馈线口进入机房之前，要求有一个“滴水弯”。

③ 如果没有走线槽，室外光纤和电源线需套 PVC 管进行敷设。

（4）天面土建改造原则

利旧天馈系统应复核新增天线及 RRU 设备对原结构的影响，新建天馈系统应满足相关设计要求。

① 应因地制宜选择合理的天馈支撑结构方案，需利旧的塔架，应根据工艺需求进行结构承载复核，不能盲目使用。

② 由于 LTE 智能天线与 2G 天线存在较大的差异，综合风阻较大，应充分考虑天线的风荷和天线支撑结构的固定问题，各基站的天线安装方式应经过专门设计。

③ 根据移动通信天线的重要性和《建筑结构荷载规范》的有关规定，基本风压按 50 年一遇的风压采用，主要城市基本风压如表 8-3 所示。

表 8-3　主要城市基本风压

0.3	0.35	0.4	0.45	0.5	0.55	0.6	0.65	0.7	0.75	0.8
成都	南宁	重庆	郑州	南京	呼和浩特	乌鲁木齐	银川	福州	海口	厦门
昆明	长沙	保定	杭州	太原	哈尔滨	青岛	长春		深圳	
拉萨	西宁		济南	宁波	天津		大连			
兰州	西安		南昌	广州	上海					
贵阳	石家庄		北京		沈阳					
	武汉		秦皇岛							
	合肥									

④ 天馈支撑结构锚固位置的选择，需综合考虑锚固基材、锚栓品种、节点受力特点，力求支撑结构的长期安全可靠。在砌体结构上进行天馈支撑结构安装时，应首先鉴别砌体的可靠性，必要时应对砌体进行加固。

⑤ 美化天线应确保基础结构和自身结构的安全可靠；屋面美化天线还应注重美化天线安装锚固的可靠性，并应采用多重锚固措施，避免在极限荷载下美化天线倾倒、坠落等危险情况的发生。

7. GPS/北斗系统建设

TDD 系统需考虑 GPS/北斗同步设施的安装问题。

（1）一般要求

① 共址 TD-LTE 基站原则上通过分路方式引入同步信号。在确定分路方案时应考虑分路器带来的插损，确保 TD-SCDMA 和 TD-LTE 时间信号强度满足接收灵敏度要求。

② 新选 TD-LTE 基站新建北斗/GPS 双模引入同步信号。

（2）GPS/北斗天线安装要求

① 周围没有高大建筑物阻挡，距离楼顶小型附属建筑应尽量远。

② 由于卫星出现在赤道的概率大于其他地点，对于北半球，应尽量将天线安装在安装地点的南边。

③ 安装卫星天线的平面的可使用面积越大越好。一般情况下要保证天线的南向净空。如果周围存在高大建筑物或山峰等遮挡物体，需保证在向南方向上，天线顶部与遮挡物顶部任意连线，该线与天线垂直向上的中轴线之间夹角不小于 60°。

④ 为避免反射波的影响，天线尽量远离周围尺寸大于 200mm 的金属物 1.5m 以上，在条件许可时尽量大于 2m。

⑤ 注意避免放置于基站射频天线主瓣的近距离辐射区域，不要位于微波天线的微波信号下方、高压电缆的下方以及电视发射塔的强辐射下。以周边没有大功率的发射设备，没有同频干扰或强电磁干扰为最佳安装位置，如图 8-3 所示。

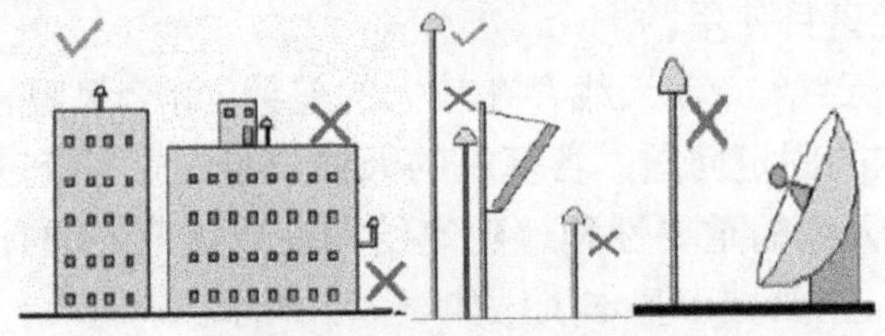

图 8-3　GPS 建议安装位置

⑥ 天线与 Wi-Fi 的天线安装要求距离大于 3m，天线不能安装在 TD-SCDMA 天线的发射口面处。

⑦ 一般情况下，根据 GPS 馈线布放的长度不同，馈线型号和放大器的使用有如表 8-4 所示规定。

表 8-4　GPS 馈线配置要求

序号	GPS 馈线长度 L（单位：m）	标配馈线	1/2 馈线	7/8 馈线	GPS 放大器
1	$L \leqslant 70$	是	—	—	—
2	$70 < L \leqslant 120$	—	是	—	—
3	$120 < L \leqslant 200$	—	—	是	—
4	$L > 200$	—	—	是	是

⑧ 铁塔基站建议将北斗/GPS 接收天线安装在机房屋顶上。

8.2 机房设计

8.2.1 需求分析

1. 空间需求

从基站系统构成来看，无论是传统的馈缆式基站还是新型的分布式基站，其空间需求主要体现在室内主设备、传输设备、交直流及后备电源、环境调节设备、天面走线及馈线安装等，主要受设备型号、系统数量、维护标准的影响。动力需求主要受业务需求、系统冗余、设备类型、空间大小等影响，图 8-4 是典型的基站设备配置图。

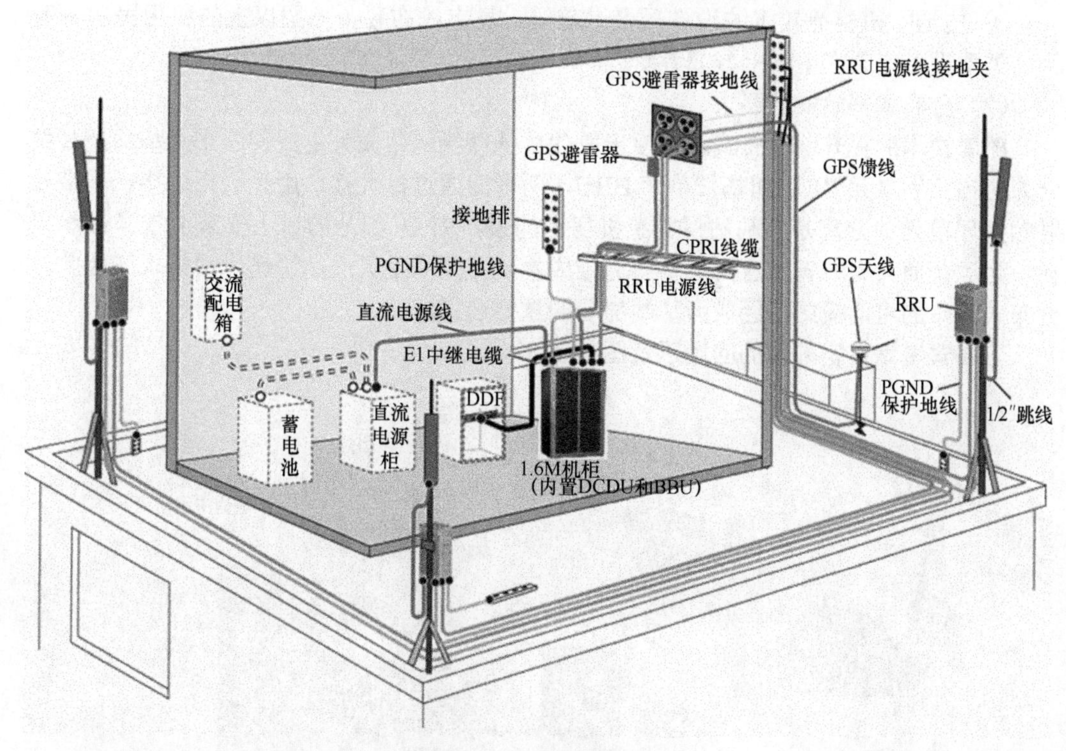

图 8-4　基站系统示意图

（1）传统宏基站设备安装空间要求

传统室外基站是指机房和天面有一段距离，机房内设备和天面天线之间通过馈缆连接的基站。

机房一般由主设备机架、整流器架（DC）、交流配电屏（AC）、蓄电池组等电源系统设备、传输设备、门禁系统、消防系统等组成；天面主要由支撑杆和各扇区天线组成。传统宏基站需要专用电源以及空调设备，工作环境要求高，需专用机房。

按照专业界面分工，机房设备由无线设备、传输设备、电源设备及环境监控与告警设备 4 部分构成。其中传输设备的占地和维护面积不超过 2m^2，主要的空间和动力需求来源于无线和电源设备，需保证充足的设备安装和维护、搬运、走线的空间，根据系统和设备数量的不同，单运营商的基站面积通常要求 15～30m^2。

典型的机柜规格为 600mm×400mm×2000mm 或者 600mm×600mm×2000mm，正面维护为主，部分设备需要两面维护，蓄电池每组占地面积大概在 1500mm×500mm，正面或者上面维护，是基站中单位面积最重的设备。

为节省空间、便于维护，机房设计遵循以下规则：

① 设备安装要求横平竖直，成排成列摆放；

② 按照线缆敷设逻辑关系、设备面积、总量、维护空间等要求，尽量将设备均匀

布置在机房整个平面内；

③ 线路通过走线架敷设，利用机房上部或地板以下的空间；走线架沿着设备线缆走向敷设，并与机柜进行有效连接。

④ 电池、机柜等较重的设备尽量沿着梁、柱走线布置，一层以上的租用民房一般将这类型设备安装在主梁上方或者附近。

（2）分布式基站安装要求

随着技术的提升，分布式基站逐步取代传统馈线基站成为主流，分布式基站把基站分为射频拉远单元 RRU 和基带单元 BBU，两者间通过标准接口用光纤相连接。基带和射频处理单元的分离是的基站摆脱了机房的约束，RRU 部分的塔上安装节省了馈线损耗，为运营商大大节省了建网成本与运维成本，完全满足灵活、快速建网需求。因此，分布式基站的组网模式已经成为基站部署的重要选择。

分布式基站在室外站的应用示意图如图 8-5 所示。

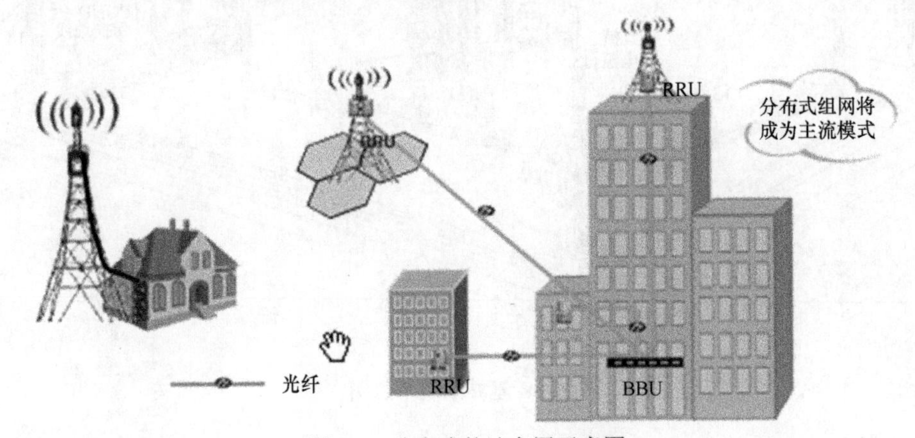

图 8-5　分布式基站应用示意图

分布式基站将射频部分的处理单元设置在天线下方，不再占用机房空间，大大降低了机房内设备的安装需求，此外，传统的馈缆式小容量微蜂窝设备重量轻，基本在 40kg 以下，也可以采用挂墙式安装。

随着技术进步，无线主设备的系统集成度大大提高，可以将 2G 基站从 3～6 柜/站缩小为 1 柜/站，大大降低了机房的面积和功耗需求，RRU 的电力和后备电源可以与基站共用，也可以就近解决，大大提高了基站设计的灵活度。3G 后的基站设备普遍采用了 BBU-RRU 架构，使得多系统基站的内部空间需求大大降低，极端情况可以将 2G/3G 和 LTE 系统的 MU 合并到一个标准的 19 英寸主设备柜内，单运营商机房面积可以浓缩至 $15m^2$ 以下。

众所周知，传统的馈缆式基站在机房内外需敷设大量的馈线，机房内的走线架的宽度、材质要求都非常高。采用 BBU-RRU 架构下，机房内线缆主要由电缆和光纤构成，线缆总截面积和重量大幅度降低，可以适当降低走线架的设计标准，节省成本。

2. 电源需求

电源系统设计通常分为交流设计和直流设计两个部分。交流设计需考虑直流供电系统功耗、空调、照明、插座等需求，直流系统设计需考虑蓄电池充电、无线、传输等直流设备功耗。

（1）交流负荷

交流供电系统组成：基站至少就近引入一路较可靠的 380V（或室外站 220V）市电电源，市电经电度表引至交流配电箱（可加装浪涌保护装置，若有稳压器则先接入稳压器再引至交流配电箱），机房内电源设备、空调、照明等由交流配电箱供电。要求引入的市电类别为三类或优于三类（平均月市电故障≤4.5 次，平均每次故障持续时间≤8h）。

交流供电系统的运行方式：基站使用市电作为主用电源，蓄电池组作为备用电源。当市电正常时，由市电电源供基站用电；当市电停电，而移动油机未到时，基站通信设备由蓄电池组放电供电；移动油机运到后，启动油机由油机供电；当市电恢复正常后，转由市电供电。

典型机房交流耗电统计如表 8-5 所示。

表 8-5 典型机房交流能耗表

用电设备	效率	功率因数	有功功率（kW）		无功功率（kvar）		视在功率（kVA）		耗电量（A/380V）	
			本期	终局	本期	终局	本期	终局	本期	终局
设备耗电	0.90	0.92	0.92	14.4	4.7	6.2	12.1	15.7	18.3	23.8
电池充电	0.90	0.92	0.92	6.7	2.8	2.8	7.2	7.2	11.0	11.0
空调耗电		0.80	0.80	3.7	2.8	5.6	4.6	9.3	7.0	14.0
其他（照明、传输等）		0.60	22.0	0.5	0.7	0.7	0.8	0.8	1.3	1.3
合计				29.0	11.0	15.2	24.8	33.0	37.5	50.0

注：典型机房设备本期耗电按 2 个无线系统估算，终期耗电按 3 个无线系统估算，电池均充耗电按 125A/–48V 估算，空调耗电按 1 台 5 匹空调估算。

对于新建电源基站，如果基站设备安装在室内，每站配置一个 380V/100A 壁挂式交流配电箱（可加装浪涌保护装置）作为基站交流供电系统向电源设备供电，建议要求配置智能电表，智能电表要求具备测量输入电流、输入电压功能、电量采集存储功能（只采集市电）、遥测、遥信功能。部分市电电压不稳定的基站应考虑在交流配电箱前端加装稳压器。交流配电箱、交流引入电缆按终期容量配置。如果基站设备安装在室外，则不需配置交流配电箱，市电直接引入室外电源机架。

由于各基站所处的位置不同，市电的供电情况及引入各不相同，市电的引入可分为下列 3 种情况：

① 自建变压器的基站，要求引入一路高压市电；

② 从其他共用变压器的配电屏引入一路 380V/220V 的交流电源；

③ 从基站所在建筑物的原交流配电屏（箱）引入一路 380V/220V 交流电源。

不管采用何种引入方式，各基站要求至少引入一路三类或优于三类（平均月市电故障≤4.5 次，平均每次故障持续时间≤8h）的市电作为主用交流电源。

考虑到远期负荷极有可能与 2G 或 3G 基站共址，基站市电引入容量应根据实际情况按 20～30kW 考虑。市电引入电缆要求采用相线截面≥25mm^2 的铜芯电力电缆。

对于共电源基站和扩容基站，市电容量以及市电引入电缆应能满足本次新增 LTE 系统设备的需求，对于市电引入电缆相线截面小于 $16mm^2$（铜线）或 $25mm^2$（铝线）的基站，要求改造更换为相线截面大于或等于 $35mm^2$ 的铜芯电力电缆；如市电容量不够，应向相关单位申请增容。

（2）直流负荷

各基站直流供电系统（＋24V 或－48V）由高频开关组合电源（架内含交流配电单元、高频开关整流模块、监控模块、直流配电单元）和阀控式铅酸蓄电池组组成。直流配电系统优先保证对传输设备的供电，具备二次下电功能。

直流供电系统运行方式：均采用全浮充供电方式，即开关电源架上的整流模块与蓄电池组并联浮充供电。当市电停电后，由蓄电池组放电供通信设备用电。在交流电源恢复后，则恢复整流器与电池组并联浮充供电方式。系统应具有 RS232 或 RS485 通信接口，以便实现本地及远端监控功能，从而达到通信基站电源设备的无人值守。

整流器的工作电压应相应设定在能够保证蓄电池的端电压为浮充电压值，温度不同时的浮充电压值参见厂家随设备提供的技术手册。无线基站的直流放电回路压降应满足 YD 5040—2005《通信电源设备安装工程设计规范》规定及厂家资料、规范的要求。

设计时，直流压降和直流配电端子的电流取值应按设备允许最低电压核算，并保证直流放电回路的总压降小于允许压降。

直流压降的核算公式为：$\Delta U = I \bullet L \bullet 2/(r \bullet S)$

其中：

I 为放电回路设计电流（A）；

L 为回路导线的单程长度（m）；

S 为导线横截面积（mm^2）；

R 为导线电导率，铜导线 r=57，铝导体 r=34。

无线设备功耗的取定可以根据厂家提供的资料和基站耗电测量结果报告取定。

（3）蓄电池容量

蓄电池组容量应按近期通信负荷配置，并考虑一定的发展负荷需要。对于无配置固定油机的基站：

① 市区基站配套蓄电池组后备时间原则上大于或等于 3h，对于停电较频繁的基站，必须根据停电情况提高其配套蓄电池组后备时间。

② 城郊及乡镇基站配套蓄电池组后备时间大于或等于 5h。

③ 若有选点困难、机房空间或承重不足等问题导致放电时间不能满足要求，在资源配置时重点保障放电时间不足的重点基站。

本工程蓄电池组容量按如下公式计算：

$$Q \geqslant \frac{KIT}{\eta\left[1+\alpha\left(t-25\right)\right]}$$

其中：

Q 为蓄电池容量（Ah）；

K 为安全系数，取 1.25；

I 为负荷电流（A）；

T 为放电小时数（h）；

η 为放电容量系数，按表 8-6 取值；

t 为实际电池所在地的环境温度数值（按 15℃考虑）；

α 为电池温度系数（1/℃），取 0.008。

表 8-6　电池放电容量系数（η）表

电池放电小时数（h）	0.5		1		2	3	4	6	8	10	≥20
放电终止电压（V）	1.70	1.75	1.75	1.80	1.80	1.80	1.80	1.80	1.80	1.80	≥1.85
放电容量系数（η）	0.45	0.40	0.55	0.45	0.61	0.75	0.79	0.88	0.94	1.00	1.00

根据工程经验，多系统工程基站蓄电池的建议配置为 2 组–48V400Ah 蓄电池或者 2 组+24V1000Ah 的蓄电池，在一些机房空间、承重受限或环境恶劣的站点，可以选用铁锂电池。

8.2.2　设计思路

前文所述，LTE 与 2G/3G 网络的共址建设成为主要的建设模式，在进行旧站改造和新站选址的过程中，必须考虑多系统对站址空间和动力的整体需求，进行系统性设计与协同建设，统筹安排各制式网络设备的空间布局。

综合考虑无线及传输设备、蓄电池充电、空调、照明及维护电力储备等需求设计前端电力引入。电源配套、天馈配套等基础资源需按照远期需求一次规划，分步实施。

（1）对于新址新建站点，应充分考虑多系统的建设需求，合理计算并选择多系统共存时的机房面积，保证多系统设备的安装和维护空间。

（2）根据机房内多系统的设备类型、远期容量及电池放电时间要求等，核算多系统的外电容量需求，为扩容预留足够的外电引入容量。

（3）根据设备功耗和不同场景电池放电时间要求，合理配置整流器架和蓄电池容量。对于新址新建站点，应充分考虑多系统建设时的容量需求，做到一次预留足够容量的整流器架和蓄电池，避免后续再次进行改造。对于共址新建站点，可能涉及对原有电源系统进行改造，应做好核算工作，以满足本期建设要求。

（4）根据网络升级和新建方案，合理选择天线、杆塔等资源的建设数量和建设方式。为达到网络覆盖效果，应考虑系统隔离度要求，合理选择天线安装位置、杆塔建设类型，并为多系统共建预留足够的天面安装和维护空间，当建设条件不允许时，可以选择多频天线、利旧杆塔等建设方式。

（5）为传输光缆线路的安装保留一定的富余空间，一般至少保障一套综合机柜的安装和维护空间。

（6）无线基站建设历经多年发展，发达城市选址工作越来越困难，随着系统设备集成度的提升，BBU-RRU 建设模式的普及，在满足散热和维护空间的前提下，可以考虑进行多系统共架安装方式，降低基站面积要求。

（7）机房空间设计需充分考虑设备通风散热需求，空调总制冷量需满足基站所在地最大热交换需求，有条件的话可以考虑精确送风以提高空调能效。

8.2.3 机房布局

机房内的设备布局与机房本身的结构和所需要安装的设备有很大关系。移动基站采用租用民房建设方式的居多，由于民房建筑结构千变万化，导致移动通信基站的设计方案存在多样性。与此同时，基站内的设备配置受设计规则约束，仍然遵循一定的设计规律。

（1）设备布置应横平竖直，便于走线，设备列需保证维护面对齐或者背后对齐，以便于走线架的安装和线缆的敷设。

（2）根据设备功能、走线逻辑序列分区布置，同期工程同类型设备应集中摆放，设备按电源设备区、无线设备区、传输设备区进行分区摆放，避免电力线与信号线交叉。

（3）本期安装设备应靠近出线孔/馈线窗，远期扩容机位远离出线孔/馈线窗，以便远期扩容线缆在旧线缆上堆叠，便于后期施工和维护，避免线缆的穿插和交越。

（4）设备尽量摆放在梁柱上或沿墙摆放，达到均衡负荷的要求，尤其是蓄电池、主机架等较重设备，尽量放置在梁柱位上，以土建专业核实为准，传输配线架等轻质设备的摆放可不受本项限制，但仍应遵循便于走线的原则。

（5）设备维护至少需要 600mm 以上的空间，而设备搬运的空间通常需要 800mm 以上，因此，应尽可能为所有设备保持 600mm 以上的维护、散热空间，机房进出通道应保持 800mm 以上，以便后续的设备搬运。

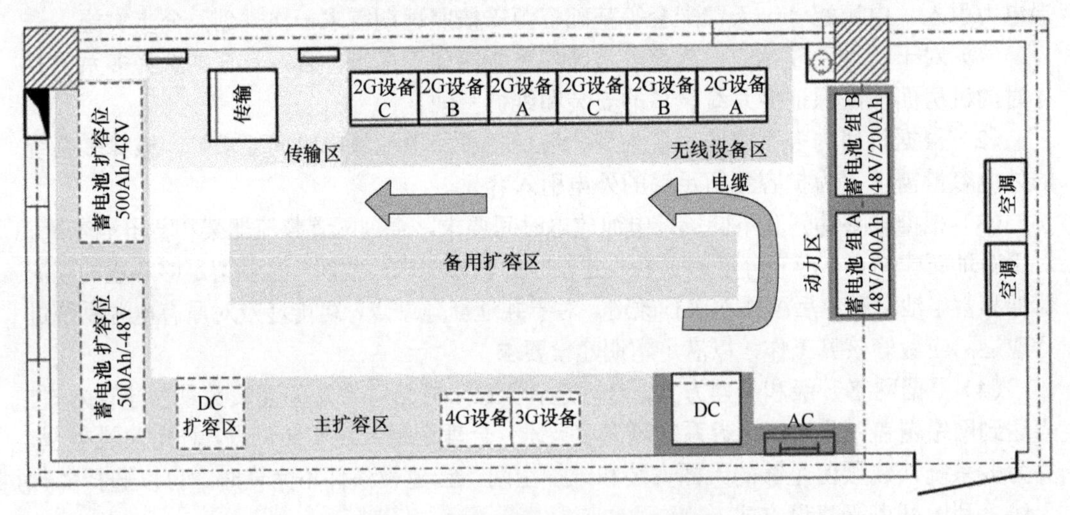

图 8-6 多系统基站设备布置平面图

图 8-6 为典型的多系统基站设备布置平面图，从中可以看出：

（1）设备布置遵循以上原则，将机房空间分割为动力区、无线设备区、传输区、主备扩容区几个部分。

（2）设备沿建筑框架布置，蓄电池直接安装在主梁上，条件不允许的情况下，可以用槽钢抬高加固，禁止直接在楼板上集中摆放大容量蓄电池。电池承重槽钢材料根据承重设计要求采用不同型号的槽钢；两根槽钢平行排列，两根槽钢外沿宽度依据不同型号电池的安装尺寸由设计确定，槽钢中间用同型号槽钢焊接连接。电池承重槽钢的架空安装方式按设计要求进行施工。电池承重槽钢两端嵌入承重墙内，用 C20 混凝土密实堵死；槽钢外表面刷灰色防锈漆。

（3）设备布置沿顺时针或逆时针遵循 DC—主设备—馈线窗这一路由，避免出现线缆回头，尽可能减少线缆长度，降低损耗。

（4）所有设备均可以沿维护通道，并保留了足够的维护空间。

（5）设备列方向与空调冷风流动方向平行，确保冷风可到达所有发热设备。

（6）空调柜机安装靠近阳台、窗户，便于热交换铜管的敷设和室外机的安装。

8.2.4 设备改造

移动通信基站的主要功耗和占地源于无线设备及与之相关的配套设备，其中无线设备的资源消耗与所在基站的容量配置、设备类型紧密相关。在 LTE 建设过程中，与 2G/3G 基站共址占绝大多数，随着系统数量的增加，机房面积、后备电源日趋紧张，甚至出现无法新增设备的情况，必须通过对原有系统进行升级改造，通过“腾笼换鸟”的方式为 LTE 系统的建设拓展空间。

近几年来，基站设备的集成度大幅度提高，单机架容量大幅度上升，同时，BBU-RRU 模式基站的兴起也大大降低了机房内设计的难度。以爱立信设备为例，图 8-7 是爱立信设备的演进历史。

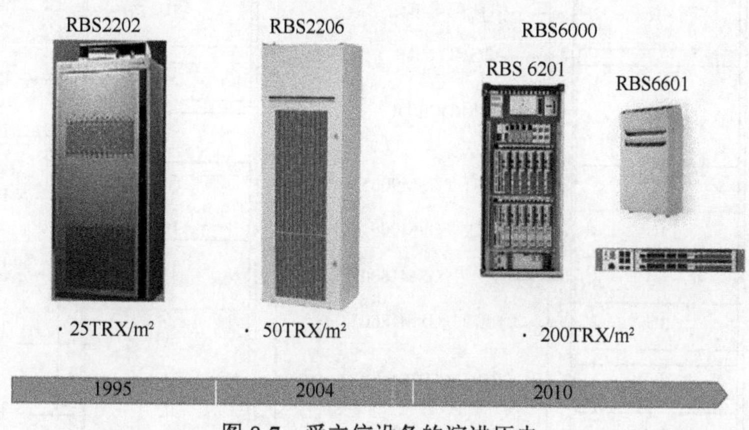

图 8-7 爱立信设备的演进历史

由图 8-7 可以看出，爱立信设备在 15 年的时间内，单位面积载波容量提升了 8 倍。更新版本的 RBS6601 设备，可以在 1.5U 安装空间内容下 24 个 GSM 载波或者实现 3×4GSM+3×20MHzTD-LTE 的工模块，这为 2G/3G/4G 共机柜安装创造了条件，单机柜四网覆盖成为可能。

假如已有机房内 2G/3G 基站设备已经占满可用空间，可以考虑对已有的 2G 或者 3G 设备进行升级改造，大幅缩减其占地面积，从而为 LTE 腾出设备安装空间，如图 8-8 所示。

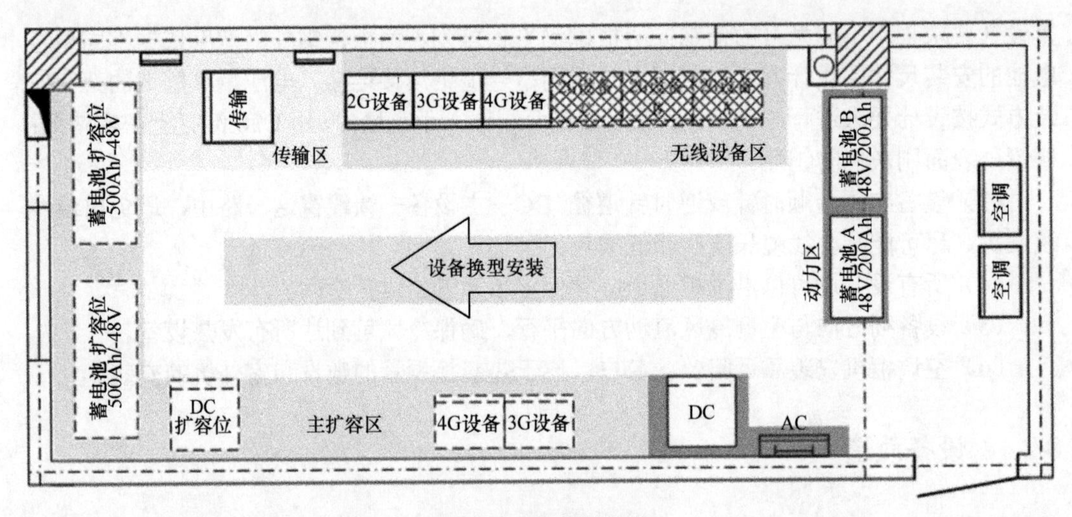

图 8-8 设备替换方案

图 8-8 方案将已有 2G 设备的 6 个机柜拆除后升级为一个机柜，腾出的空间完全能够满足 3G/4G 主设备的安装。在机房条件极端恶劣的情况下，可能 2G 设备已经经过换型，没有富余的地面空间用于新增机架，此时，可以考虑与 2G/3G 共机柜安装方式，如图 8-9 所示。

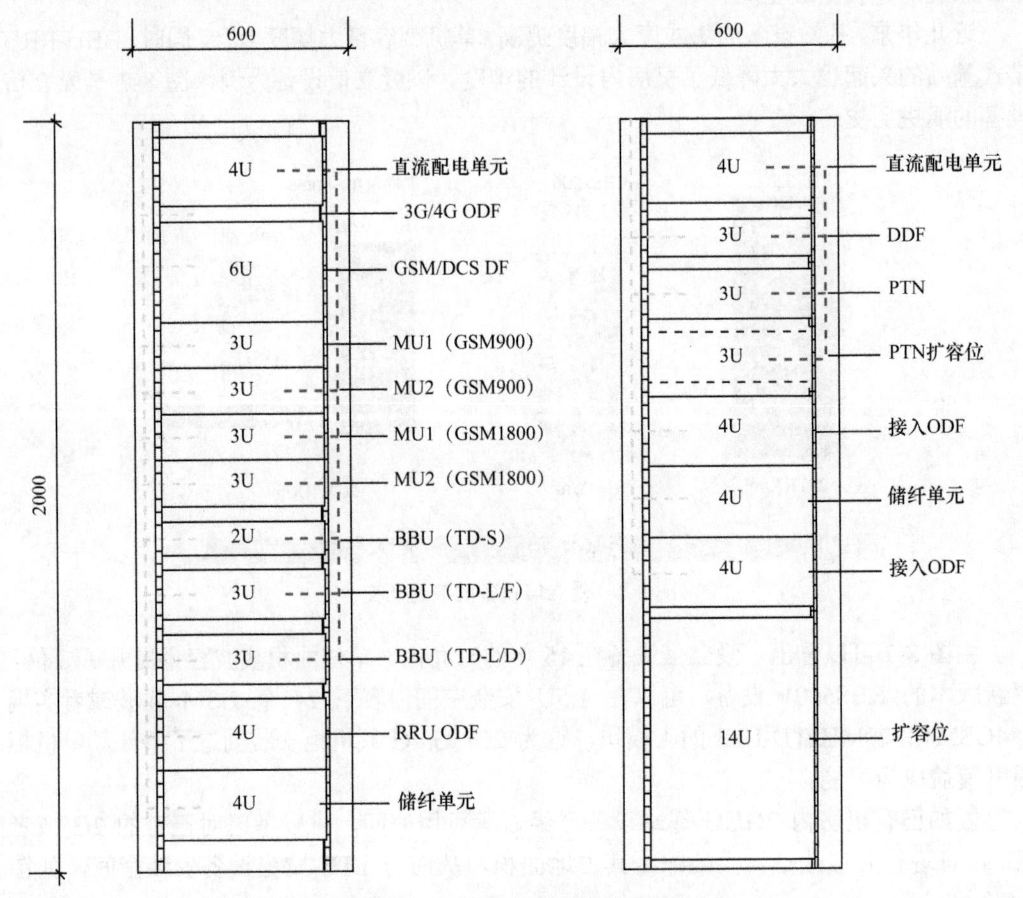

图 8-9 标准 19U 机柜安装方式

8.3　宏基站天馈系统设计

LTE 基站设备采用 BBU-RRU 架构，天馈系统设计需更多考虑 RRU 的安装和供电，对于 TD-LTE 而言，普遍采用智能天线，其天线具有多样性，需根据覆盖场景适当选取，同时，智能天线的应用，对于天线支撑杆、美化外罩提出了较高要求，本节以 TD-LTE 为例介绍 LTE 系统的天馈系统设计。

8.3.1　天馈系统构成

LTE 基站的天馈系统主要由 RRU、天线、GPS 以及与之相关的电缆、跳线、光纤和支撑设备构成，图 8-10 是典型的 TD-LTE 基站天馈系统示意图。

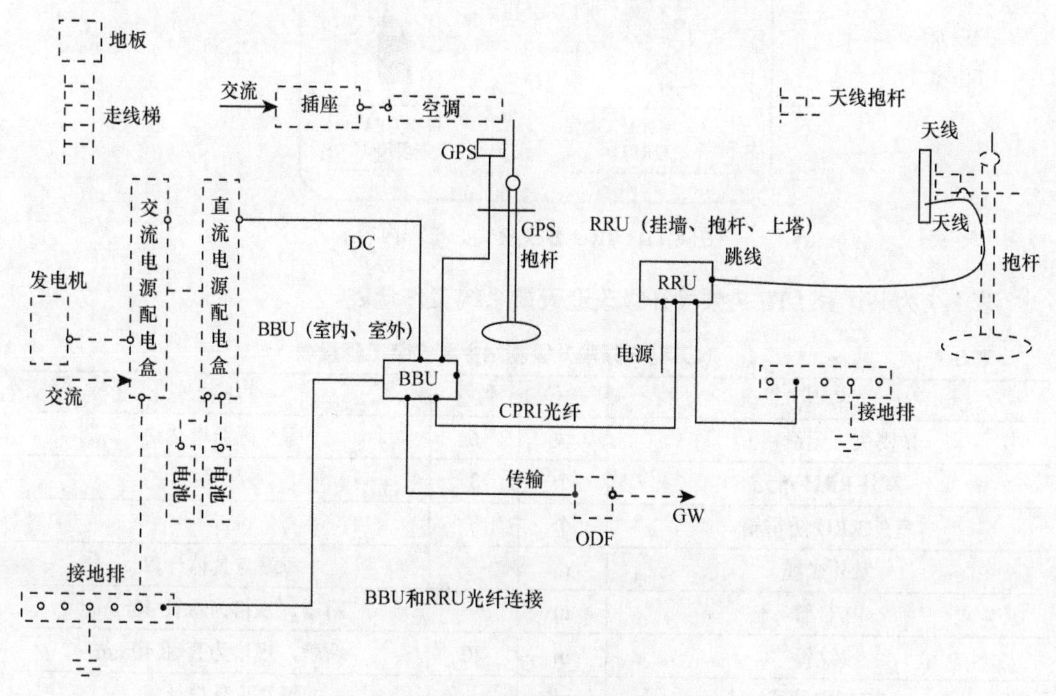

图 8-10　TD-LTE 基站天馈系统示意图

与传统馈缆式基站相比，LTE 基站的天馈线系统有了两个重大的变化，一是用以连接机房主设备和天线的馈线被光纤所替代，这大大降低了天线安装相关的线缆敷设难度，另外，由于 RRU 的存在，天馈系统由无线系统转变为有源系统，天馈线系统的设计需考虑 RRU 的供电和动力保障问题。

8.3.2　天馈系统设计

TD-LTE 的建设可能与 2G 系统共址，也可以能与 TD-SCDMA 共址。与 2G 系统共址时，LTE 天馈系统通常为新建，需保证与已有 2G 系统需保证系统隔离。当采用 TD-SCDMA 升级演进方式建设时，将面临着 F 频段和 D 频段两个演进方向，它们对工程建设的影响主要体现在天馈系统的设计上。

1. 室外宏站 F 频段 LTE 演进方案

现网 TD-SCDMARRU 部分不支持 TD-LTE 系统，因此，RRU 的改造包括 RRU 替换、RRU 升级（利旧）两种方式，图 8-11 为 RRU 替换模式的工程内容。

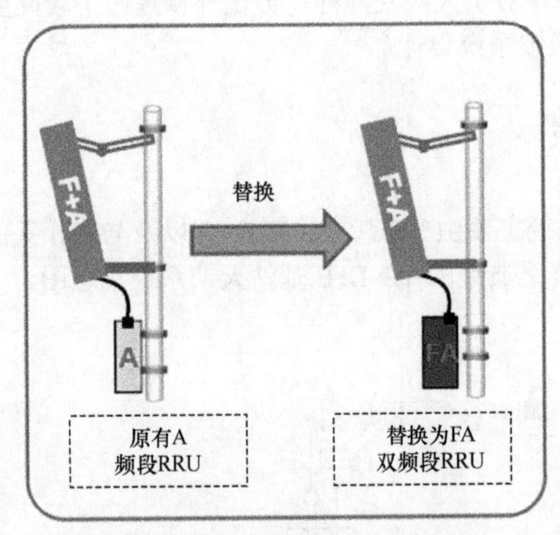

图 8-11 RRU 替换模式的工程内容

表 8-7 为某厂家 LTE F 频段升级改造天馈系统工作量表。

表 8-7 本工程 F 频段升级基站主要安装工程量表

名称	单位	数量	备注
光模块（无线用）	块	6	每小区新增 2 块
室外 RRU 单元	个	3	替换
室外 RRU 防雷箱	个	3	
室外光缆	m	—	每站点具体计算
PVC 管	m	—	新增，规格为直径 40mm
波纹管	m	20	新增，规格为直径 40mm
RRU 电源线	m	—	每站点具体计算
线缆加固卡子	个	—	每站点具体计算

原则上 RRU 供电采用原 TD-SCDMA 已有的供电模式，但对于 BBU 集中供电的模式，需考虑 RRU 的供电线路长度确定方案。

2. 室外宏站现网 D 频段引入 LTE 方案

由于 D 频段与原有 TD-SCDMA 频谱间隔大，目前设备厂家尚未推出共 RRU 系列产品，因此，D 频段新建基站均需采用“新增 BBU、新增 RRU、新增天馈”的模式。

在天面有空间的情况下，首选建议新增 D 频段天线，以保证 TD-SCDMA 与 TD-LTE 各自优化的自由度，如图 8-12 所示。

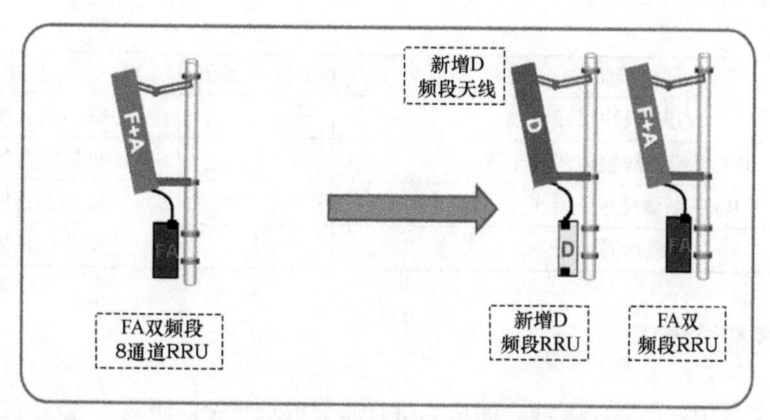

图 8-12 新增 D 频段 RRU 及 D 频段天线方案

对某些站点确实无法新增 D 频段天线的可替换原 TD-SCDMA 系统为内置合路器 FAD 天线，如图 8-13 所示。

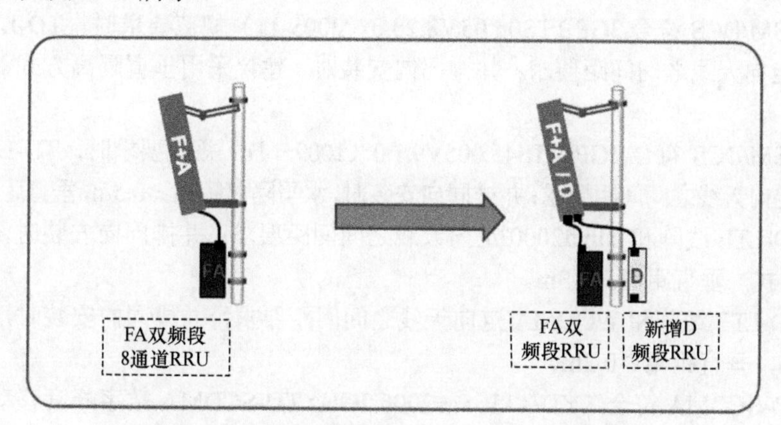

图 8-13 新增 D 频段 RRU 及替换 FAD 天线方案

D 频段建设 LTE 的主要天馈工程量见表 8-8。

表 8-8 D 频段 LTE 天馈工程量

名称	单位	数量	备注
RRU 直流电源防雷器	个	1	厂家提供，离地 1400mm
RRU 防雷器电源线 2 条（$2\times$RVVZ-1KV-$1\times16mm^2$）	m	40	厂家提供，$2\times20mm$
RRU 防雷器保护地线 1 条（$1\times$RVVZ-1KV-$1\times16mm^2$）	m	20	厂家提供，$2\times10mm$
LTED 频段天线	副	3	新增/替换
室外 RRU 单元	个	3	每小区 1 个
室外光缆	m		每站点具体计算
PVC 管	m		新增，规格为直径 40mm
波纹管	m	20	新增，规格为直径 40mm
RRU 电源线	m		每站点具体计算
LTE 上跳线	m		每站点具体计算
GPS 天线	副	1	每站点 1 副

（续表）

名称	单位	数量	备注
GPS 天线馈线	m		每站点具体计算
GPS 天线馈线接地线及卡子	个		每站点具体计算
RRU 电源接地线及卡子	个		每站点具体计算
线缆加固卡子	个		每站点具体计算

8.3.3 天馈系统隔离

在工程实施中，两系统天线之间适当进行垂直或水平空间隔离，建议 TD-LTE 基站天线安装间距采用如下标准：

（1）TD-LTE 基站各扇区天线间的间距要求：天线边缘水平间距≥1.0m，如果条件不具备，特殊情况下可以≥0.5m。垂直间距（上层天线下缘与下层天线上缘）≥0.5m。

（2）GSM/DCS 符合 3GPP TS05.05V8.20.0（2005-11）规范要求时，TD-LTE 线阵和 GSM1800 定向天线之间间距要求：并排同向安装时，建议采用垂直隔离方式，垂直距离≥1.8m。

（3）GSM/DCS 符合 3GPP TS45.005V9.1.0（2009—11）规范要求时，TD-LTE 线阵和 GSM1800 定向天线之间间距要求：并排同向安装时，水平隔离距离≥0.5m，垂直距离≥0.2m。

（4）TD-LTE 线阵和 cdma2000 定向天线之间间距要求：并排同向安装时，建议采用垂直隔离方式，垂直距离≥2.3m。

（5）TD-LTE 线阵和 WCDMA 定向天线之间间距要求：并排同向安装时，水平隔离距离≥0.5m，垂直距离≥0.2m。

（6）TD-SCDMA 符合《YD/T1365—2006 2GHz TD-SCDMA 数字蜂窝移动通信网无线接入网络设备技术要求》时，TD-LTE 与 TD-SCDMA 隔离要求：并排同向安装时，建议采用垂直隔离方式，垂直距离≥2.7m。

（7）TD-SCDMA 符合《中国移动 TD-SCDMA 无线子系统硬件技术规范（2010 年）》时，TD-LTE 与 TD-SCDMA 隔离要求：并排同向安装时，水平隔离距离≥0.5m，垂直距离≥0.2m。

（8）TD-LTE D 频段与 WLAN 天线隔离要求：避免 TD-LTE 天线和 WLAN 天线处在同一个水平面内，TD-LTE 天线应尽量与 WLAN 天线主瓣方向最大程度错开，设计中应尽量考虑通过拉大垂直距离提高系统间隔离度。

通过工程实践，针对不同的场景，目前系统间隔离主要有 5 种措施，见表 8-9。

表 8-9　LTE 系统与异系统间的隔离措施

优先级	解决方案
措施一	利用垂直距离较短特性，优先采用垂直隔离
措施二	天面资源丰富的站点采用水平隔离
措施三	经过工程现场实践，在不同批次的 2 000 设备，巧妙通过天线主瓣的调整，可突破水平距离，干扰电平能控制在二级干扰以下，不影响用户使用感知
措施四	通过 2012 年新旧设备替换项目，优先更换为 6 000 设备，减低隔离度要求
措施五	2G 设备增加滤波设备，减少系统间相互干扰

8.3.4　风荷载与杆塔要求

为确保天馈支撑系统的安全，科学、准确地计算风荷载，移动通信塔架的风荷载计算应遵循《建筑结构荷载规范》（GB50009—2001）及《高耸结构设计规范》（GB50135—2006）中的相关要求。

1. 风荷载

由于 TD-LTE 智能天线与 2G 天线存在较大的差异，综合风阻较大，应充分考虑天线的风荷和天线支撑结构的固定问题，各基站的天线安装构件应经过专门设计。

风荷载计算参数：

$$\text{风荷载标准值：}W_K=\beta_Z\mu_S\mu_Z W_0$$

式中　W_K——风荷载标准值（kN/m^2）；

β_Z——高度 z 处的风振系数，针对屋面抱杆不考虑，β_Z=1；

μ_S——风荷载体型系数，根据天线形状，μ_S=1.3；

μ_Z——风压高度变化系数，40m 高度取值为 μ_Z=1.13；

W_0——基本风压（kN/m^2）。

（1）根据移动通信天线的重要性和《建筑结构荷载规范》的有关规定，基本风压按 50 年一遇的风压采用。

（2）地面粗糙度类别一般取 C 类；远郊地区地面粗糙度类别取 B 类。

（3）根据城区 TD-SCDMA 天线的一般安装高度要求，进行屋面抱杆风荷载计算时，取计算高度为 40m。（注：当天线实际挂高超过 40m 时，应根据实际高度计算。）

（4）一体化天线抱杆系统的自振周期较传统天线增大较多，应计算风振系数。如按重量 60kg 的一体化天线进行设计，悬臂长度 3m 以下抱杆宜考虑 1.5 的风振系数；悬臂长度 3m 的抱杆宜考虑 1.8 的风振系数。悬臂大于 3m 的抱杆不推荐用于一体化天线的安装。

各类典型天线规格（参考值），见表 8-10。

表 8-10　天线规格对比

天线类型		每副天线尺寸（mm）	每副重量（kg）	迎风面积（m^2）
GSM900 网络定向天线		2520×272×127	19.3	0.685
GSM1800 网络定向天线		1300×162×50	5.2	0.211
普通 8 阵列智能天线		1350×680×100	<20	0.918
窄带双极化智能天线		1350×320×110	<15	0.432
宽带双极化智能天线		1400×300×110	<15	0.42
低增益宽带双极化智能天线		700×300×110	<8.5	0.21
一体化天线	超宽带智能天线	1400×320×150	50～60	0.56
	二合一天线	1700×400×160	50～70	0.68

注：一体化天线背装一个或两个 RRU，每个 RRU 重量约为 20kg。

利旧天馈系统应复核新增天线及 RRU 设备对原结构的影响，新建天馈系统应满足相关设计要求。

（1）应因地制宜选择合理的天馈支撑结构方案，需利旧的塔架，应根据工艺需求进行结构承载复核，不能盲目使用。

（2）天馈支撑结构锚固位置的选择，需综合考虑锚固基材、锚栓品种、节点受力特点，力求支撑结构的长期安全可靠。在砌体结构上进行天馈支撑结构安装时，应首先鉴别砌体的可靠性，必要时应对砌体进行加固。

（3）美化天线应确保基础结构和自身结构的安全可靠；屋面美化天线还应注重美化天线安装锚固的可靠性，并应采用多重锚固措施，避免在极限荷载下美化天线倾倒、坠落等危险情况的发生。

（4）一体化天线自重较以往天线有较大增加，应采取措施减少因天线自重增加带来的不利影响：

① 一体化天线正向迎风面风荷载计算可继续遵循现行荷载规范要求，但应考虑风力引起振动的影响，长天线支臂必须考虑安装侧向支撑构件，或采用短天线支臂；天线侧向增加一体化 RRU，侧向迎风面有所增加，但远小于正向迎风面，可不单独考虑风荷载计算。

② 用于安装一体化天线的屋面抱杆，应妥善考虑与屋面连接部位的连接构造，对容易产生振动的抱杆，应采取有效措施（如加大管径或增加支撑构件），减弱抱杆振动强度。

③ 安装一体化天线的屋面抱杆及其他荷载较大的屋面抱杆，其安装节点的锚固应采用化学锚栓或采用具有机械锁键效应的扩底型锚栓；不宜使用膨胀型锚栓。

④ 利旧塔架安装一体化天线，应对塔架抗风、抗重力荷载承载力进行必要的核定，并综合考虑天线及 RRU 等的安装问题及局部紧固件的可靠性。改造前应由专业人员确认塔架的承载力并提出改造措施，以保证改造后塔架长期使用的安全。

2. 杆塔负荷

LTE 天馈系统建设应对杆塔负荷能力进行复核，确保安全。

（1）利旧原有塔架之前，应对塔架适用性进行判断。根据设计原始条件下和实际安装情况下（包括 TD-SCDMA 天线及 RRU）天线迎风面积相符的原则，判断铁塔可否利旧。所谓天线迎风面积相符的原则，就是将设计原始条件下各平台单方向天线迎风面积之和与各平台单方向实际天线迎风面积之和相比较，如实际的天线迎风面积不大于设计使用条件，则表明安装 TD-SCDMA 天线后，实际迎风面积没有超过设计值，铁塔可以利旧；如超出设计值，应进行专门鉴定，并依据鉴定结论进行加固改造。

（2）增高架和拉线塔除核定天线安装条件外，还应对塔架本身及拉线锚固条件和锚固措施进行必要的鉴定。

① 利旧增高架应由结构专业单位核定杆件强度和长细比，不符合要求的应进行改造加固。

② 利旧增高架应由结构专业单位检查判断屋面拉线锚固点结构的可靠性；锚具应具有防拔出、防拉坏的保证措施。不满足要求的应进行改造加固。

（3）主杆直径应满足当地设计风压作用下的杆件材料强度要求。

表 8-11 天线抱杆规格

风荷载设计值（kN）		0.4	0．6	0.8	1.0	1.2	1.4	1.6	1.8	2.0
抱杆长度（m）	1.5	—	—	—	—	Φ60X4	Φ60X5	Φ60X5	Φ70X4	Φ70X5
	2.0	—	Φ60X4	Φ60X4	Φ60X5	Φ60X5	Φ70X4	Φ70X5	Φ76X5	Φ76X5
	2.5	—	Φ60X4	Φ60X5	Φ70X4	Φ70X5	Φ76X5	Φ76X5	Φ83X5	Φ83X5
	3	Φ60X4	Φ60X4	Φ60X5	Φ70X5	Φ76X5	Φ83X5	Φ83X5	Φ89X5	Φ89X5
	4	Φ60X4	Φ60X5	Φ70X5	Φ76X5	Φ83X5	Φ89X5	Φ102X5	Φ102X5	Φ102X5

注：
① 表 8-11 中抱杆长度是指抱杆支撑点以上的悬臂长度，不包括避雷针及锚固段长度，并非抱杆全长。
② 计算中未考虑避雷针、馈线等因素的影响。为安全起见，计算时取抱杆顶点为合力作用点，以抵消上述因素的影响。
③ 钢材计算强度依照 Q235 钢计算；抱杆规格是根据计算强度选定的，应力比约小于 0.9。
④ 使用时可根据抱杆悬臂长度对照上表中的天线风荷载设计值选用抱杆规格。
⑤ Φ60X4 为建议的最小规格。“—”代表计算规格小于 Φ60X4，按照 Φ60X4 选用。

（4）垂直安装在墙壁上，具有两个可靠的垂直固定点，固定点间距大于杆长的 1/6 的抱杆可直接使用。如不满足要求，应增加双向斜撑，斜撑水平投影夹角 90°，至少一个方向的斜撑应能够与屋面可靠固定，另一个方向如不具备固定条件可采用配重，配重重量和配重臂长度应由设计人员计算确定。

（5）采用配重固定的抱杆，应由专业人员核算，并选取合理的安装位置。配重抱杆仅供安装一副天线使用，且高度不宜超过 6m。基本风压较高的地区不宜使用配重式抱杆。

注：当基本风压超过 0.65 时，风级接近 12 级，陆上极少见，摧毁力极大，可认为是“基本风压较高的地区”。具体工程中，设计人员可根据经验灵活掌握。

（6）天馈支撑结构的锚固节点的设计，需综合考虑锚固基材、锚栓品种、节点受力特点，力求支撑结构的长期安全可靠。

① 锚固基材应坚实，具有较大的体量，能承担天馈支撑结构的锚固和全部附加荷载。

② 安装天馈支撑系统使用的锚栓宜使用力学性能稳定可靠的产品。锚固节点受拉力作用且力值较大时，应使用化学锚栓进行锚固，且埋置深度应符合锚固要求。化学锚栓应具有明确的抗老化性能；冬季施工使用的化学锚栓应具有低温施工测试报告。膨胀型锚栓、扩底型锚栓要在受压或受剪情况与受力情况复杂时，设计上采取措施，增强节点受力性能。

③ 考虑到风载的长期脉动作用，建议抱杆锚固部位和支撑部位的连接节点螺栓均采用双螺母，以防止松动。

④ 在砌体结构上进行天馈支撑系统安装时，应首先鉴别砌体的可靠性，必要时应对砌体进行加固。固定构件的锚栓、锚具优先采用穿墙式安装，以保证锚固的长期可靠性。当不具备穿墙安装条件时，优先使用化学锚栓；使用膨胀螺栓时，构造上应增加螺栓数量，以增强可靠性。

⑤ 沿海高风压地区，在使用增高架和屋面抱杆时，宜采用锚固方式固定，以提高可靠性。锚固位置一般宜选取适合承重的梁柱墙等位置，如需在楼板上进行锚固时，应

慎重施工，避免打穿楼板。破坏的防水层应按照原防水层的做法或更高要求恢复，以确保防水做法的可靠性。

8.3.5 LTE 天线发展趋势

复杂的建设环境和巨大的市场空间，也推动着天线技术的进步，根据工程建设及网络优化的实际需要，如何“方便基站选址，节约站址安装空间，降低工程施工难度，减少基站建设成本”成为运营商在 3G 网络基站建设中面临的首要问题。

基于上述问题，基站设备将逐渐向小型化、智能化、低功耗等方向发展，因而作为天馈设备的智能天线也面临着新的要求，具体体现在以下几个方面。

（1）宽带化

多运营商多制式网络的同步运营，导致天面资源日益匮乏。这一强劲的需求催生了基站天线的宽带化，多制式天线可选择的品种很多。以 TD-LTE 为例，目前各主流天线厂家均已实现了 TD-SCDMA/TD-LTE 共天线、TD-SCDMA/GSM 共天线、TD-LTE/GSM 共天线等多种天线形态，为不同场景的天馈系统建设提供了丰富的可选方案。宽带化天线的存在对于运营商的系统平滑升级奠定了良好基础，如采用 FAD 电线的 TD-SCDMA 基站向 TD-LTE 系统升级时，无须变更天线，可大大缩短施工周期。

宽带化为网络系统的扩频升级做好准备，为运营商节约了系统的建设成本，为 TD 网络向 LTE 的长期演进奠定了基础。宽带化天线方案的提出解决了同一站址天线太多、太乱的问题。达到简化天线安装和美化环境的目的。节约站址安装空间，和基站建设成本。解决同一站址天线太多、太乱的问题，达到简化天线安装和美化环境的目的。

宽带化天线端口的设计存在多种形态，对于多制式多端口天线，仅需按照传统方式仅需馈线设计，馈线按天线要求分别接入不同的端口；对于宽频天线而言，无线信号需通过合路器合路后馈入天线。

（2）电调化

智能天线只能在水平面内通过后端信号处理作二维的波束扫描，而在俯仰面内的波束是固定的。故增加智能天线在俯仰面内的电调功能，更能充分地保障通信质量，降低无线网维护的难度。

电调天线通过在馈电网络增加移相器使天线主波束改变辐射方向，可解决预制下倾角小，和机械下倾引起的方向图畸变和越区覆盖等问题，它更能够适应呼吸式蜂窝的技术需求，提高网络通信质量、降低网络优化成本，有利于网络维护和性能优化。

使用机械调整下倾天线，在大角度下时，急剧增加扇区和蜂窝之间的重叠（切换区），尤其是蜂窝较小、天线架设高度较高的情况下，其基站辐射功率会覆盖到其他的基站。相反电下倾式天线能够均匀的下倾整个波束，减小覆盖范围，降低扇区切换率。

（3）一体化

TDD 系统采用了多通道智能天线，导致 RRU 与天线之间的馈线连接数量大，很多工作都要在塔上现场进行，工程师们必须特别注意工程细节，如馈线防水、弯曲度等。现场工程师的安装水平参差不齐使得实际的安装效果无法保证，不同站点的安装工程质量更是很难复制，这就给运营商日后的网络维护埋下了严重的隐患，主要体现在以下几个方面。

① 可靠性问题：每安装一个三扇区的 TD-SCDMA 基站，需要现场做 54 个连接头（安装和防水），质量隐患较大；更换一个 RRU，耗时至少 4～5h，导致网络可靠性严重下降。

② 灵敏度降低/功率浪费：由于 RRU 与天线间的连接跳线以及天线内部跳线，额外增加了 1.2dB 的射频功率损耗，降低 1.2dB 的接收灵敏度。

③ 成本问题：跳线、防水胶带/胶泥/冷缩管成本、安装/维护工时成本。

④ 安装环境受限：馈线多，弯曲度等要求对安装环境要求高。

⑤ 外观问题："胡子"（每站 27 根 RRU 到天线的馈线）和"瘤子"（RRU 外形突出）。

为此，部分厂商提出了"RRU 一体化 TD-SCDMA 天线"技术方案，将 RRU 与天线通过天线背部的盲插接口直接相连，去掉线缆连接，使户外部分安装简洁明了，视觉效果较好。不仅提高了天线增益，同时节约了基站建设成本，其设备形态如图 8-14 所示。

此类型一体化天线与传统基站相比，安装方案、重量等均有一定的区别，为确保可靠性和安全性，设计上需注意以下几个问题。

① RRU 的散热问题：为了确保散热良好，天线背面需采用铝合金反射底板，不仅重量轻，而且散热效果良好。

② 天线的防水问题：BMA 盲插接口处采取加密封橡胶圈防水；天线整体设计上主要通过合理的结构设计确保反射底板与天线罩、安装组件、耦合腔体之间连接紧密，达到防水的目的。

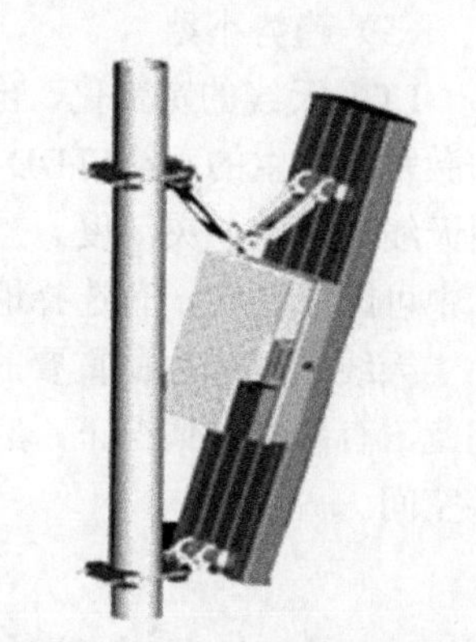

图 8-14　RRU 一体化天线形态

③ 天线的承重问题：仅天线部分而言 RRU 天线比普通天线重约 6kg，另外 RRU 设备本身重约 20kg，这此对天线的承重设计提出了更高的要求。

（4）小型化

双极化智能天线是在常规单极化直线智能天线的基础上，用一组双极化辐射单元代替原有单极化辐射单元，并且阵列数量减少为原来的一半，以达到在保持端口总数不变的前提下，减小天线宽度的目的。采用双极化天线可大幅减小天线尺寸，从而减小迎风面积，降低对抱杆强度等站址资源的要求。

双极化智能天线在工程上通常采用±45° 辐射单元的排列方式。通过这种方式组成的双极化 $N\times2$ 通道天线线阵，其中 N 为同极化辐射单元数目，根据目前理论研究、仿真和测试表明，优先选择 $N=4$。由于双极化智能天线采取±45° 两种极化方式，因此能够更有效地应对因环境复杂引起的极化偏转等不利因素。同时，由于不同极化方向信道之间的相关性较弱，双极化智能天线能够产生极化分集的效果。对于双极化智能天线而言，采用特定的智能天线赋形算法（如 EBB 算法），完全可以同时利用 $N\times2$ 个通道，进行联合赋形，实现与常规单极化智能天线相同的波束形成和跟踪功能。

对于密集城区、普通城区以及郊区环境，从实测结果来看，8 单元双极化智能天线的容量与常规 8 单元单极化智能天线的容量相当，均能达到满容量；覆盖方面在正常小区覆盖范围内，未见明显覆盖损失。双极化智能天线的横向尺寸相对于常规单极化智能天线来说减少了 50%以上，在减小迎风面积、降低工程安装难度和减小普通用户对电磁辐射恐慌方面则具有明显的优势。因此，在实际应用中，综合考虑覆盖与天线尺寸、重量以及安装等诸多因素，优先选取 8 单元双极化智能天线类型。对于农村、海面等空旷地区，无线传播环境较为简单，双极化智能天线分集增益不明显，覆盖能力可能弱于常规单极化智能天线，可根据工程安装要求灵活选取常规单极化智能天线或双极化智能天线。

此外，在允许适当降低某些性能的情况下，一般常采用的小型化方法还有减少阵元数、缩小单元间距的方法来减小天线尺寸。天线外形尺寸的减小，必然导致某些重要性能指标的恶化。例如：

① 减少阵元数：天线增益明显下降，垂直波束变宽。

② 缩小单元间距：天线互耦增强，隔离度变差，增益下降。

（5）趋势小结

LTE 天线的宽带化、电调化、一体化和小型化是 TDD 系统演进过程中对天线产业的激发所产生的，给 TDD 系统的工程设计带来了极大的便利。同时也可以看到，该类型天线在增益、灵活度、重量、面积等方面与传统天线都发生了明显的变化，在工程实际中可因地制宜，有选择地运用。

天线调整作为最重要的网络优化手段之一，需要天线提供足够的增益和调整空间，因此，有条件的情况下，应尽量采用常规天线分系统分天线建设，为后续的维护工作储备空间。

8.4 室内分布系统设计

据有关统计表明，移动通信业务中 70%的业务量、90%的数据业务发生在室内，高价值商务客户 80%的工作时间位于室内，20%的室内覆盖未来将带来 80%的收益。满足用户宽带无线数据业务需求是 LTE 网络的首要任务，因此加强 LTE 室内覆盖将加强运营商在同业竞争中的竞争优势。

MIMO 作为 LTE 的关键技术之一，是 LTE 提高峰值速率的重要手段，要想在室内实现 MIMO 功能，需增加一路天馈线，因此，LTE 室内分布系统的设计将围绕双路室分的部署展开。不管是新建一套分布系统或者共用原有分布系统，其实施难度都比较较大，另外，使用 MIMO 双通道建设模式会导致室分双路功率不平衡，需在分布系统功率预算中重点考虑。

8.4.1 单双路选择

双路分布系统相对于单路分布系统具有 1.5～1.8 倍的容量增益，对于提升小区吞吐量和用户峰值速率体验具有明显的性能优势。表 8-12 为某地 LTE 单双通道室内分布系统吞吐量测试结果。

表 8-12　　LTE 单双通道室内分布系统吞吐量测试表

	上下行	天线模式	L1 吞吐量	L3 吞吐量
双通道	下行	TM2	31.3Mbit/s	31.2Mbit/s
		TM3	50.1Mbit/s	47.4Mbit/s
		TM4	49.7Mbit/s	47.2Mbit/s
		自适应	49.7Mbit/s	47Mbit/s
	上行	SIMO	17.7Mbit/s	17.6Mbit/s
单通道	下行	SIMO	34.5Mbit/s	34.2Mbit/s
	上行	SIMO	18.2Mbit/s	18.1Mbit/s

由表 8-12 可以看出，双通道分布系统在上行、下行都具有明显的优势，因此，在新建场景情况下，原则上优先建设“双路”天馈系统，充分体现 LTE 容量和速率优势，其次考虑“单路”建设方式。

两种建设方式对比如表 8-13 所示。

表 8-13　　LTE 单双路天馈性能对比表

比较	双路	单路
方案	需布放两路天馈系统，实现 MIMO 技术	新增布放单路天馈系统
优点	双天馈支持 MIMO 特性，用户峰值速率和系统容量获得提升	施工工程量小，投资成本较低
缺点	双路天馈系统施工难度加大，双路功率平衡要求高；投资成本高	用户的峰值速率、系统容量受限，无法发挥 MIMO 优势
适合场景	适用于业务高速率需求，容量高需求的场所；政府大楼、五星级酒店、4G 体验区等重要区域	用户峰值速率/容量要求不高、语音业务为主、双通道建设难度大的楼宇

通过以上的对比，并结合场景和业务需求的差异化得出以下建设原则，见表 8-14。

表 8-14　　LTE 室分建设原则示例

类型	覆盖场景	双路分布系统优先建设区域	单路分布系统建设区域
楼宇建筑	高档写字楼	会议区、办公区域	地下室（无人员聚集）、停车场、电梯区域
	政府办公楼		
	高档酒店		
	营业厅（旗舰店）	全部区域	
	高档商场	顾客集中区域、办公区域	地下室（无人员聚集）、停车场、电梯区域
	电子大卖场	顾客集中区域、办公区域	
大型场馆	体育场、馆	观众集中区域、媒体人员区域、办公区域	
	会展中心		
交通枢纽	车站、机场	旅客集中区域、办公区域	

LTE 的室内分布系统建设可以参照 2G/3G 业务情况分场景建设，具体应根据对现网数据业务流量的精细分析，结合市场预测、竞争需求、覆盖场景等因素，

对数据业务热点逐一进行评估，按照热点的优先级顺序逐级实现主要数据业务热点的覆盖。

有信源的数据业务热点进行双流改造；无信源的，应综合考虑人流量、主覆盖小区数据流量等因素，根据实际情况判断是否建设双流系统，下面以 TD-LTE 为例进行介绍。

（1）单路建设方式：通过合路器使用原单路分布系统。

LTE 与其他系统共用原分布系统，按照 LTE 系统性能需求进行规划和建设，必要时应对原系统进行适当改造。

在电梯覆盖时，特别是货梯覆盖，因其材质与普通的电梯不同，对无线信号的损耗较大，在覆盖设计时，天线输出功率应与普通电梯覆盖区分。对于电梯，LTE 采用单路建设方式，与 GSM/TD-SCDMA 进行合路即可。采用高增益、窄波束的对数周期天线，天线布放间隔应综合考虑功率要求及楼层高度，建议每 3 层安装一副。

（2）双路建设方式：一路新建，一路通过合路器使用原单路分布系统。

LTE 双路中的一路使用原分布系统，并新建一路室分系统。应通过合理的设计确保两路分布系统的功率平衡。

对于改造双路场景，原则上其中一路利旧原 3G 的室分系统，另外一路新建。在利旧原 3G 室分系统时需要对其覆盖情况进行评估，若原 3G 室分不达标则需进行改造，然后再新增一路。

双路室分建设中需要保证两路室分的功率差值控制在 5dB 以内，避免因功率不平衡而使终端仅可实现单路传输或频繁进行单双路切换导致下载速率低的现象。

（3）双路建设方式：两路新建。

对于新建场景，新建两路分布系统，并通过合理的设计确保两路分布系统的功率平衡。对于改造场景，若合路存在严重多系统干扰（如多运营商、多系统场景），可在不改动原分布系统的基础上新建两路天馈线系统。

以上 3 种方案的对比见表 8-15。

表 8-15　TD-LTE 室分建设方案对比

	方案一： 新建双通道方案	方案二： 新建一路，利旧一路 双通道方案	方案三： 单通道方案
方案	新建两个 TD-LTE 通道及天线点来实现单用户 MIMO	TD-LTE 的一个通道与原有分布系统进行末端合路，根据原有室分天线位置或密度，考虑是否需增加或调整天线布放点；并新增一个 LTE 通道，实现单用户 MIMO	LTE 通过合路馈入到原有单通道分布系统；根据原有室分天线位置或密度，考虑是否需增加或调整天线布放点
优点	峰值速率提升，理论上是多用户 MIMO 的两倍	峰值速率提升，理论上是多用户 MIMO 的两倍	对原分布系统影响最小，改造工程量小，投资成本较低
缺点	需要新增两路独立的分布式系统和天线；成本较高	仍需建一套分布系统，需增加原有天线点密度	用户的峰值速率、系统容量受限，无法发挥 MIMO 优势
适合场景	适合新建分布式系统的情况	适用于容量需求高，分布式系统可改造的楼宇	用户峰值速率/容量要求不高，双通道改造难度大的楼宇。解决有 LTE 的需求

8.4.2　改造方案

在与 2G、3G 系统共建分布系统时，根据已有系统的结构分别有 4 种 MIMO 改造方式。

方式一：上下行分缆——直接合路。

在地铁等特殊场景下，多系统通过 POI 合路，且上下行分缆布设，此时，可以将 LTE MIMO 两路信号分别与室分系统的 Tx 与 Rx 进行末端合路，构成 SU-MIMO 模式，如图 8-15 所示。

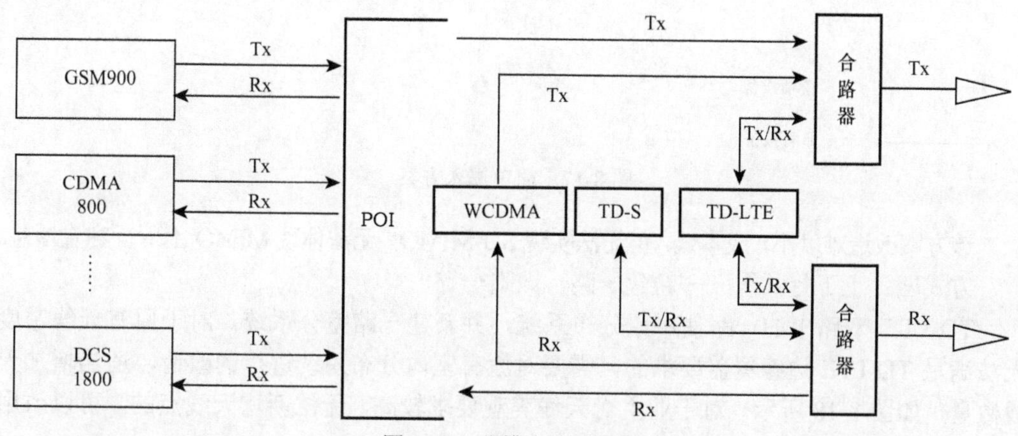

图 8-15　分缆合路示意图

该方案适用于上下行分缆的多路输入的大型室内分布系统，由于上下行分缆实现 SU-MIMO，能充分体现 MIMO 上下行容量增益。

方式二：上下行分缆——更换一路天线。

本方案将原单极化天线更换为双极化天线，增加一路馈线合入 TD-LTE 的一路信号，其另一路信号与原室内分布系统的 Tx 后端合路，如图 8-16 所示。

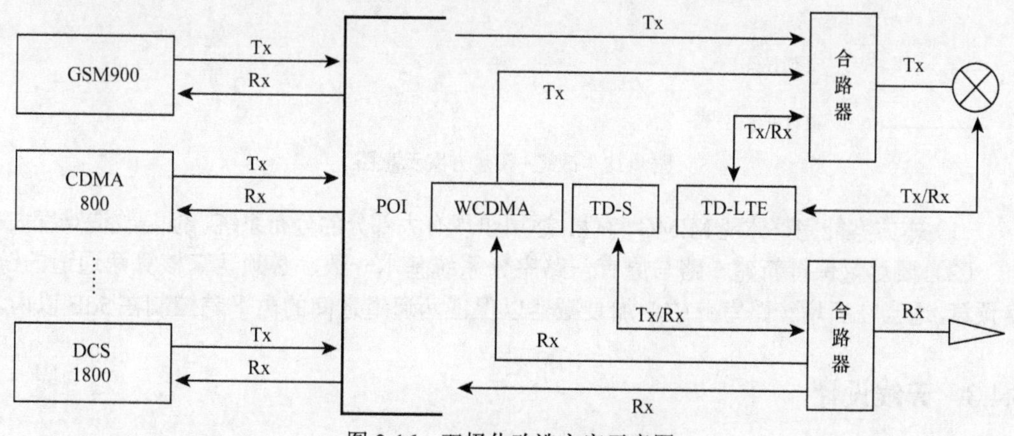

图 8-16　双极化改造方案示意图

该方案能充分体现 MIMO 上下行容量增益，无需增加天线布设数量和位置，仅更换

Tx 天线类型；多系统合路干扰较小。

方式三：上下行共缆——直接馈入。

该方案即 SIMO 单流建设方式，是最简单的改造方法。TD-LTE 基站仅输出一路，形成 1×2 SIMO 系统。TD-LTE 直接与其他系统共用原分布系统，如图 8-17 所示。

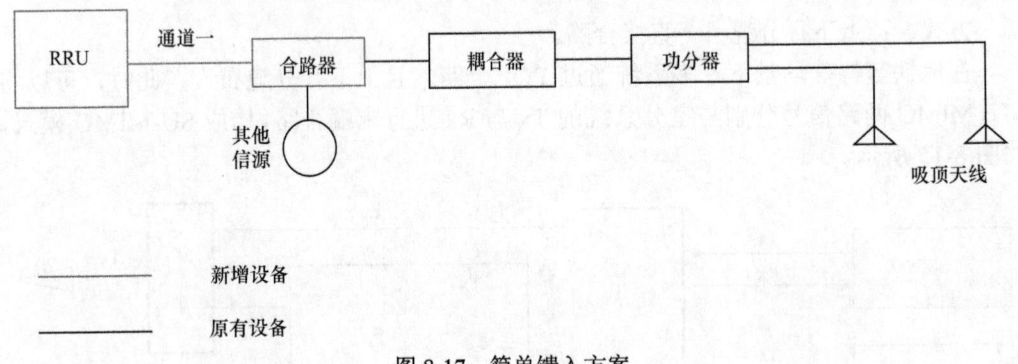

图 8-17 简单馈入方案

该方案改造难度小，成本低，但无法实现 SU-MIMO，无法体现 MIMO 上下行容量增益。

方式四：上下行共缆——新建一路，改造一路

TD-LTE 双路中的一路使用原分布系统，并新建一路室分系统。对于原有天线密度无法满足 TD-LTE 边缘覆盖要求的，需要对原有室内分布系统进行的改造，适当增加天线数量，如图 8-18 所示。对于业主对天线美观要求较高，无法新增天线点的，可以改用室内双极化天线。

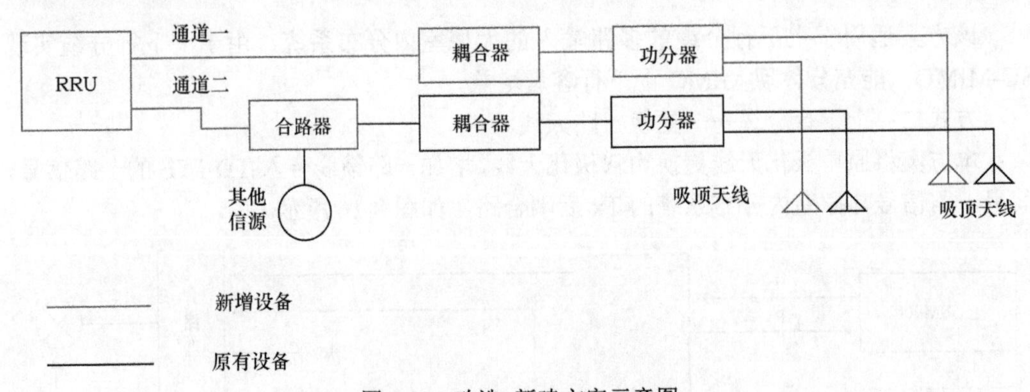

图 8-18 改造+新建方案示意图

（1）本方案能完整体现 MIMO 特性，适用于现有大部分的分布系统，但是改造难度大。

（2）要尽量保持新建一路与原有一路室分系统基本一致，必须认真核算两通道的链路预算，适当在新增一路室分中增加衰减器以保证两通道之间的电平差控制在 5dB 以内。

8.4.3 天线设计

（1）天线入口功率

GSM 室内覆盖系统的天线口功率设计一般是在 8～12dBm 之间。

TD-SCDMA 室内覆盖系统的天线口功率设计要求：PCCPCH 信道功率为 0～5dBm。

根据 TD-LTE 覆盖指标要求，室内覆盖要求边缘场强满足 RSRP>–105dBm。考虑 LTE 满配 20MHz 的情况下，每通道输出 20W，总计有 1200 个子载波，平均每个子载波的发射功率为 12.2dBm，允许的分布系统的最大路径损耗（馈线插损+空间耦合损耗）为 117.2dB。根据 TD-LTE 链路计算表，达到 1Mbits/s 所要求的边缘场强应大于–105dBm，一般场景下天线口功率建议设置为 10～15dBm。对于体育场馆、空旷展览中心、会场等特殊场景，天线口功率还可适当酌情提高，但应满足国家对于电磁辐射防护的规定。

（2）覆盖范围

半开放环境：如地下停车场、体育场馆、会议室、商场、超市、大型会展中心等，天线覆盖半径取 10～16m。

封闭环境：如写字楼标准层、住宅小区、电梯间、宿舍、城中村等，天线覆盖半径取 6～10m。

（3）双天线间距

针对 LTE 系统，采用双路新建方式建设时，为了保证 MIMO 性能，建议双天线保持一定的间距，以降低天线相关性，随着天线间距的变大，相关性有变小的趋势。

① 在办公室和会议室等较为封闭场景，天线相关性较小，建议布放天线间距大于 4λ（0.5m）即可。

② 在狭长走廊场景，由于天线相关性较大。建议布放天线间距大于 6λ（0.75m），且尽量使天线的排列方向与走廊方向垂直，以降低天线相关性。

③ 在会展中心等较为开阔场景，天线相关性较大，建议尽量采用 10λ 间距，约为 1.25m。

若实际安装空间受限，双天线间距不应低于 4λ（0.5m）或使用双极化天线。

8.4.4 TD-LTE 与多系统的互干扰控制

TD-LTE 与多系统之间的隔离度要求如表 8-16 所示。

表 8-16　TD-LTE 室内干扰隔离要求

系统	GSM900	DCS1800	CDMA800	cdma2000	WCDMA	TD-SCDMA	WLAN	TD-LTE（E 频段）
GSM900	—	81.1	58.9	81	81	81.2	89.9	83
DSC1800	81.1	—	58.9	81	81	81.2	85.9	83
CDMA800	58.9	58.9	—	58.8	58.7	58.9	89.8	59
cdma2000	81	81	58.8	—	58	58	85.8	87
WCDMA	81	81	58.7	58	—	58	85.7	61
TD-SCDMA	81.2	81.2	58.9	58	58	—	86	31
WLAN	89.9	85.9	89.8	85.8	85.7	86	—	87
TD-LTE（E 频段）	83	83	59	87	61	31	87/X	—

注：TD-LTE 符合 3GPP TS 36.104 V9.3.0（2010—03）或 WLAN 符合《关于调整 2.4GHz 频段发射功率限值及有关问题的通知》（信部无[2002]353 号）时，隔离度要求为“/”前数值；TD-LTE 符合中国移动企业标准《TD-LTE 无线网络主设备规范－两通道 RRU 分册》QC—A—001.6—2011 且 WLAN 符合中国移动企业标准《中国移动无线局域网（WLAN）AP、AC 设备规范 V1.1.0》QB—A—016—2010 时，隔离度要求为“/”后数值。X 取值如表 8-17 所示。

表8-17　X取值

		基本型要求	增强型要求
WLAN AP安装方式	室内分布型	96	86
	室内放装型	86	76

1. TD-LTE系统与中国移动其他系统的隔离要求

（1）当不共用分布系统时，TD-LTE系统与GSM900、DCS1800、TD-SCDMA等系统的天线应保持1m以上的隔离距离。

（2）当共用分布系统时，通过选用隔离度满足上表要求的合路器/POI满足系统隔离要求。

（3）采用与TD-SCDMA（E频段）独立RRU时，通过电桥实现合路，并通过上下行子帧/时隙对齐方式规避系统间干扰。

（4）采用与TD-SCDMA（E频段）共模RRU时，需通过上下行子帧/时隙对齐方式规避系统间干扰。

2. TD-LTE系统与其他运营商系统的隔离要求

（1）当独立建设分布系统时，TD-LTE系统与其他运营商的CDMA1x、GSM900、DCS1800、cdma2000、WCDMA等系统的天线应保持1m以上的隔离距离。

（2）当共用分布系统时，通过选用隔离度满足上表要求的合路器/POI满足系统隔离要求。

3. TD-LTE与WLAN系统隔离措施

WLAN工作在2400—2483.5MHz，TD-LTE室内工作于2350—2370MHz频段，两系统频段相近，且隔离度要求高（86dB）。因此，当TD-LTE与WLAN同区域覆盖时，应优先考虑WLAN与TD-LTE共室分系统组网，此时可以通过提高合路器的隔离度至86dB以上或采用WLAN末端合路方式，通过分布系统间的损耗进行干扰规避。

如二者采用独立建设方式，由于WLAN@2412M，TD-LTE@2360M时两者所需的空间隔离距离超过7m，很难满足实际工程条件，因此建议在LTE发射机端和WLAN AP端增加滤波器（带外抑制度应根据具体情况核算），同时保证较大水平隔离距离（至少2m）的方式加以解决。

（1）TD-LTE室内分布系统与WLAN分用室内分布天线

当两系统分用室分系统时，假设天线增益2dBi，LTE分布式系统的损耗为33dB，WLAN分布式系统的损耗为17dB，由此计算的天线间距为1m。

（2）TD-LTE使用室内分布天线与WLAN AP单独部署

当TD-LTE使用室分系统，而WLAN AP单独部署时，假设天线增益2dBi，由此计算的天线间距为7.2m。

（3）TD-LTE与WLAN共用室内分布系统的隔离措施

需用异频合路器合路两个系统，考虑到WLAN采用末端合路方式，TD-LTE到合路器的一个端口时已经衰减了16dB，因此合路器只要满足以下隔离度即可：86–16=70dB。

8.4.5 小区切换带的设计

1. 一般场景

该场景室内分布系统小区切换区域的规划应遵循以下原则：

（1）切换区域应综合考虑切换时间要求及小区间干扰水平等因素设定。

（2）室内分布系统小区与室外宏基站的切换区域规划在建筑物的出入口处，其他区域尽量控制用户驻留在室内。

（3）室内分布系统小区以楼层为小区边界的，切换带规划在楼梯处。

（4）如设置多个小区，则高层小区与室外宏蜂窝小区间设置单向邻区关系以减少乒乓效应。

（5）电梯的小区划分：将电梯与低层划分为同一小区，电梯厅尽量使用与电梯同小区信号覆盖，确保电梯与平层之间的切换在电梯厅内发生。

注：要求电梯覆盖使用的RRU应与1层覆盖使用相同的RRU或者单独使用1个RRU，从而实现分区低层划归同一小区。

2. 特殊场景

特殊场景室内分布系统小区切换区域的规划应遵循以下原则：

（1）会展中心的切换区域设置要考虑两方面因素：室内边缘小区与室外小区的切换，切换带应该设置在出口外；室内小区切换带的设计，重点考虑将切换带放在非业务尤其是非高速业务区，如展馆之间的楼梯间、走道等。

（2）体育场馆内小区划分可分为主出入口区与坐席区，出入口存在用户量大并持续移动的特点，因此建议在主出入口处扩大单小区覆盖面积，将相邻的小区融合成一个小区；座席区可以用多小区小面积覆盖的方式来覆盖。

（3）火车站需特别考虑火车进出站的切换，当室外宏网信号无法进入雨棚下时，雨棚东西侧边缘下的信号将会较弱，此时应通过在雨棚下加装天线，将室外信号延伸至雨棚下，从而保证火车进站时的信号切换。

（4）地铁场景下要根据人流量及人员流线规划切换区，应将切换区设置在业务发生率相对较低的区域，并预留足够的切换区域。在出入口与室外宏站交互的区域应该设计好过渡天线，实现室内外良好的协同覆盖。

3. 切换带长度

GSM、TD-SCDMA、TD-LTE切换所需时长如表8-18所示。

表8-18 切换时长

网络制式	切换时长
GSM	3～5s
TD-SCDMA	2～4.5s
TD-LTE	140ms

由表8-18可知，为保证切换成功率，故以GSM的切换时长为计算依据，结合不同场

景的切换带设计原则以及用户行为、用户移速计算出切换带的长度如表 8-19 所示。

表 8-19 切换带长度

场景	切换带位置	用户行为	时速（km/h）	速度（m/s）	切换带长度（m）
一般建筑物	出入口、楼梯处	步行	4～7	1.11～1.94	3.3～9.7
电梯	出入口	步行	4～7	1.11～1.94	3.3～9.7
	高低层小区交界处	低速电梯	—	1.5～2.0	4.5～10
	高低层小区交界处	高速电梯	—	2.0～4.0	6～20
地下停车场	出入口	车速	10	2.8	8.4～14
会展中心	出口外	步行	4～7	1.11～1.94	3.3～9.7
体育场馆	出入口	步行	4～7	1.11～1.94	3.3～9.7
火车站	雨棚与室外交界处	步行	4～7	1.11～1.94	3.3～9.7
地铁站厅、站台	业务量低的区域	步行	4～7	1.11～1.94	3.3～9.7

8.5 基站与环境和谐

随着移动通信网络的不断完善，基站数目越来越多，天线随处可见，给城市环境带来了一定的负面影响，难以满足人们对环境美观的要求；同时居民对天线辐射的普遍抗拒心理也导致基站选址和建设相当困难，已有的基站受到群众投诉、业主逼迁等问题日益严重。此外，响应建设和谐社会的要求，使基站与环境和谐，是运营商的社会责任，更是无线网络建设中必不可少的环节，可树立良好企业形象，为创建和谐优美的城市环境做出贡献。

出于城市建设和发展的需要，城市规划建设部门和基站所在地的业主纷纷要求移动通信运营商对安装于室外的基站天馈线系统进行伪装；为了满足社会环境对天线的美观需求，基站与环境和谐项目应运而生。

所谓基站与环境和谐工程，也就是在不增大传播损耗的情况下，通过各种手段对机房及天线的外表进行修饰、伪装来达到美化的目的，使基站融入到其所在的环境之中。基站与环境和谐工程在无线网络建设过程中必将起到越来越重要的作用。

8.5.1 机房美化

随着移动基站数量的不断增加，建设专用通信楼房和选用民房作为通信机房受到选址、成本和位置等多方面的制约，远远不能满足通信网络建设的需要，因此需要在特定环境自建通信机房。近年来自建机房的采用为通信网络的建设发挥了非常重要的作用，随之而来引发出以下几个问题：

（1）机房的美化问题，尤其是风景区的机房；

（2）机房的防盗安全问题，尤其是野外简易机房；

（3）特殊环境下机房的建设问题，如城市中绿化带、街道等环境。

1. 美化原则

作为机房选择的补充手段，野外机房的使用将在一定程度上加快了整个基站选址的工作，满足快速建站的要求，同时也可能带来其他的问题，因此在工程建设中需把好关。关于野外机房的建设需遵循以下原则。

（1）和谐性原则

野外机房的风格造型要求隐蔽美观，与所在环境和谐统一，不能破坏机房周围的环境景观，尤其是风景区的机房。

（2）合法性原则

野外机房建设尽可能保证其合法性，避免因为报建手续不全留下安全隐患，对网络造成不利的影响。

（3）安全性原则

需保证工程建设的安全性，包括野外机房的抗震、防火、抗风、防水、防潮、机房荷载及防盗等工作。

（4）技术可行性原则

需保证机房建设的可行性，楼顶型机房要求选用六面体简易机房，设计时需根据梁柱情况进行，对于地面机房着重考虑机房的地基设计问题；同时保证机房建设满足基站建设要求，包括室外空调、排水、馈线路由、长度等是否满足要求。

（5）经济性原则

在满足安全性、技术上可行的情况下，尽量选用合适大小、规格的简易化基站，提高机房的空间利用率。

2. 建设方案

自建机房一般为野外或地面的机房，根据不同的应用条件，野外建设的机房有各种不同的类型，机房类型的选择除了考虑机房大小、建设成本、机房安全等问题外，还要求机房与所在环境的和谐美观，因此，必需根据实际环境采用不同的机房建设方案实现与环境的和谐。

（1）普通简易机房方案

普通彩钢板简易机房通常由槽钢、骨架及彩钢板组成。目前主要有两种类型，一种类型为六面体机房，另一种类型为五面体机房。

六面体机房底板由槽钢、彩钢板组成，既可用于屋顶加建，又可用于地面加建机房。六面体机房的主要特点是机房的荷载不直接作用于屋面，而是由地面槽钢传递至屋顶梁柱，因此更广泛用于承重受限的屋顶加建简易机房的情况。

五面体机房直接利用地面作为机房地板，机房荷载直接作用于屋面，因此通常用于地面加建机房。

普通简易机房示意图如图 8-19 所示。

图 8-19 普通简易机房示意图

普通彩钢板简易机房具有重量轻，建设周期短，外形美观的特点，外表面可以喷涂各种图案和色彩，与周围建筑物和谐美观。

（2）铁甲机房方案

铁甲一体化简易机房主要是适用野外恶劣的自然环境和防盗要求，该机房既有简易机房隔热保温等特点，又充分考虑了坚固的防盗性能和一体化的抗强台风、抗地震、抗冲击的能力。

其主要特点有：

① 机房墙板和屋面板均采用 1.2mm 厚高强度压型钢板。

② 机房四角采用钢板成型立柱，与钢结构平台、墙板、屋面板、钢构框架形成坚固的整体钢结构连接。

③ 机房地板采用一体化钢结构平台隔热板地板，与机房舱体牢固连接，即使地基在意外情况下出现局部沉降也能保证舱体安全无恙，在强台风和强地震时均能保证设备安全。

④ 机房的馈线窗、空调孔均附加网状防盗钢构，与压型钢板连接，确保了机房整体防盗性能。

⑤ 屋面采用独特的槽盖结构防水和斜坡的深瓦沟屋面结构，通过压型钢板形成封闭的屋面防水系统。

⑥ 机房安装快捷、拆迁方便。

⑦ 铁甲一体化机房应用范围包括高山、路旁、野外、楼顶、海岛等。

铁甲机房示意图如图 8-20 所示。

（3）美化机房方案

野外地面新建砖混结构机房也是常用的建设手段，但是随着城市发展过程，对城市景观要求越来越高；另外，当前居民的环保意识也逐渐增强。因此，在旅游区、风景区、公园、广场、住宅小区等风景优美的区域，一般新建造型美观的砖混结构机房，使之与周围环境相协调，还可根据不同的环境对机房外观进行相应的美化、伪装。

美化机房示意图如图 8-21 所示。

图 8-20 铁甲机房示意图

图 8-21 美化机房图

（4）安全型机房方案

野外通信机房被盗事件时常发生，造成通信中断和财产损失，加强野外通信设备防盗功能是困扰运营商的难题之一，尤其是专门覆盖高速公路的基站的安全问题。深圳移动公司经过多年探索，在盐排高速通信覆盖建设中采用安全型机房，主要采用钢筋混凝土浇筑机房墙体和仿金库门，使机房防盗性能大大加强。

安全型机房示意图如图 8-22 所示。

（5）特型小机房

在城市街道、道路绿化带、公园等建设通信机房难度大，影响环境和谐，是通信建设的难点之一。特型小机房占地面积小，很好解决了道路信号覆盖系统建设的难题。

特型小机房示意图如图 8-23 所示。

图 8-22　整体浇筑简易机房

图 8-23　特小型机房

3. *应用场景*

自建机房的安装位置主要分为楼顶安装和地面安装两种。

安装于楼顶的机房一般为简易机房，要求不能影响楼房外观，可采取以下办法解决：

（1）简易机房高度可以降低到基站验收规范要求的机房最低空高（2700mm）；

（2）简易机房尽量靠近楼顶中间位置，避免简易机房外露；

（3）靠外墙的简易机房可以采用着色，外加装饰板（如广告牌、玻璃幕墙等）进行伪装。

安装于地面，尤其是风景区内的通信机房，一般为铁甲机房、框架或砖混结构机房等，要求不但具备牢固安全的防盗功能，还必须具有隐蔽，美观，与环境和谐的效果：

（1）墙板和屋面板采用加厚高强度压型钢板或混凝土，加强防盗功能；

（2）采用绿色植物缠绕的办法伪装；

（3）采用贴瓷砖、木板、假山、外墙喷塑着色等风格化的装饰物；

（4）仿造成特殊造型，如环卫工具房、路灯箱变等。

8.5.2　天馈美化

为美化城市视觉环境，消除居民对外露基站天线无线电磁辐射的恐慌和抵触心理，避免因居民和业主的反对导致新站无法建设，原有基站被迫搬迁的情况，根据移动通信基站建设方案，结合环境特点，提出了美化天线解决方案。

美化天线也称为“天线美化”、“伪装天线”，是指在基本不影响天线辐射性能的情况下，通过多种方式对移动通信基站外露天线体、馈线、支撑杆进行伪装和修饰。这样不仅美化城市的环境，也减少居民对无线电磁辐射的恐慌和抵触，为加快网络建设创造良好的外部环境，同时还可以延长天线的使用寿命，保证通信网络质量。

1. 美化方法

天馈系统美化的主要手段有两种，一种是对天线进行“穿衣戴帽”，该方式简单粗放，适用范围广，对天线的适应性强；另一种是天线和外罩采用一体化设计，根据环境不同可以设计成草坪灯、广告牌、射灯等多种造型，可以根据周围环境来选取。

（1）美化外罩

美化外罩产品指为了满足移动通信网络基站建设需要，在标准基站天线外加装的具有一定美化效果的外罩。

下面将列举典型的美化外罩产品，供读者参考。

① 仿空调室外机型外罩

天线外罩仿空调室外机型，空调室外机在一般大楼比较常用，不易引起人们注意，与建筑环境和谐性较好。

仿空调室外机型外罩示意图如图 8-24 所示。

图 8-24 仿空调室外机型外罩

② 变色龙外罩

天线外罩是长方体的外罩，不同的建筑物可以采用不同的色彩和图案，外罩看起来像建筑物的一部分，不易引起人们注意，与建筑环境和谐性较好。

变色龙外罩示意图如图 8-25 所示。

图 8-25 变色龙外罩

③ 仿水罐形外罩

天线外罩仿水罐外形，外罩直接安装在楼顶上，不同的建筑物可以采用不同的色彩，不易引起人们注意，与建筑环境和谐性较好。

仿水罐形外罩示意图如图 8-26 所示。

图 8-26　仿水罐形外罩

④ 方柱形（仿欧式烟囱）外罩

天线外罩像各种烟囱或方柱造型，外罩直接安装在楼顶上，外罩看起来像建筑物的一部分。

仿烟囱式外罩示意图如图 8-27 所示。

图 8-27　仿烟囱式外罩

⑤ 圆柱形外罩

圆柱形天线外罩对建筑的装饰性较强。

圆柱形外罩示意图如图 8-28 所示。

图 8-28　圆柱形外罩

⑥ 灯杆形外罩

灯杆形下端是桅杆，上端是天线外罩，顶部可设置各种路灯造型，与建筑物或周围环境协调。

灯杆形外罩示意图如图 8-29 所示。

图 8-29　灯杆形一体化外罩

⑦ 仿真树形通信杆

将通信杆仿造成树木形状，树干外层涂上一层聚胺脂，其颜色和结构仿造树皮，顶端树枝和树叶用一些塑料仿造，颜色和造型与树木相近，天线隐藏在内。常见仿真树有棕榈树、松树等，如图 8-30 所示。由于各地风压不一致，树型种类规格众多，其个性化较强，需根据现场环境才能进行设计。仿真树产品必须达到如下技术要求：

a. 阻燃性好，要求达到 1 级阻燃标准。

b. 要求 15 年以上不变色和不脱落。

c. 色彩和结构与周围自然树木相协调。

d. 树身单管塔应考虑各地不同风压，满足受力要求。

图 8-30　仿真树通信杆

（2）一体化隐蔽天线

天线加装额外的外罩必然对天线性能产生一定程度的影响。天线厂家结合按照美化的思路，直接开发出“辐射单元＋天线外罩”的一体化隐蔽天线，可直接安装于室外，具有很好的伪装美化效果，如图 8-31、图 8-32、图 8-33 和图 8-34 所示。

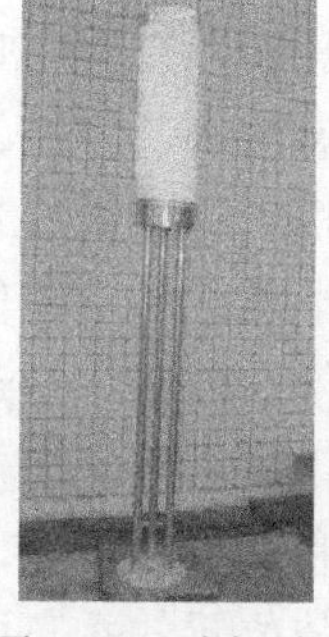

图 8-31　路灯造型

图 8-32　草坪灯造型

图 8-33　广告牌造型

图 8-34　射灯造型

2. 美化罩设计

天线美化外罩应根据实际所处环境和安装条件选择合适的类型及美化颜色，以达到有效美化和伪装作用，满足实际建设需求。在进行和谐工程产品设计时，除了满足美观、与环境和谐的要求外，还需要同时考虑技术、经济、维护、安全、耐用等一列因素。

美化外罩在设计时，需要考虑与相应标准天线之间的距离。一般根据电磁波辐射的原理分析，两者之间的距离最好选为半波长的整数倍，尽量保证已发生变化的电磁边界条件与原来的边界形成周期关系，使得电磁波运行过程中变化最小，从而降低美化外罩对标准天线性能的影响，天线进行美化后，要求增益损耗≤0.5dB，附加 VSWR≤0.05。

此外，由于天线需要进行方位角和下倾角调整，美化天线的材料和结构对天线调整后的发射性能应没有影响，在天线安装位置的垂直面的正前方不能有金属阻挡。

不同的材料对电磁波的影响各不相同，不同的外形、尺寸存在不同电磁边界，同样对产品性能产生一定的影响。因此，美化外罩在设计时必须考虑材料属性和尺寸。在保证材料介电常数和损耗这两个重要电气特性的基础上，所选材料的机械特性以及物理特性也十分重要：韧性、三大强度（抗拉、抗压和抗弯曲）、耐热性、防水性、耐腐蚀性、加工工艺以及成本都需要全面评估考虑。

（1）材料电气特性对美化外罩产品的电路参数和辐射参数有重大影响。

（2）材料机械特性和物理特性与美化外罩产品的结构、工艺外观、产品质量安全和可靠性有密切关系。

美化外罩产品在应用时：

（1）不同的场景要选择不同外形和颜色的产品，以达到美化的效果，也能与周围环境更加和谐。

（2）要选择便于安装施工的产品，以保证施工过程顺利进行。

（3）不同高度的站点，要选择安全可靠性能更高的产品，甚至是不同厂家的标准天线也要选择与之合适的外罩产品。

（4）美化外罩产品在工程安装时需要考虑安装位置的准确性，合理性，以保证得到最佳的辐射效果。

除此以外，美化产品的设计还需要考虑以下原则。

（1）经济性原则：在进行天线美化时，需要考虑经济效益，尽量选用通用型强、结构简单的美化方案，以节省建设成本。

（2）维护性原则：天线有时需要调整下倾角和方位角以及维护等，馈线需要增加，天馈线美化方案需要考虑天馈线的维护和扩容的可行性和方便性。

（3）安全性原则：尤其是毗邻海边的基站，由于经常有台风光顾，在对天线进行美化后，往往会增加受风面积，美化天线要求结构牢固，能抵挡当地 10 年一遇的最大风压。

（4）耐用性原则：要求美化材料经久耐用，耐高温和耐腐蚀，使用寿命不少于 15 年。

（5）防水性原则：美化天线外罩需要设置泄水孔，防止积水。

8.6 抗震加固

依据“YD5054 电信建筑抗震设防分类标准”确定属于何种抗震类别建筑及抗震设防要求，一般来说：国际局属于特殊设防类（甲类），省中心、本地网枢纽楼、客服中心等属于重点设防类（乙类），基站、接入网、模块局等属于标准设防类（丙类）。通信基站可采用标准设防类（丙类）设防要求。全国各地区抗震设防烈度见“GB50011—2001 建筑抗震设计规范—附录 A”。

在我国抗震设防烈度 7 烈度以上（含 7 烈度）地区公用电信网中使用的交换、传输、接入、服务器网关、移动基站、通信电源等（注意修改设备类别）主要设备，应当经过电信设备抗震性能质量监督检验机构进行抗震性能检测，未获得工信部颁发的通信设备抗震性能合格证的不得在工程中使用。

设备加固安装必须满足《电信设备安装抗震设计规范》(YD5059—2005)（以下简称“抗震设计规范”）的要求。应按照抗震设计规范对应的要求进行设计和安装。施工单位也可参照厂家提供的设备抗震安装图纸进行施工。

8.6.1 设备抗震

1. 蓄电池组

蓄电池组抗震措施与所处地区的抗震烈度设防等级相关。

6 度和 7 度抗震设防时，可以采用钢抗震架（柜）等其他材料抗震框架安装蓄电池组，抗震架（柜）的结构强度需满足设备安装地点的抗震设防要求。抗震架（柜）与地面用 M8 或 M10 螺栓加固。

8 度和 9 度抗震设防时，蓄电池组必须用钢抗震架（柜）安装，钢抗震架（柜）底部应与地面加固，如图 8-35 所示。

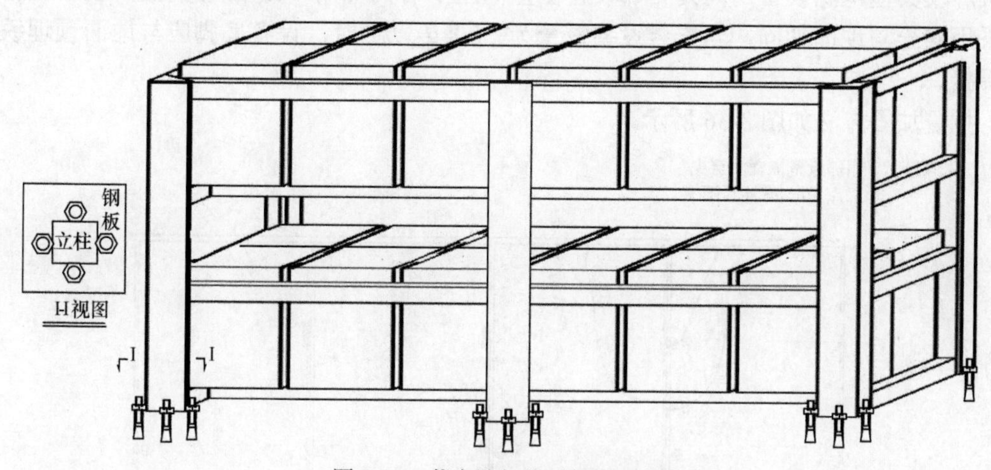

图 8-35　蓄电池组抗震加固示意图

加固用的螺栓规格应符合抗震设计规范要求，典型场景螺栓规格如表 8-20 所示。

表 8-20　典型场景螺栓规格表

设防烈度	8 度/9 度
蓄电池容量（Ah）	M12
200	
300	

（续表）

设防烈度	8 度/9 度
400	M12
500	
600	
700	
800	
900	
1000	
1200	
1400	
1600	
1800	M14
2000	
2400	
2600	
2800	
3000	

2. 电信用电源设备

交流配电屏、直流配电屏、高频开关电源、交流不间断电源、油机控制屏、转换屏、并机屏及其他电源设备，同列相邻设备侧壁间至少有两点用 M8 螺栓紧固，设备底脚应采用螺栓与地面加固，当安装设备重量为 300kg 以上时，设备底脚应与地面预埋铁件焊接。

抗震加固方法如图 8-36 所示。

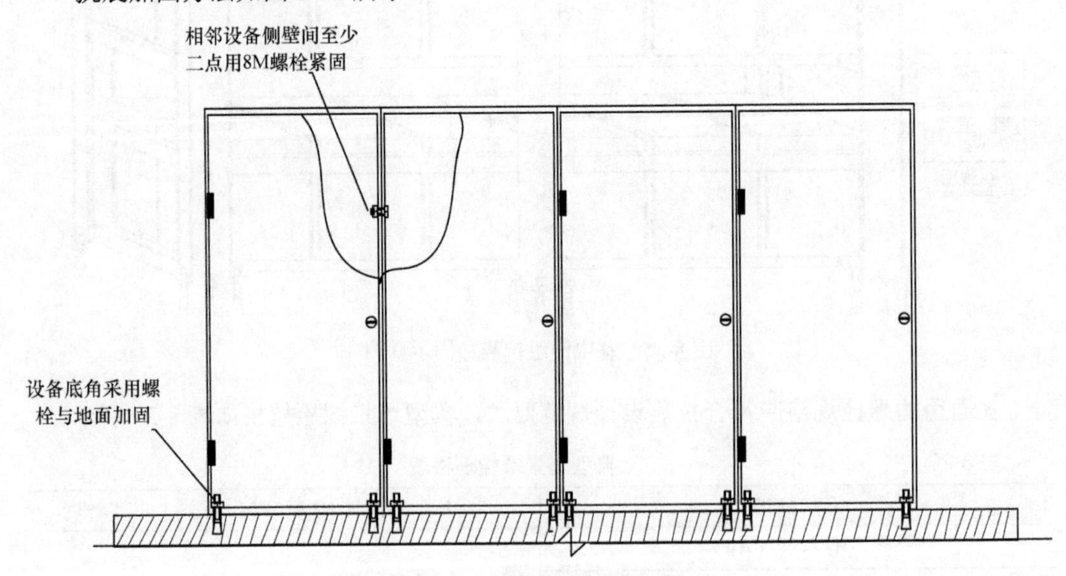

图 8-36　机架抗震加固方法

加固用的螺栓应满足《电信设备安装抗震设计规范》的要求。

3. 柴油发电机组抗震措施

直接安装在基础上的柴油发电机组，机组底盘用“二次灌浆”地脚螺栓固定，安装在减震器上的机组，其基础应采取防滑铁件定位措施。对机组重量为 2500 kg 及以上的设备，当必须采用减震器，则在机组底盘与基础之间，加装金属或非金属材料做成的抗震减震器。柴油发电机组排气管和消音器应按设备安装施工图要求固定。柴油发电机组的储油罐和燃油箱等箱体的底脚应采用不小于 M12 的膨胀螺栓与基础或承重墙固定。

地脚螺栓、防滑铁件等器件规格应符合《电信设备安装抗震设计规范》的要求。

4. 太阳能电源设备抗震措施

墙上安装的太阳能控制器等设备应直接或间接采用不小于 M10 螺栓与墙体固定，太阳能电池组件支架应采用不小于 M12 镀锌螺栓与基座固定。对地面安装的太阳能控制柜应按照《电信设备安装抗震设计规范》的要求执行。

8.6.2　线缆

当抗震设防时，蓄电池组输出端与电源母线之间应采用母线软连接。

（1）当母线水平布放时，要通过绝缘物使母线与母线支架或母线吊挂固定。

（2）当母线垂直布放时，要通过绝缘物使母线与母线支架固定。

（3）当抗震设防时，密集型母线与设备连接应采取抗震措施。

（4）敷设在走线架上的电缆应使其绑扎在走线架横铁上。

（5）直埋电源电缆敷设应按电缆敷设施工要求施工。

8.7　防雷与接地

8.7.1　总体要求

通信局（站）的接地系统必须采用联合接地方式，基站接地系统图如图 8-37 所示。接地要求如下。

（1）馈线在室外应进行三次接地。

天线安装在铁塔上时：

① 铁塔平台处；

② 馈线下铁塔拐弯前；

③ 进无线机房前。

天线安装在房顶支撑杆上时：

① 馈线离开支撑杆前；

② 馈线离开楼顶天面前；

③ 进无线机房前。

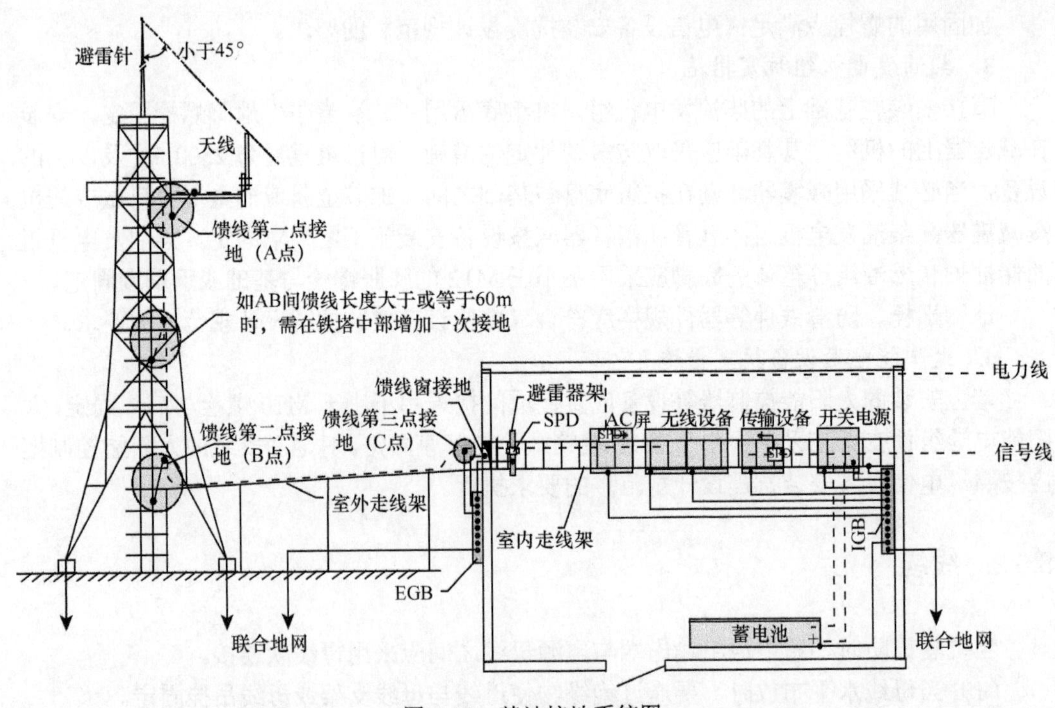

图 8-37　基站接地系统图

如果铁塔上信号线长度大于或等于 60m 时，在铁塔中部需增加一次接地，其中 A、B 点均需通过小铜牌与铁塔相连。

（2）室内馈线避雷器、避雷器架和室内走线架要绝缘。如果安装了避雷器架（以固定避雷器），则避雷器无需布放接地线至室外地线排；如没有安装避雷器架，则每个避雷器均需布放接地线至室外地线排。

（3）若基站无线设备含有电涌保护器 SPD，则不需在走线架端另加避雷器架 SPD；自建机房的新建站建议设置 2 个室内接地排，电源 SPD 接地单独使用一个，其余设备保护地使用一个。

（4）从直流电源柜正极端子接工作地线至工作地。

（5）机房内走线架两端接地，并在接头处使用不小于 16mm^2 电缆保持电气连通。

（6）防雷地母线和机房内接地引入线在联合地网上的引入点需互相离开 5m 以上。

（7）所有室外天线需在避雷针的保护范围内（在避雷针的 45° 保护角内）。

（8）在大楼接地系统可靠的前提下，天线支撑抱柱、馈线走线架等各种金属设施，应就近分别与屋顶避雷带可靠连通，否则，均应连接至室外接地窗。

8.7.2　地网

地网宜采用围绕机房建筑物的环形接地体，有建筑物基础地网时，环形接地体应与建筑物基础地网多点连通。设有地面铁塔时，铁塔地网应使用水平接地体与机房地网多点连通，如图 8-38 所示。

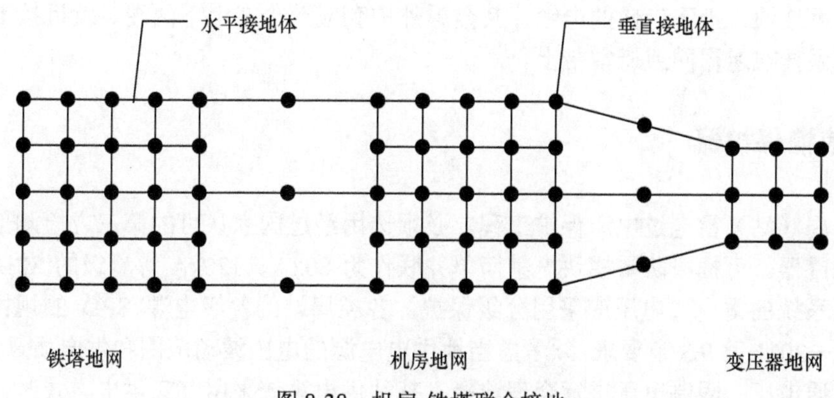

图 8-38　机房-铁塔联合接地

机房地网应沿机房建筑物散水外设环形接地装置，同时还应利用机房建筑物基础横竖梁内两根以上主钢筋共同组成机房接地网。机房地网应与铁塔地网每隔 3～5m 焊接一次，焊接点不少于两处。变压器地网与机房地网不合用时且距离 30m 以内，也应与机房地网或铁塔地网焊接每隔 3～5m 焊接一次，焊接点不少于两处。

对于利用商品房作机房的移动通信基站，应尽量找出建筑防雷接地网或其他专用地网，并就近再设一组地网，三者相互在地下焊接连通，有困难也可以在地面上可见部分焊接成一体作为机房地网。找不到原有地网时，应就近设一组地网作为机房工作地、保护地、防雷地。铁塔应与建筑物避雷带就近两处以上连通。

8.7.3　机房内接地

室内等电位接地可采用网状、星形、网状－星形混合型接地结构。禁止设备机架、ODF、DDF 采用架间（串）复接的方式。局站机房内配电设备的正常不带电部分均应接地，严禁接零保护。室内的走线架及各类金属构件必须接地，各段走线架之间必须采用电气连接。通信局站内的各类接地线的截面积应根据最大故障电流和机械强度选择，最小截面积及施工要求应符合 GB50689—2011 第 3.6 节要求。接地线中严禁加装开关或熔断器。接地线布放时应尽量短直，多余的线缆应截断，严禁盘绕。严禁使用中性线作为交流接地保护线。

接地线与设备及接地排连接时必须加装铜接线端子，并必须压（焊）接牢固。接地线应采用外护层为黄绿相间颜色标识的阻燃电缆，也可采用接地线与设备及接地排相连的端头处缠（套）上带有黄绿相间标识的塑料绝缘带。

8.7.4　线缆保护

各类缆线宜地埋引入。具有金属护套的电缆入局时，应将金属护套接地。无金属外护套的电缆宜穿钢管埋地引入，钢管两端做好接地处理。市话电缆的空线对应做接地处理。光缆金属加强芯和金属护层应在分线盒或 ODF 架内可靠连通，并与机架绝缘后使用截面积不小于 16mm^2 的多股铜线引到本机房内第一级接地汇流排上。楼顶用电设备电源线应采用金属外皮的电缆，楼顶横向布放的电缆，其金属外护套或金属管应与避雷带或接地线就近连通，上下走向的电缆，其金属外护套应至少在上下两端各就近接地一次。缆线严禁系挂在避雷网或避雷带上。

8.7.5 浪涌保护器

通信局（站）雷电过电压保护工程，必须选用经过国家认可的第三方检测部门测试合格的防雷器。可插拔防雷模块严禁简单并联作为 80kA、120kA 等量级的 SPD 使用。交流电源系统的雷电过电压应采用分级保护，各类局站的各级电源 SPD 的规格应满足 GB50689—2011 第 9.3 节要求，须考虑当地供电电源的电压波动范围和供电质量，对 SPD 的标称导通电压、限制电压进行合理选择；基站供电系统采用 TT 供电方式时，单相供电系统应选择“1＋1”型 SPD，三相供电系统应选择“3＋1”型 SPD。各级浪涌保护器间应保持必要的退耦距离（大于 5m 或加装退耦器件）。

使用模块式 SPD 时，引接线和接地线长度应小于 1m；箱式 SPD 的引接线和接地线的长度均应小于 1.5m。SPD 的引接线和接地线，必须通过接线端子或铜鼻子连接牢固，防止雷电流通过时产生的线芯收缩造成连接松动。铜鼻子和缆芯连接时，应使用液压钳紧固或浸锡处理。SPD 引接线和接地线应布放整齐，在机架应绑扎固定，走线应短直，不得盘绕。

8.7.6 天馈线防雷接地

天馈线接地应遵循以下规则：

（1）接地排严禁连接到铁塔塔角。

（2）GPS 天线设在楼顶时，GPS 馈线在楼顶布线严禁与避雷带缠绕。

（3）缆线严禁系挂在避雷网或避雷带上。

（4）楼顶的各种金属设施，必须分别与楼顶避雷带或接地预留端子就近连通。

（5）接闪器上不能附着其他电气线路。

（6）引下线上不能附着其他电气线路。

8.8 环境保护

通信工程建设应符合《通信工程建设环境保护技术暂行规定》（YD5039—2009）的相关要求。

对于产生环境污染的通信工程建设项目，建设单位必须把环境保护工作纳入建设计划，并执行“三同时制度”，即与主体工程同时设计、同时施工、同时投产使用。

8.8.1 电磁辐射

（1）无线通信局（站）采用的高频开关电源的电磁辐射防护限值，应符合《电磁辐射防护规定》（GB8702—1988）的相关要求。

（2）无线通信局（站）内的微波（300MHz～300GHz）和超短波（30MHz～300MHz）通信设备正常工作时，各工作位置值机操作人员所处环境和区域的电磁辐射安全限值，应符合《微波和超短波通信设备辐射安全要求》（GB12638—1990）的相关要求。

（3）无线通信设施所产生的电磁辐射对周围环境的污染和危害，必须符合《电磁辐射防护规定》（GB8702—1988）和《环境电磁波卫生标准》（GB9175—1988）的要求。

8.8.2　生态环境保护

（1）通信局（站）选址和通信线路路由选取应尽量减少占用耕地、林地和草地。通信工程中严禁使用持久性有机污染物做杀虫剂。

（2）严禁在崩塌滑坡危险区、泥石流易发区和易导致自然景观破坏的区域采石、采砂、取土。

（3）工程建设中废弃的沙、石、土必须运至规定的专门存放地堆敢，不得向江河、湖泊、水库和专门存尬地以外的沟渠倾倒；工程竣工后，取土场、开挖面和废弃的砂、石、土存放地的裸露土地，应植树种草，防止水土流失。

（4）通信工程建设中不得砍伐或危害国家重点保拼的野生植物。未经主管部门批准，严禁砍伐名胜古迹和革命纪念地的林木。

（5）在风景区、景区公路旁、繁华市区以及主要交通干道两侧兴建的通信设施，应在形态、线形、色彩等要素上与环境相协调，不得严重影响景观。

（6）通信工程建设中应优先采用环保的施工工艺和材料，不得使用不符合环保标准的工艺、材料。

8.8.3　噪声控制

（1）通信建设项目在城市市区范围内向周围生活环境排放的建筑施工噪声，应当符合《建筑施工场界噪声限值》（GB12523—1990）的规定，并符合当地环保部门的相关要求。

（2）在城市范围内的通信局（站），向周围生活环境排放噪声的，应符合《工业企业厂界噪声排放标准》（GB12348—2008）及《城市区域环境噪声标准》（GB3096—1993）的相关要求。

（3）必须保持防治环境噪声污染的设施正常使用；拆除或闲置环境噪声污染防治设施应报环境保护行政主管部门批准。

8.8.4　废旧物品回收及处置

（1）通信工程建设单位和施工单位应采取措施，防止或减少固体废物对环境的污染。施工单位应及时清运施工过程中产生的固体废弃物，并按照环境卫生行政主管部门的规定进行利用或处置。

（2）严禁向江河、湖泊、运河、渠道、水库及其最高水位线以下的滩地和岸坡倾倒、堆放固体废弃物。

（3）废旧电池、废矿物油、含汞废日光灯管等毒性大、不宜用通用方法进行管理和处置的特殊危险废物，应与生活垃圾分类收集、妥善贮存、安全处置。

8.9 安全生产

在生产建设过程中，建设单位、施工单位及相关合作单位应遵照国家和行业的相关安全规定（如国发[2004]2 号《国务院关于进一步加强安全生产工作的决定》、工信部规[2008]110 号关于发布《通信建设工程安全生产操作规范》的通知、工信部规[2008]111 号关于印发《通信建设工程安全生产管理规定》的通知等）。

8.9.1 工程安全管理组织

（1）建设单位要根据《安全生产法》等有关法律规定，设置安全生产管理机构或者配备专职（或兼职）安全生产管理人员。

（2）新建、改建、扩建工程项目的安全生产设施必须要与主体工程同时设计、同时施工、同时投产使用。

（3）设计文件要有安全生产专篇，设计会审要有安全部门参加；安全设施建设费用要纳入工程的概预算。

（4）工程监理要严格按安全生产专篇要求实施安全监督和管理。

（5）工程施工要严格按安全生产专篇要求，对施工人员要进行安全教育和培训，落实安全防护措施和安全经费，加强施工现场安全管理和检查。

（6）建设项目竣工投产前，其安全设施必须经安全部门验收合格。

8.9.2 安全施工要求

1. *安全施工基本要求*

（1）施工企业和维护部门必须严格执行中华人民共和国工业和信息化部以工信部规[2008]110 号发布的《通信建设工程安全生产操作规范》。工程建设中必须有通信工程项目经理在施工现场指导施工，严格执行施工操作规范，施工和安全责任落实到人，确保工程建设质量，杜绝在工程建设和网络维护中发生安全事故。

（2）施工或维持单位必须严禁使用未取得有关部门颁发的《特种作业人员岗位操作证》的人员从事特种作业；禁止使用未经上岗培训的人员上岗作业。

（3）施工单位必须保证施工现场安全措施费用和施工人员的安全生产用品的落实。

（4）如果在施工过程中可能会出现与设计文件不完全相符的地方，需进行适当的修改或调整时需要施工方、设计方、建设方和各单位安保部门等共同协商，按最佳方案实施。

（5）对涉及在线扩容、割接、拆旧和带电作业的工程，施工企业必须与维护部门商定项目实施方案、保护措施、应急方案和施工注意事项，作好安全防范措施，保证工程顺利进行。

（6）凡施工图中标注需要做安全防范措施的地点，如防机械损伤保护地段、与供电线路交叉位置地点，必须认真做好安全防范措施，严禁野蛮作业。

2. 网络安全要求

（1）对在用设备的操作必须由具备相关资质的人员实施，严禁无资质人员操作在用设备。

（2）涉电作业必须使用绝缘良好的工具，并由专业人员操作。在带电的设备、头柜、分支柜中操作时，作业人员必须取下手表、戒指、项链等金属饰品，并采取有效措施防止螺丝钉、垫片、铜屑等金属材料掉落。

（3）插拔机盘、模块时必须配戴接地良好的防静电手环。

（4）在上走线的机架上方作业时，要注意防止工具、零件和材料掉入机架内酿成意外。

（5）在含有在用设备的机房施工时，若发生意外情况导致在用设备中断服务，施工队长应立即组织人力抢修，争取在最快时间内恢复通信；施工队长应即时与建设单位网络维护部门联系，报告机房里发生的情况，取得网管人员的配合；在抢修的同时，应立即通报技术负责人申请技术支持，不得隐匿不报，技术负责人应立即安排技术支持小组成员前往支持。

3. 高处作业安全要求

（1）凡参加高处作业人员，应在开工前组织安全学习，并经考试合格。

（2）凡参加高处作业人员必须经医生体检合格，方可进行高处作业。对患有精神病、癫痫病、高血压、视力和听力严重障碍的人员，一律不准从事高处作业。

（3）参加高处作业人员应按规定要求戴好安全帽、系好安全带，不得使用缺衬、缺带和破损的安全帽，安全带应高挂低用，不得用绳索代替，衣着应符合高处作业要求，穿软底鞋。

（4）登高前应认真检查梯子、铁塔爬梯、支撑杆及支撑杆踏脚是否符合规定要求，绳索、馈线拉网等起重工具是否安全可靠，吊装机械的安全装置是否齐全和灵敏有效。

（5）正确地选择和使用梯子：梯子要牢固，并满足作业的高度要求；踏步步距在 30～40cm 之间，与地面的角度在 60°～70°之间；梯子底脚应设有防滑装置，顶端绑扎牢固或设专人扶梯，人字梯应拴好下面的挂索；梯子（包括铁塔爬梯）上只允许一人上下通行，攀登梯子时，手中不得携带工具或物件，登梯前鞋底应清理干净。

（6）高处作业人员随身携带的工具应装入工具袋小心保管，较重的工具（如锤子、扳手等）应放好、放牢，施工未涉及的物料要放在安全且不影响通行的地方，必要时应绑扎固定。

（7）在高处吊装施工时，应在地面设置禁行区域，并有专人把守，禁止行人通过和逗留。

（8）夜间高处作业必须配备充足的照明。

（9）尽量避免重叠作业，必须重叠作业时，要有可靠的隔离措施。

（10）在高处吊装施工时，密切注意、掌握季节气候变化，遇有六级及以上大风、雷电、暴雨、大雾等恶劣气候必须停止露天作业，并做好吊装构件、机械等稳固工作。

8.9.3 施工消防安全要求

（1）施工单位应当在施工现场建立消防安全责任制度，确定消防安全责任人，制定用电、用水、各类材料各项消防安全管理制度和操作规程，设置消防通道、消防水源，配备消防设施和灭火器材，并在施工现场入口处设备明显标志。作业人员进入新的岗位或者新的施工现场前或在采用新技术、新工艺、新设备、新材料时，应当对作业人员进行相应安全生产教育培训。

（2）在施工前必须根据施工委托书、开工报告办理施工许可证和机房出入证等相关证件。施工人员出入机房必须如实填写登记表。

（3）机房内不准吸烟、不准使用电热水器、电炉等电热器具，不准乱拉乱搭电线，不准用汽油等易燃液体擦拭地板，不准存放易燃、可燃液体和气体，不准把食物带入机房，机房内严禁带入易燃易爆物品，严禁使用易燃易爆物品和工具进行施工。

（4）通信局站的灭火器材要按规定配置，布放位置要明显，不得随意移动、配备防毒面具、高温鞋等。购置灭火器材等，可直接由保卫部门审批购置。对防火报警系统、自动灭火系统、消防器材、消防水池、消防栓、防烟防毒自救面具等要落实专人保管、维护，经常定期进行检查，按时更换到期的器材，保持良好的使用状态，施工时必须确保不损坏消防相关系统。

（5）机房施工、扩容、维修等设备包装材料以及电报纸、打印纸等易燃物品，要随用随清随运，不得堆放在机房内和走廊通道上；施工材料应合理堆放，不得占用楼道内的公共空间，封堵紧急出口。施工材料须及时清理，将竖井和孔洞用不燃或阻燃材料封堵。

（6）在机房内进行烧焊等动火施工时，要严格执行操作规程，报保卫部门批准，并落实监督人员，采取可靠的防护措施才能施工。

（7）通信局站内的非通信机房，确实必须装修的，要经保卫部门同意，然后报消防部门批准，方可装修。装修须使用不燃或阻燃材料。要严格施工的管理和验收，以防留下隐患。

8.9.4 施工用电安全要求

（1）施工人员在机房内由于施工需要取用电时（施工工具用电和调测设备用电），禁止使用机房通信设备专用的交直流电源，只允许使用机房照明用电或其他电源，并征得机房维护人员同意后和签字确认后才可使用。

（2）严禁擅自关断运行设备电源开关。

（3）严禁将交流电源线挂在通信设备上。

（4）严禁在接闪器及其支持件上悬挂各种信号线及电力线。

（5）使用机房原有电源插座时必须核实电源容量。

（6）设备用的电力电缆布放和安装结束后须仔细检查其安装是否正确，尤其需要仔细核对是否有出现短路的可能。在设备加电前，须仔细分析若出现短路或过载时，对其他在网设备用电的影响，尤其要确保此次加电后不至导致整个配电柜的跳闸断电。在加电前应检查结果提交机房电力维护部门进行批准和允许后方可进行。同时要做好加电后万一发生意外事故时的应急处理措施。

（7）设备加电时，必须自上而下逐级加电，逐级测量。

（8）施工中当需要进行更换电源开关和进行电源割接工作时，要严格依据经过会审或会议确定的方案进行，确保不导致其他在网设备中断工作。实施前要进行仔细核实和检查并向建设单位提交申请报告和割接步骤，实施中必须由机房动力维护人员和监理人员进行监督和检查。

（9）不同电压等级、相位电源线应有不同颜色区分，并用标签进行标识。

8.9.5 施工行为安全要求

（1）在施工中，严禁脚踩铁架、机架、电缆走道、端子板及弹簧排。施工中必须谨慎小心，以免因为不慎和疏忽造成对机房设备和线缆的损坏。

（2）应避免用肉眼直视设备光接口，以免灼伤眼睛。

（3）在设备和材料的运输、安装等过程中必须采取有效措施保证人身和财物的绝对安全。

（4）施工中涉及到开挖孔洞和拆除墙壁等内容时，施工人员必须与机房的物业管理部门充分沟通，并取得其同意。

（5）施工单位应按《道路交通安全法》的有关规定，加强机动车辆的使用和行车安全管理，杜绝因违章引发的交通事故。

8.9.6 施工监理安全要求

（1）工程监理单位和监理工程师应当按照法律、法规和工程建设强制性标准实施监理，并对建设工程安全生产承担监理责任。工程监理单位应当审查施工组织设计中的安全措施或者专项施工方案是否符合工程建设强制性标准。

（2）工程监理单位在施工监理过程中，发现存在安全事故隐患的，应当要求施工单位整改。情况严重的，应当要求施工单位暂时停止施工，并及时报告建设单位。施工单位拒不整改或者不停止施工的，工程监理单位应当及时向有关主管部门报告。

8.9.7 现场勘察安全要求

（1）勘察企业在勘察作业时，须严格遵守当地的机房安全管理规范和办法，严格执行操作规程，采取措施保证各类管线、设备、设施和建筑物、构筑物的安全。

（2）勘察人员进行现场勘察时需要小心谨慎，避免触动到设备的电源接口和通信接头，不能采用拽拉线缆等危险动作，避免造成通信中断的重大事故。

（3）设计勘察人员在现场勘察时若发现机房现有状况存在安全隐患、或有不符合国家和本行业的安全规定的，应及时向建设单位反映并在设计中提出整改建议。

（4）设计勘察人员在对工程所需的电力系统进行勘察时，为保证安全，需要对系统的各层级的容量使用情况进行全面勘测和调查。

（5）设计勘察人员在制定电源割接方案时，须与相关人员充分沟通以取得多方建议和允许，增加方案的可靠性和可实施性。

第 9 章　资源共享与节能减排

9.1　共建共享

9.1.1　原则

为了深入贯彻落实科学发展观以及建设资源节约型、环境友好型社会的要求，节约土地、能源和原材料的消耗，保护自然环境和景观，减少电信重复建设，提高电信基础设施利用率，工信部于 2008 年 235 号明确要求各运营商积极推进推进电信基础设施共建共享工作。

按照“企业自律、政府监管，突出重点、以点带面，安全可靠、合理负担，有利竞争、促进发展”的原则，通过全行业共同努力，实现以下目标：杜绝同地点新建铁塔、同路由新建杆路现象；实现新增铁塔、杆路的共建；其他电信基础设施共建共享比例逐年提高。

具体要求如下。

（1）已有铁塔、杆路必须共享

已有铁塔、杆路必须开放共享，不具备共享条件的应采取技术改造、扩建等方式进行共享。已有铁塔、杆路的拥有方在接到共享申请后，应在 10 个工作日内回复，不能共享的应说明具体原因。禁止在已有铁塔同地点新建铁塔，禁止在已有杆路同路由新建杆路。确因特殊原因需在同地点、同路由新建铁塔、杆路的，应经过省级协调机构同意。

（2）新建铁塔、杆路必须共建

拟新建铁塔、杆路的基础电信企业必须告知其他基础电信企业，其他基础电信企业应在 10 个工作日内提出可提供已有设施共享或开展联合建设的需求，实施共享或共建。其他基础电信企业未提出共建需求的，3 年内不得在同地点、同路由新建。

（3）其他基站设施和传输线路具备条件的应共建共享

新建其他基站设施（包括基站的铁塔等支撑设施、天面、机房、室内分布系统、基站专用的传输线路、电源等其他配套设施）和传输线路（包括管道、杆路、光缆）具备条件的应联合建设；已有基站设施和传输线路具备条件的应向其他基础电信企业开放共享。

（4）禁止租用第三方设施时签订排他性协议

基础电信企业租用第三方站址、机房等各种设施，不得签订排他性协议以阻止其他基础电信企业的进入，已签订的应立即纠正。

工业和信息化部下发《关于加强铁路沿线通信基础设施共建共享的通知》（工信部联通[2010]99 号），文件要求各铁路相关单位、各基础电信企业（包括中国电信集团公司、中国移动通信集团公司、中国联合网络通信集团有限公司）要按照“依法合规、市场运作、统筹规划、合作建设、资源共享、安全可靠”的原则，充分利用既有资源，发挥各自资源优势，推进铁路沿线通信基础设施的共建共享，实现资源的合理利用。具体范围包括：铁路沿线内的管道、通信杆路、光缆、电缆（含漏泄同轴电缆）、微波、通信铁塔、房屋、基站天面、电力、电源、防雷保护接地装置及其他通信设备等。

工业和信息化部、国资委联合下发《关于 2009 年电信基础设施共建共享考核工作的通知》（工信部联通[2009]386 号），文件要求 2009 年共建共享考核指标为共建率：铁塔 32%、杆路 5%、基站 20%、传输线路 6%；共享率：铁塔 15%、杆路 40%、基站 23%、传输线路 19%。工业和信息化部、国资委联合下发《关于 2010 年推进电信基础设施共建共享的实施意见》（工信部联通[2010]204 号），文件要求 2010 年共建共享考核指标共建率均应不低于以下水平：铁塔 42%、杆路 15%、基站 30%、传输线路 16%；共享率均应不低于以下水平：铁塔 30%、杆路 52%、基站 33%、传输线路 50%。2010 年共建共享各项考核指标均有大幅度提升，给共建共享推进工作提出了更高的要求。

9.1.2　建设方案

1. 杆塔共建方案

为了深入贯彻落实科学发展观以及建设资源节约型、环境友好型社会的要求，节约土地、能源和原材料的消耗，保护自然环境和景观，减少电信重复建设，提高电信基础设施利用率，针对当前新一轮网络建设的实际情况，工业和信息化部、国务院国资委决定大力推进电信基础设施共建共享，其中要求新建铁塔、通信杆必须共建。但在具体设施层面，仍然存在诸多困难，沟通流程、审核机制及物业原因成为制约共建工作的主要原因。

一方面，传统的通信杆塔共建共享策略是 3 家运营商经过多次会议协商确认后，使用原有通信铁塔或通信杆，或新建铁塔、通信杆安装天馈线系统，虽然经过共建共享，工程实施由原来新建 3 套天馈线系统，优化为新建 1 套天馈线系统，极大地节约了社会投资，但对于单个运营商来说，相比自家独立建设 1 套天馈线系统，共建共享需要经过复杂的技术确认环节，和沟通审批流程，并且为满足各家运营商信号覆盖的要求，共建通信杆的往往高于一家独建通信杆，基础施工及杆体安装工日更长，因此共建通信杆塔比一家独建需要更长的施工周期。

另一方面，移动通信暴露出的站址资源困难、基站电磁辐射与市民健康、基站对城市景观的影响等不和谐的因素，是推进移动通信发展、提升城市信息化急需解决的问题。

目前围绕移动通信基站的建设问题，运营商、社会公众和政府都面临矛盾和困惑。

对于运营商来说，希望为社会提供优质、稳定的移动网络服务，并根据市场和技术发展的需要，不断扩大和升级网络，但基站建设所需要的站址资源无法落实或不稳定，造成网络质量下降，近期全国各大城市 3G 网络建设面临困难尤其暴露了这个问题。

对于社会公众来说，移动通信已成为生活和工作中不可缺少的通信手段，希望移动通信网络无处不在，但不愿意在目视范围内出现移动基站等相关设施，担心移动通信基站与自身距离过近，对身体健康有影响，对基站设施产生厌恶和排斥。

对于政府来说，通信是国民经济基础性产业，发展移动通信能提升城市信息化水平，促进当地经济发展。同时，移动通信是政府行使公共管理职能主要通信手段，特别在重大活动、抢险救灾中，移动通信的作用尤为突出。但是，移动通信的快速发展超前于政府管理措施，政府相关部门对移动基站建设等影响城市景观和城市管理的问题比较头痛。

通常来讲，移动通信基站主要有两种存在方式，一种是附设式，基站附设在现有的建筑物上，租用民用房作为机房，基站天线安装在建筑的适当位置。另外一种是独立式，指在没有建筑物、或者无法附设在现有建设物的地方，基站建设需要独立建设，这类基站独立占有土地，自建机房，天线安装在铁塔上或通信杆上，目前 3 家运营商均有大量的独立式基站存在，以往建设的独立式基站，其通信铁塔或通信杆，仅考虑了杆塔作为通信基础设施的需求，未能综合考虑基站设施作为城市基础设施的环境和谐要求，具有明显的粗放型建设特征。共建共享后，通信杆塔上天线安装更是杂乱，对周边环境影响较大，导致物业选址困难。

结合共建共享工程经验，笔者提出了多平台多系统美化通信杆的建设方案，在设计阶段就充分考虑各运营商多系统的覆盖要求，充分考虑系统间的干扰隔离要求，合理规划各系统天线的安装平台高度。并结合市政施舍外观，对通信杆进行美化设计，减小共建共享后的杆塔视觉冲击效果。

（1）安全技术要求：

基站的建设应满足国家标准对于移动通信基站的安全要求，对新建钢塔架应根据联合建设的需求，由具有相应设计资质的设计单位对钢塔架的结构进行设计，设计应符合 GB50135、YD/T5131 及《通信工程钢塔桅安全技术要求》的相关要求。共建方应与设计单位充分沟通，确保设计能够满足自己的需求。如果由于地理位置、环境等客观因素的影响，结构设计上无法同时满足多个共建方的需求，共建方可以申请协调机构协调或裁定。

（2）电磁干扰技术要求

两个无线通讯系统之间相互干扰的原理如图 9-1 所示。

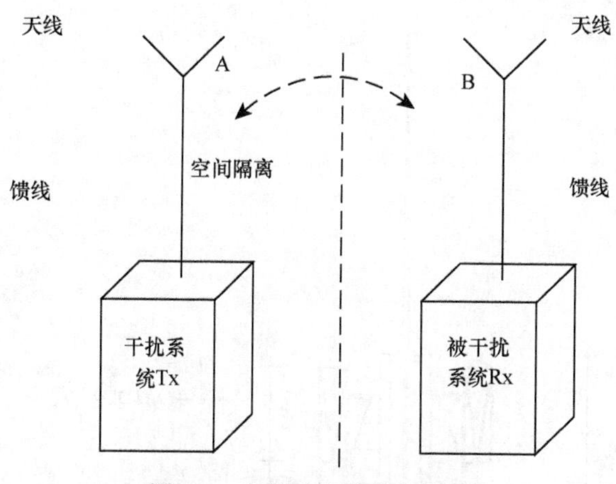

图 9-1　电磁干扰原理示意图

从原理框图可知，干扰系统的射频信号经过馈线到达天线，从天线口发射出去，通过空间传播，最后通过被干扰系统的天线馈线进入被干扰接收机。如果天线隔离和空间隔离没有满足要求，进入被干扰接收机的干扰信号将会使接收机信噪比恶化。所以，干扰计算的原理就是基于接收机灵敏度恶化余量，计算出干扰信号的电平强度，然后和发射机发射的干扰信号强度比较，得到隔离度门限的要求，最后换算为空间距离。

为了将这些干扰对无线通讯系统的性能影响控制在可接受的范围内而尽量不对现有设备进行更改，就需要在同站址的无线通讯系统之间需要采取一定的措施，如正确地进行频率规划，工程建设时候需要保持系统天线之间适当的空间隔离等。

考虑杂散、阻塞和交调分别计算隔离度，取要求最高的隔离要求得到需要的最大隔离度，可以得出所需的隔离距离。

多系统干扰共存问题是多平台多系统设计的重点，需要分析各系统间的干扰并提出抑制方法，保证各系统的正常工作。一般干扰会造成系统接收灵敏度降低，减小系统覆盖范围，相应地影响系统通信质量，严重时将阻塞系统接收，造成系统瘫痪。针对目前我国通信运营商的网络状况，多平台多系统设计主要涉及 7 类无线通信系统：GSM、CDMA、DCS、WCDMA、TD-SCDMA、TD-LTE 和 WLAN，频段跨度为 800—2700 MHz。

对于多平台多系统共建所带来的各系统间干扰，可以根据各系统之间的频率关系以及发射/接收特性来具体研究。根据产生的原因或来源以及造成的后果，干扰一般分为杂散干扰、互调干扰、阻塞干扰。通过干扰分析，可以计算出将干扰对系统的影响降低到适当的程度所需的隔离度，即不明显降低受干扰接收机的灵敏度时的干扰水平。

多系统共存共建系统中，杂散干扰对系统的隔离度要求最高，如果系统能满足杂散干扰隔离度的要求，便也能满足互调干扰和阻塞干扰隔离度的要求。

根据天线的近、远场损耗原理，可得到系统共存时的天线间水平、垂直以及水平与垂直混合隔离度，结合各系统之间隔离度的要求，可以反推出所要求的最少距离，系统间水平隔离距离的要求远高于垂直隔离距离的要求，因此可以通过同一根通信杆不同平台间的垂直距离满足各家运营商多系统天线之间的隔离度要求，杆塔共建方案如图 9-2 所示。

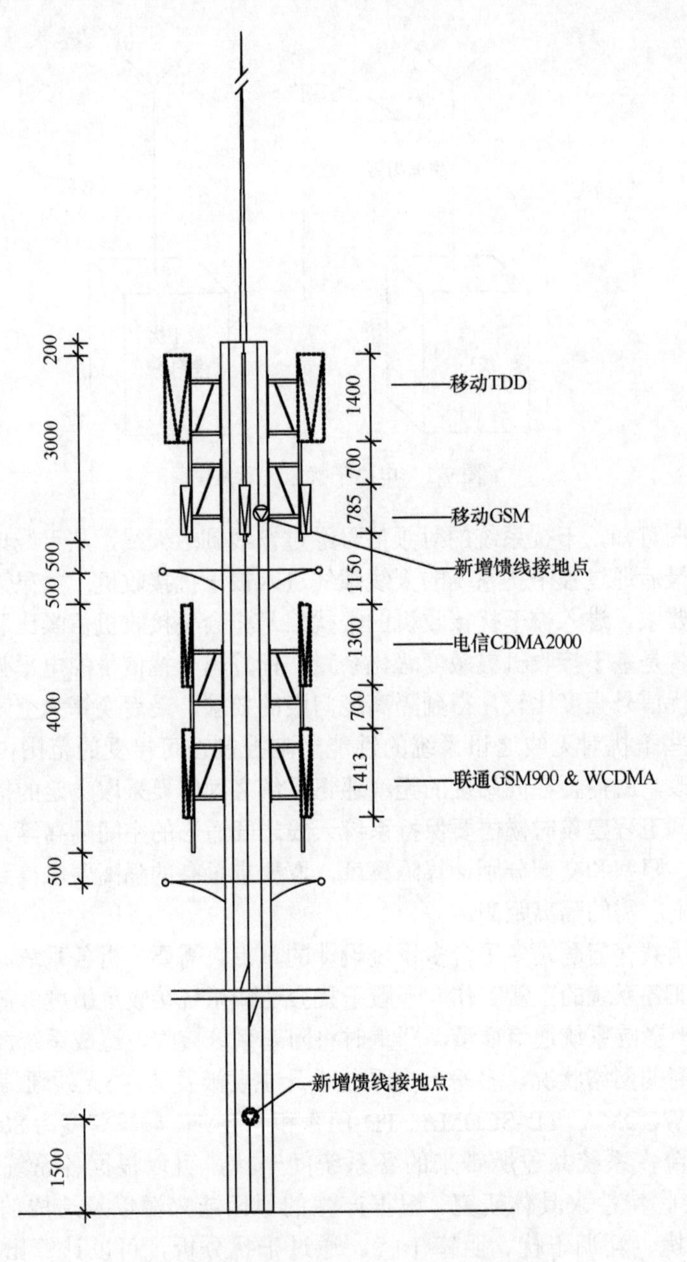

图 9-2　多系统天线平台共建方案示意图

除了空间隔离以外，还可以在该方案中混用其他的隔离措施，以达到更好的隔离效果。

（1）合路器隔离：如果共用天馈系统，当不同系统通过异频合路器合路时，可以通过合路器提供的隔离度实现不同系统之间的隔离。

（2）增加滤波器：根据不同的干扰类型，可以在干扰系统发射机后或被干扰系统接收机前增加一级滤波器，提供隔离来降低干扰。

（3）增加衰减器：对于阻塞干扰的输入电平要求，可以通过在合路器前端增加衰减器的方式来解决。

2. 分布系统共建

与普通站点的覆盖不同，分布系统主要覆盖高档住宅、商业楼宇、运动场馆、道路隧道等区域，各运营商的覆盖需求基本一致，而且这些区域的业主也希望在建设过程中同时进行分布系统覆盖，避免二次进场，因此分布系统的共建工作有较大意义。

然而，各个运营商对网络容量、覆盖方式、使用频谱等环节存在不同的需求，而且现在存在的无线系统包括：移动 GSM900、移动 DCS1800、移动 TD-SCDMA、联通 GSM900、联通 DCS1800、联通 WCDMA、电信 PHS、电信 cdma2000 及 WLAN 系统，随着 4G 牌照发放的日益临近，室内分布系统建设将面临着 TD-LTE/LTE FDD 双通道实现，如何进行合理的共建共享成为摆在运营商面前的一道难题。

目前，在分布系统建设中，不考虑 LTE 引入的前提下，按照共建程度不同可以将运营商的分布系统建设分为 3 种类型。

方式 1：各家单独使用一套室内分布系统；

方式 2：三家共同使用一套室内分布系统；

方式 3：两家共同使用一套，另一家独立使用一套室内分布系统。

这 3 种方式的优劣对比如表 9-1 所示。

表 9-1　LTE 分布系统共建方案对比表

建设模式	分布系统数量	优点	缺点	建议使用的场景
方式 1	3	干扰小，维护简单，有利于新技术的演进	布线、穿墙打孔较多，重复施工，容易引起业主反感	普通写字楼、居民楼
方式 2	2	施工较简单，对业主影响较小	建设周期长，干扰大，投资成本高，维护困难，不利于新技术的演进	
方式 3	2	投资小，独立使用一套室内分布系统的优化维护简单，易控制干扰	两家共同使用一套室内分布系统的干扰较大	高档写字楼及酒店、大型体育场馆、大型场馆、大型商场、交通枢纽、使用泄露电信缆的隧道

共建方式下，所有的 POI 设备需要根据馈入系统定制，POI 设备投资在总投资中的比例很大，也就是说，各运营商的共建分摊成本主要受 POI 价格影响。3 家运营商共用一套系统的造价远高于其他方案，同时导致系统升级演进难度很大，因此，推荐采用 2+1 共享方案，即：由两家运营频谱和技术体制接近的运营商共建，第三家单独建设，以平衡资金投入、物业需求、技术演进与维护等因素。

LTE 室内分布系统组网方案主要考虑因素是如何在室内很好地应用 MIMO 技术：

（1）目前建议使用两副单极化全向天线实现 MIMO 技术，待双极化全向天线成熟以后，可考虑使用，但双极化引入的相位差异对其他系统的影响需要进一步评估。

（2）由于 LTE 引入 MIMO，采用多个通道和多个天线点，所以需要增加天线点和分布电缆。

① 原有分布系统是各家运营商单独建设的情况，由于系统结构简单，LTE 的引入对原有分布系统的改造相对来说不算复杂，而且干扰也有限。

② 原有分布系统是几家运营商共用的情况，由于系统结构复杂，LTE的引入对原有分布系统的改造相对来说相当复杂，同时LTE的引入会给原有系统带来干扰，因此对于各家运营商共建的室内分布系统在网络升级时遇到了很多问题。

新系统的引入通常有两种方式：

（1）前端合路：适用于中、小型建筑物，无需对馈线做大的改造，该方式结构简单，但是功率损耗大。

（2）后端合路：适用于中型、大型建筑物，该方式灵活，对已有系统影响较小，可以方便采用LTE系统多通道覆盖方式，但是改造复杂。

综合以上两种接入方式，通常采用后端合路的方式进行改造，下面以某会展中心的具体案例进行分析。

该会展中心室内分布系统为3家运营商共建，在建设之初就已经考虑了为后续3G技术的演进而预留了接入端口，但是在2007年引入TD-SCDMA系统时，建设过程中却遇到了诸多问题。

（1）如果采用从后端加TD-SCDMA信源的方式，其分路与合路的技术方案相当复杂，同时在实施的过程中也会影响到其他运营商，从工程上较难实现。如图9-3所示。

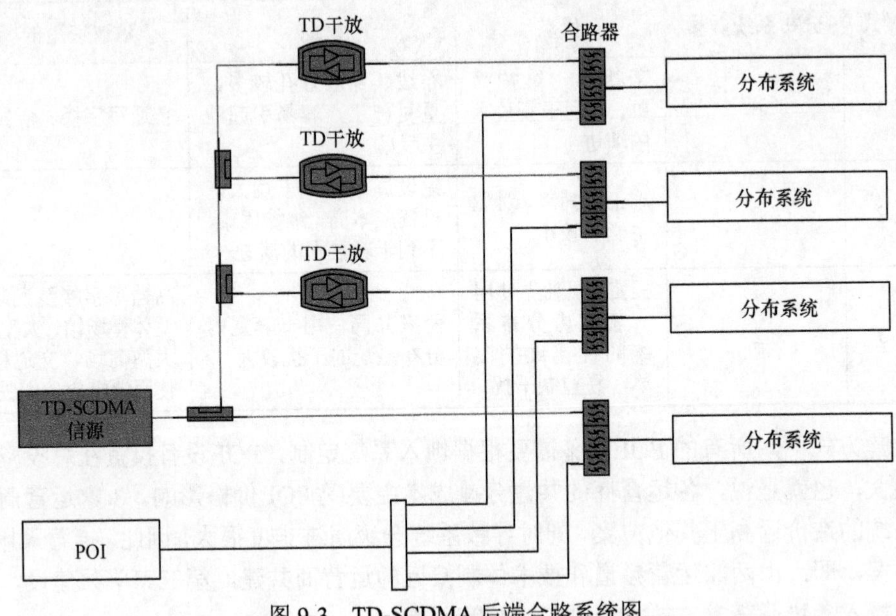

图9-3 TD-SCDMA后端合路系统图

（2）如果采用从前端接入的方式，只能将TD-SCDMA信源接入POI的输入端口，为了保证天线口的功率满足覆盖要求，TD-SCDMA信源的输出功率必须达到36dBm，然而目前TD-SCDMA信源的输出功率无法满足当时会展中心设计的功率要求。

针对以上情况，两种方式都无法满足TD-SCDMA的改造要求，目前只能使用大功率的TD-SCDMA干放，直接将TD-SCDMA信源的输出功率提升到36dBm。如图9-4所示。

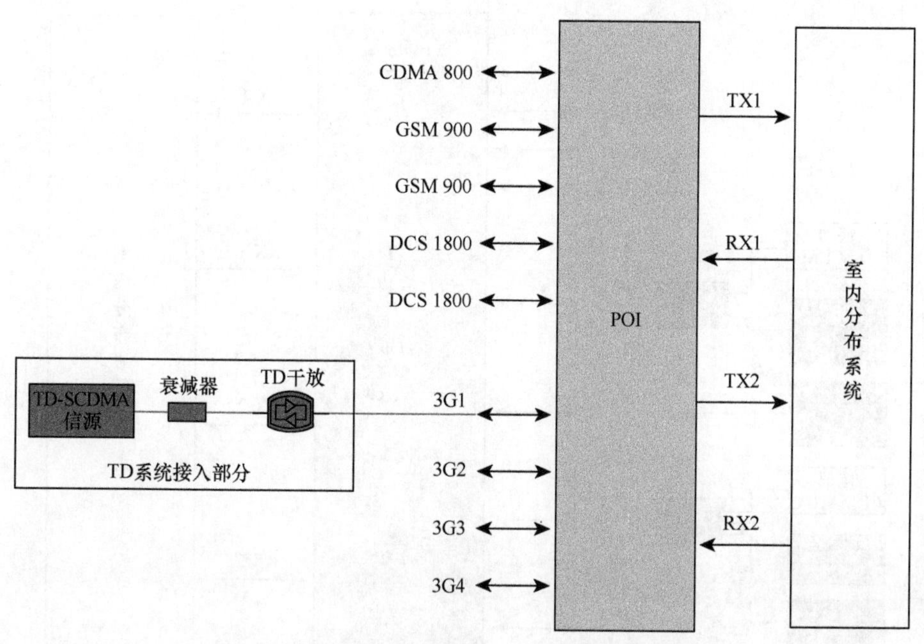

图 9-4　某会展中心 TD-SCDMA 前端合路系统图

由于 TD-SCDMA 系统采用的 TDD 模式，对发射端和接收端的隔离度、传输时延、上下行发射的定时、与室外基站的同步等方面都有较高要求，故干放并不适合在 TD-SCDMA 系统内使用。从开通后的测试情况发现，TD-SCDMA 系统并不稳定，有时会出现弱覆盖以及无法通话，尤其在用户数量多的情况下，弱覆盖和无法接通的情况更为严重。

假设：中国移动获得 TD-LTE 牌照（1.9GHz、2.1GHz、2.3GHz、2.6GHz 等多个频段）；中国电信和中国联通分别获得 TD-LTE 和 LTE FDD 牌照组合（制式选择和获得频谱捆绑），其中 TD-LTE 频段为 2.6GHz，LTE FDD 频段为 1.8GHz 或 2.1GHz。

按照现有的分布系统架构，结合频谱相邻关系和经济性考量，建议 3 家运营商的共建 LTE 可参照图 9-5 方案进行。

所有运营商的 TD-LTE 系统设备由中国移动承建，与 TD-SCDMA 合路，通过设备租赁和互联互通的方式解决 3 家运营商的接入，LTE FDD 的两路分别与 cdma2000 和 WCDMA 系统合路共建。

多运营商共建共享室内分布系统首先必须满足各运营商各系统本身的网络建设需求。尽管运营商间总体建设需求基本一致，但由于多系统制式、频段和覆盖、容量、室内外协同等方面的特定细节差异，各运营商仍有必要共同协商，最大化求同，统筹明确所需覆盖区域、相应覆盖制式、覆盖频段需求等建设需求。为统筹保障各运营商高质量、低成本的建设需求，并兼顾网络易维护、可扩展的后期维护扩展需要，多运营商共建共享室内分布系统方案制定难度远高于单个运营商独立建设室内分布系统的情况。因此，建议由运营商共同选择、委托第三方规划设计公司统筹考虑满足多运营商整体覆盖需求的方案设计工作。

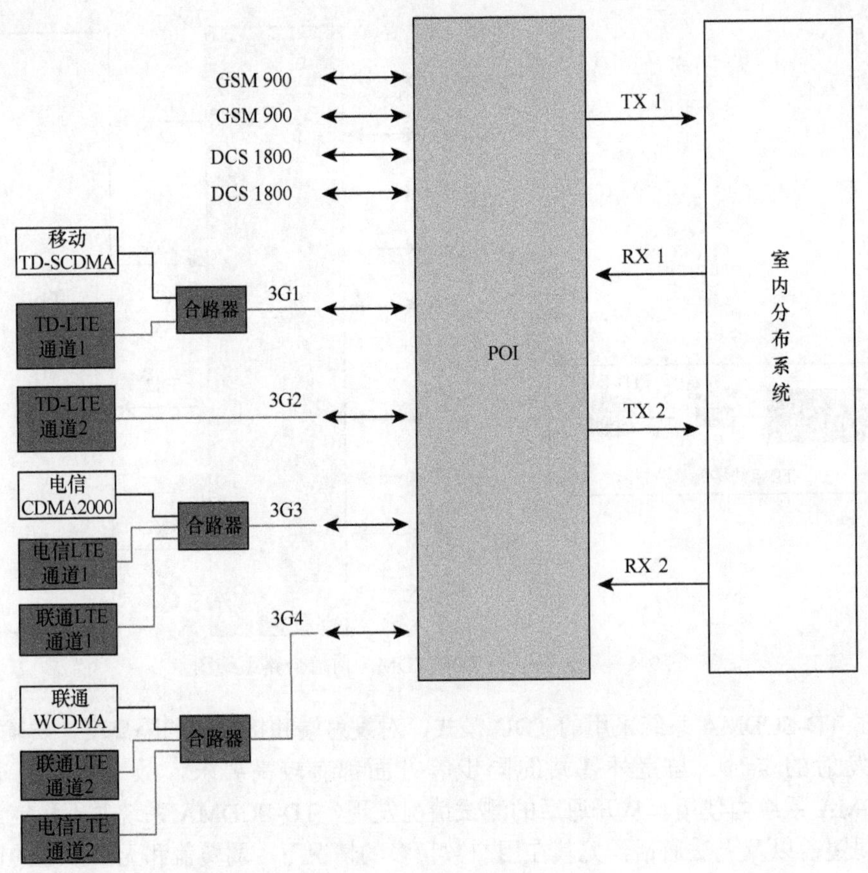

图 9-5　基于 POI 的 LTE 引入方案

共建共享分布系统方案设计时需注意，由于分布系统所覆盖建筑物内多为人群活动频繁的区域，天线口输出功率要符合国家标准“环境电磁波卫生标准”的要求。考虑电磁辐射要求，并适当考虑未来网络扩容、扩展等因素，通常建议室内天线入口设计总功率上限不高于 15dBm。设计方案需兼顾多运营商、多制式、多频段的覆盖和干扰控制需求（关键无源器件、天线、馈线应支持 800—2700MHz 频段以覆盖各运营商 2G/3G/LTE 频段；多系统合路器、耦合器件等选取应满足系统间干扰控制和隔离要求）。在确定不同系统室内天线出口功率时，应在满足电磁辐射要求的前提下兼顾覆盖和经济性要求，出口功率的取值需考虑不同制式、频段覆盖指标和传播损耗、馈线损耗差异对覆盖的影响，合理设定天线覆盖范围，以保障各系统、各制式、各频段覆盖效果基本一致（重点是精心设计不同系统的功率匹配方案），从而保障各运营商多系统整体覆盖效果。此外，设计方案中还应尽量实现相关资源多系统共用，以节约总体建设成本。

9.2　节能减排

节能减排可以从无线设备节能、空调节能、建筑节能和新能源应用等几个角度进行。

9.2.1　无线设备

1．技术原理

（1）TD-LTE 符号关断技术

LTE 网络中，某些时隙上没有实际符号传输时，在不影响控制类符号传输和终端接收的情况下，RRU 在相应时间（无实际符号传输）将射频通道和功放关闭，从而达到减少功耗和降低邻区干扰的目的。当业务量不大时，理论上可以节约 60%左右能量，同时还会显著降低对邻区及其 UE 的干扰。

（2）TD-LTE 下行功控技术

LTE 系统中，下行功率在 RS 信号/PDSCH 等信号间分配，且 PDSCH 信号相对于 RS 信号会有一定的 Offset（偏离），具体的功率偏离及其分配算法与设备的具体配置和实现相关。

功率在不同符号上的分配如图 9-6 所示。

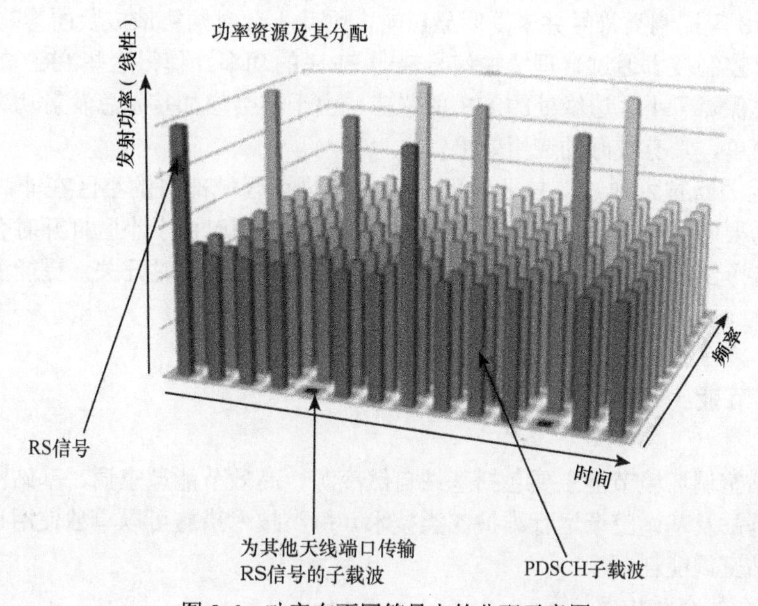

图 9-6　功率在不同符号上的分配示意图

在小区总功率一定的情况下，将小区中信号好的 PRB（物理资源块）资源中临时不用的剩余功率调整到需要更大功率的信号差的 PRB 资源上，尽可能提升用户下行边缘吞吐量，提高小区吞吐量，有效提升小区覆盖范围，提升小区用户的数据业务的速率，提升业务感知。

（3）LTE 智能小区关断技术

小区关闭：当某些特定小区（通常为业务吸收型小区）的业务量低于某种程度且邻区可以保证现有用户业务的情况下，可以将这些小区的射频等资源关闭，从而达到能耗节约的目的。邻区可以为同制式也可以为不同制式的网络。

小区打开：当中心小区的业务负荷高于一定值时，为了选择打开合适的小区，中心小区首先发送指示让休眠小区在某段时间内发射信号，同时让终端进行探测，并将探测结果告知中心小区。中心小区根据终端的探测结果打开合适的休眠小区。

宏/微基站覆盖如图 9-7 所示。

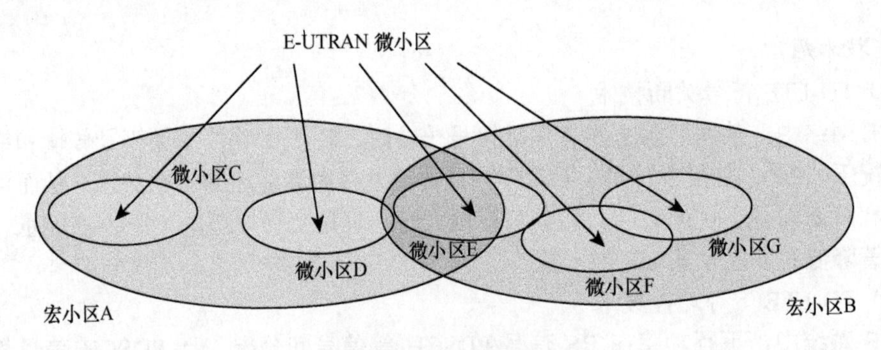

图 9-7 宏/微基站覆盖示意图

2. 节能要点

符号关断技术通过在符号级别对功放等设备进行关断，在业务量低时将会大大节约能耗，同时 RS 等控制类符号并未受明显影响，因此不会对网络造成负面影响。

下行功率控制技术通过合理增加信号较弱 PRB 的功率，使得这些 PRB 的信噪比得到提升，尤其保障了小区边缘处的 UE 的覆盖，由于不会增加基站总发射功率要求，因此部署相对简单，具有较好的应用效果。

智能小区关断技术通过监控业务的变化，将热点区域部署的小区在非高峰时刻关闭，同时在需要时及时打开，有效利用了业务的波动。同时由于小区打开时会根据周围 UE 的分布选择合理的小区，更有针对性，相比传统的网管定时开关，更能满足突发的业务需求。

9.2.2 空调节能

通信基站空调环境节能主要包括基站自然冷源、高效节能型空调、基站围护结构优化、无空调基站及基站空调运行维护 5 类技术。每类技术措施可以单独使用也可综合使用，降低基站空调能耗。

1. 基站自然冷源技术

利用室外自然存在的低温空气、低温水等介质，不启动压缩机制冷，直接或间接为基站降温的技术称为基站自然冷源技术。基站自然冷源设备的应用，可减少基站空调制冷运行时长，降低基站制冷能耗。基站自然冷源主要包括如下技术。

（1）智能通风技术

智能通风（新风机）设备是一种向通信基站提供空气过滤、循环、运行控制的设备，自身不带制冷元件，通过引入外部冷空气，排出内部热空气为基站降温。

在确保基站环境要求的前提下，智能通风机组采集基站室内外温度、室内湿度数据，逻辑判断后，在适合条件下运行。智能通风在抵消相同热负荷时，能耗远低于空调，利用智能通风可有效降低基站空调制冷运行时长，从而降低基站制冷总体能耗。

① 应用场景

智能通风设备适用于需要空调制冷，室外通风良好、无腐蚀、风沙不频繁且全年室内外温差>4℃累计时间较长、运行后基站室内相对湿度不超过 85%的时间较长的地区使用。

智能通风工作原理如图 9-8 所示。

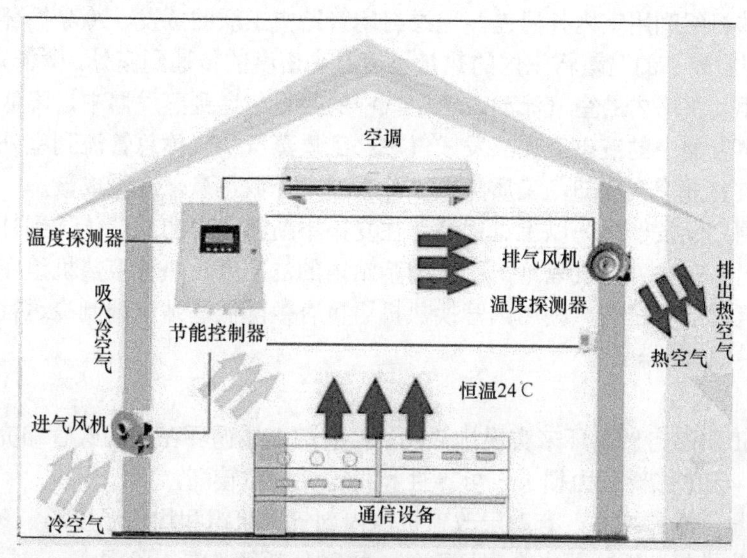

图 9-8 智能通风工作原理图

② 节能效果

根据各地气候条件与基站自身条件的不同，智能通风机组使用，空调全年节电率在 10%～70%。贵州、广西、湖南等省安装数量较多。以贵州为例，贵州山区较多，空气清洁度高，全年平均气温在 15℃左右，山区基站在每年 10 月到第二年 5 月近 7 个月的时间内基本可以关闭空调，完全依靠智能通风满足基站的温度要求。应用智能通风后，基站空调节能效果高达 50%以上。

③ 注意事项

注意使用基站外部环境，当室外有腐蚀性气体，引入会对基站内设备造成影响时，不应使用智能通风机组。

注意智能通风机组与空调联控设置，做好联控与运行温度逻辑设定，避免空调设备频繁启停。

注意对智能通风机组的维护，对智能通风机组过滤设备应进行定期清洁，维护周期为 1 个月，可根据实际使用情况适当调整维护周期。当室外风沙较大，造成智能通风机组频繁维护时，应做好运行设定，风沙严重时段应关闭智能通风机组。

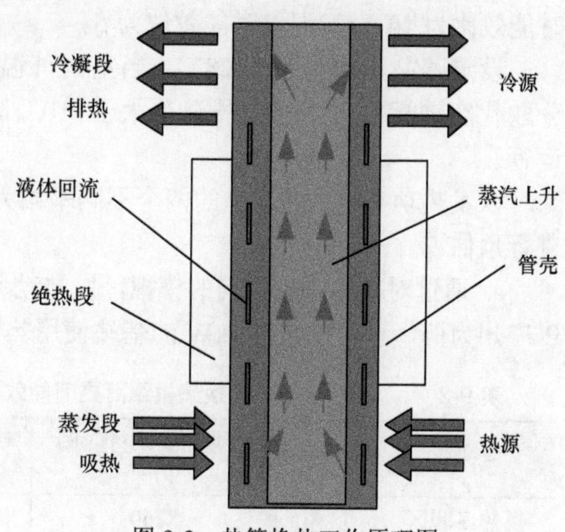

图 9-9 热管换热工作原理图

（2）热管换热机组

热管换热工作原理如图 9-9 所示。

热管换热机组自身不带制冷元件，利用室内外温差和机组内部循环工质相变为基站降温，可独立使用也可与基站空调配合使用。

① 工作原理

热管换热机组利用室内外温差，通过封闭管路中工质的蒸发、冷凝循环而形成动态热力平衡，利用较小的温差将室内的热量迅速且高密度的传递到室外，降低室内的温度。即室内风机驱动机房内的空气流动，将空气中的热量传递到蒸发器中，降低室内空气的温度，并使蒸发器中的液态工质蒸发成气态；工质蒸汽从气体总管流到室外侧的冷凝器中；冷凝器被室外空气冷却，工质蒸汽在冷凝器中释放热量，冷凝成液态；工质液体从液体总管流回到蒸发器中；以上过程循环往复，不断将室内的热量传送到外部环境中。该设备工作时，室内外空气隔绝，不影响基站内的洁净度。热管换热机组在抵消相同热负荷时，能耗远低于空调，利用热管换热机组可有效降低基站空调制冷运行时长，从而降低基站制冷总体能耗。

② 机组特性

a. 仅靠工质的自然循环来实现排热功能，全部工质循环在封闭式管路完成，不必靠压缩机驱动，无膨胀阀压力损失，可靠性和稳定性相对较高。

b. 大风量小温差换热，有助于改善机房内部气流组织和均匀温度场。

c. 全显热换热，无冷凝水产生，系统无需额外耗能加湿、除湿。

d. 室内外空气隔绝，避免直接引入室外空气的污染问题

e. 与原基站空调共同运行，保证室内环境控制要求，实现安全节能运行。

f. 同时使用该设备后，降低原有空调工作时间，节省基站制冷能耗，延长空调使用寿命。

③ 应用场景

热管换热机组适用于需要空调制冷，且全年室内外温差>5℃累计时间较长的地区使用。

④ 节能效果

设定基站空调采用能效比为 3.0 的 3HP 空调，功率约为 2.2kW。热管换热机组 10℃时能效比为 10，5℃温差时能效比为 5。

设定基站室内温度为 28℃，当室内外温差大于 5℃时开始运行热管换热机组，部分取代空调运行；当室内外温差大于 10℃时，采用热管换热机组全部替代基站空调运行。

以发热功率较大和较小的两个不同基站为例，对采用热管换热机组的简要节能效果进行预估。

a. 通过对基站围护结构的模拟，发热功率为 4kW 的基站需要空调全年制冷运行。以广州为例，设备发热量 4kW 的基站使用热管换热机组的简要节能效果如表 9-2 所示。

表 9-2　　热管换热机组简要节能效果估算（基站发热量 4kW）

气候区	城市	空调需要运行时间（h）	热管机组可运行时间（h）	年节电量（kWh）	年节电率（%）
夏热冬暖区	广州	8760	4098	3290	24%

对基站通信设备发热量更大的基站，热管换热基站的节电量和年节电率会更大。

b. 对基站设备发热量为 3kW 的基站，在部分地区冬季和过渡季节需关闭空调运行，按照小功率基站运行控制策略，广州地区使用热管换热机组后简要节能效果估算如表 9-3 所示。

表 9-3　　热管换热机组简要节能效果估算（基站发热量 3kW）

气候区	城市	空调需要运行时间（h）	热管机组可运行时间（h）	年节电量（kWh）	年节电率（%）
夏热冬暖区	广州	8760	4098	3675	27%

（3）智能换热

智能换热设备是一种向通信基站提供空气循环、空气过滤和运行控制的设备，其自身不带制冷元件，工作时室内外空气隔绝，通过设备自身所带的热交换器进行冷热空气换热，为基站降温，其工作原理如图 9-10 所示。智能换热设备可独立使用也可与基站空调配合使用。

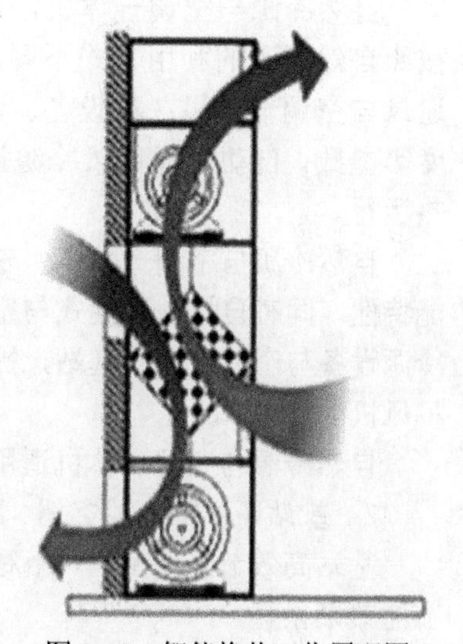

图 9-10　智能换热工作原理图

智能换热设备采用空气—空气显热换热芯体，通过热交换器使室内外两侧气体进行热量交换，排除室内的热量从而降低室内的温度。从设备室外侧的角度看，室外冷空气在室外侧风机的作用下从进风口进入装置本体，通过换热芯体进行换热，从室外侧排风口排出；从室内侧的角度看，室内热空气在室内侧风机的作用下由进风管进入装置本体，通过换热芯体进行换热，再由室内侧出风管回到基站。该设备工作时，室内外空气隔绝，不影响机房内的洁净度。智能换热在抵消相同热负荷时，能耗远低于空调，利用智能换热可有效降低基站空调制冷运行时长，从而降低基站制冷总体能耗。

① 应用场景

智能换热设备适用于需要空调制冷，且全年室内外温差>10℃累计时间较长的地区使用。与智能通风相比效率稍低，但室外空气的湿度和洁净度对室内空气影响不大，可在室外空气质量稍差的区域使用。

② 节能效果

根据各地气候条件与基站自身条件的不同，智能换热机组使用，空调全年节电率在 20%左右，在北方室外空气质量稍差的地区使用较多。

③ 注意事项

注意选用高效智能换热机组，当室外比室内温度低 10℃时，智能换热机组能效比应≥10。

（4）相变储能式空气处理机组

相变储能式空气处理机组自身不带任何制冷元件。在室内、外温湿度满足使用要求时，引入室外冷空气为基站降温。同时，将部分冷量储存在相变储能材料中。当室外温度升高，室内外温差不满足使用要求时，该设备释放所储存的冷量为基站降温。相变储能式空气处理机组可独立使用，也可与基站空调配合使用。

该设备通风工作原理与智能通风机组相同。特点为通风过程中利用相变储能材料，将富余的冷量进行储存，再根据室内外温度探测情况，自动释放储存的冷量。相变储能式空气处理机组在智能通风机组的基础上，延长了自然冷源的利用时长，进一步降低基站制冷能耗。

相变储能式空气处理机组在应用智能通风机组的基站均中可使用，对于昼夜温差变化较大地区，节能效果显著。

（5）自然冷源与空调一体机

自然冷源与空调一体机，可在一台设备上实现自然冷源换热与空调制冷的功能。按照自然冷源的利用方式不同，具体可分为热管与空调一体机、换热与空调一体机、通风与空调一体机 3 种设备。该类设备在工作时，能够根据基站室内外温差、室内湿度等参数，自动选择自然冷源换热模式或空调制冷模式运行，且优先进行自然冷源换热运行。

自然冷源与空调一体机，整合了自然冷源设备与空调的功能。具备自然冷源设备节能特性，同时自然冷源模式与空调制冷模式共用设备室内外风机，相对于单独配置自然冷源设备与空调设备的基站，提高了风机利用率，减少了风机配置总量，降低了空调待机风机能耗。

自然冷源与空调一体机适用于需要空调制冷且有条件使用自然冷源的基站。

2. 基站高效节能型空调

基站高效节能型空调，相对基站普通空调，运行更符合基站发热特点，整体能效高，节能效果显著。

- 基站定制空调

基站定制空调从基站通信设备散热的特点出发，改良以往基站空调以适应人员使用为核心的设计思路，专门为移动基站量身定制的空调设备，在产品的技术和结构方面进行了大量的改进，具有能效高、可靠性高、性能稳定等特点，发挥了运行节能的优势，是适合基站使用的节能型空调。

基站定制空调的主要特点和节能特性主要表现在以下几个方面。

① 采用高的显热比，加大了送风机风量，使显冷量提高 30%，符合基站设备降温的要求，通过增大风机风量和两器换热面积，减小冷风比，使空调的冷负荷分配完全匹配基站的热负荷，从而避免了能源浪费，这部分节能效果在空调的运行过程中会有更好的体现。

② 送风方式的改变：在结构上采用下前送风、顶部回风的方式，使空调机的循环气流与基站内的气流组织相吻合，减少了冷空气不必要的损耗，也相应地提高了蒸发温度 1～2℃，从而提高了空调机的效率。

③ 采用电子膨胀阀，调节范围大（10%～100%），在各种不同室外环境下均能提供与之相匹配的制冷剂流量，平均提高蒸发器效率达 8%～10%。

④ 压缩机置于室内，减小了室外高温对压缩机的影响，延长压缩机使用寿命，同

时减小了室外机的噪声和被偷盗的可能。

⑤ 采用高效元器件、高效换热管和优化制冷系统，保证了空调节能效果。压缩机、制冷元件及设备材质选用都考虑了基站空调 24h 运行的特点，具有较高的可靠性。

基站定制空调的外形如图 9-11 所示。

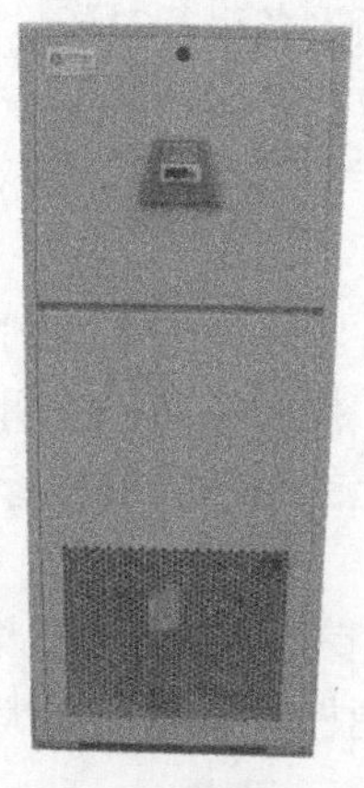

图 9-11　基站定制空调的外形图

基站定制空调适用于需要空调制冷的基站使用。

3. 基站围护结构优化

根据基站热负荷特点与基站所处环境温度条件，以减少基站温控设备（空调、加热、自然冷源等设备）全年能耗为目的，优化基站围护结构热工性能，称为基站围护结构优化。

（1）基站保温

对基站保温进行优化配置，使通过围护结构得热/散热所引起的基站温控设备全年运行能耗最小。适用于所有有机房基站。

（2）基站外表面用反射隔热涂料

热反射隔热涂料具有较高太阳光反射比和较高半球发射率，施涂在基站外表面，利用自身高反射性来减少基站屋顶和墙体日射得热量。

当室外温度比室内温度高时，隔热涂料通过减少对太阳辐射热的吸收来降低基站外表面温度，减少热量由室外向室内传递；当室外温度比室内温度低时，同样通过基站外表面温度的降低可加速室内热量向室外传递。基站热负荷的减少，可降低温控设备运行能耗。

热反射隔热涂料适用于全年日照数超过 1 400 h 且月平均气温大于 10℃的月份不小于 7 个月，冬季不引起加热设备能耗显著增加，有暴晒在阳光下的外墙或屋面的自建基站。

4. 基站空调运行维护

通过加强基站空调的运行维护，改善现网空调运行工况和能效，实现基站空调的运行控制节能。

（1）提高基站环境温度上限

具备分区温控条件的基站，环境温度上限提高至 30℃或 35℃。此类基站必须同时满足：采用蓄电池恒温箱单独对蓄电池进行温度控制或直接采用耐高温电池，实施该措施不对蓄电池产生影响；基站内装有自然冷源设备（智能通风、智能换热、热管换热机组等），提高基站环境温度上限，可延长自然冷源设备使用时长；实施本措施，对基站内设备的可靠性、使用寿命等不产生影响。

提高基站环境温度上限，可延长基站自然冷源设备运行时长，增加基站围护结构散热量，进一步降低基站温控设备能耗，适用于已建或新建，具备分区温控条件的物理宏基站（不包括独立传输节点机房）。

（2）加注空调添加剂

空调添加剂是一种含有抗氧化物、润滑性强并和制冷剂兼容的液态产品，在空调冷冻油中加注添加剂后，可以对空调实施内部清洗，提高压缩机的润滑性能，防止空调内部组件氧化，从而提高空调效率。对使用 3 年以上的空调效果显著。

（3）基站空调节电器

空调节电器采用空调自适应技术，优化电力电路参数，控制压缩机启动频次等技术，从而达到节能效果，能有效降低空调能耗，合理调控空调的工作状态，使基站空调保持在高效率、经济运行的工作状态。

5. 基站气流组织

（1）基站定向排热

基站定向排热技术利用通风原理为基站降温，通过排风罩、风管、风机等设备，定向收集无线设备排风，并将热风排到室外，再利用室内负压，通过专设新风口，引入室外空气为基站降温，该设备可独立使用，也可与基站空调配合使用，其工作原理如图 9-12 所示。

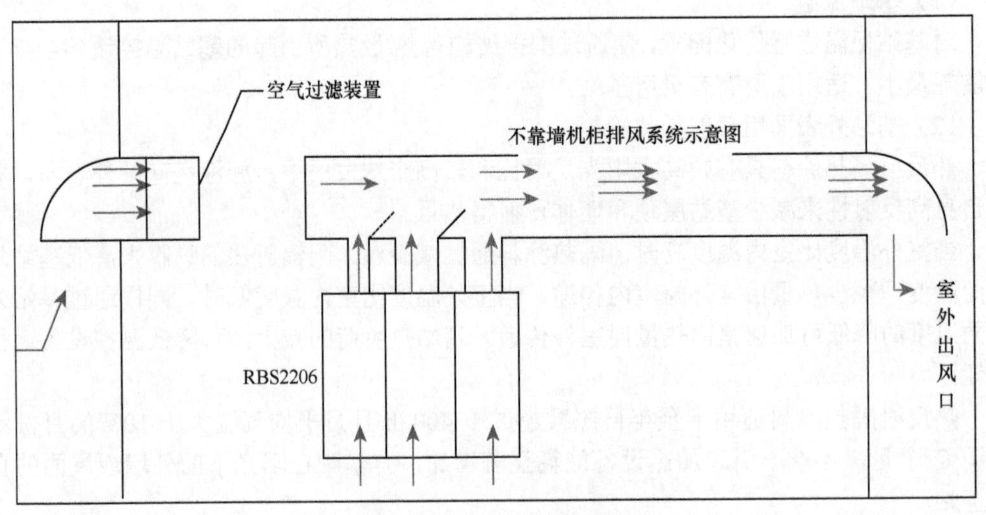

图 9-12　定向排热示意图

基站定向排热与传统通风降温方式相比，可减少热量先扩散再置换的过程，提高基站制冷效率；定向排热所需排风量、进风量小，可降低风机功率，延长进风过滤器维护时长。

基站定向排热由于基站内处于负压状态，适用于室外空气质量较好，基站围护结构较严密的基站。

（2）基站精确送风 EPC

基站精确送风技术是基于“面向对象的冷却方法”，改变传统的冷却方式，将冷量通过有效的系统布局和末端设计，更有针对性地对需要冷却的设备进行冷却，不仅可改善被冷却对象的工作温度环境，而且节能效果显著。

基站选址原则：精确送风末端需占用一定的安装空间，故建议选取高耗能、15m^2以上较大面积新建宏基站，现有宏基站需选择未实施过节能改造的站点。

9.2.3 建筑节能

建筑节能可以从以下几个方面进行：

（1）基站优先选择通风条件好，阳光不能直射的位置。

（2）野外基站有优先选择在阴凉开阔、有遮蔽物遮蔽的位置进行建设。

（3）租赁基站优先选择隔热密封良好的混凝土结构建筑作为基站。

（4）绿化带、路边、公园基站建议使用一体化机柜。

（5）新建基站大门根据实际情况优先使用仿金库门，机房内其他原有的门更换为具有放火保温效果的防盗门，所有门框必须安装密封条。

（6）新建基站内馈线窗、光缆、电缆进出孔洞必须做防漏密封处理，室内过墙的孔洞必须使用防火泥密封。

（7）采取有效措施减少机房外墙面、屋面、楼地面、外门窗等外围护结构的能耗散失。其中，外墙面保温技术包括外保温、内保温、自保温、反射涂料等方式。保温材料包括挤塑聚苯板（XPS 板）、聚苯板（EPS 板）、发泡聚氨酯、保温料浆（砂浆）、岩棉板等；保温墙体可采用保温彩钢板、轻集料混凝土砌块、复合保温砌块等。外部有大面积玻璃幕墙的通信机楼应采用高效节能玻璃，如抽真空的组合 Low-E 镀层玻璃、光（或热、电）致变色玻璃等。

9.2.4 新能源技术

可再生能源是指消耗后可得到恢复补充，不产生或极少产生污染物的能源，如太阳能、风能、生物能、水能、氢能等。

1. 基站太阳能技术

（1）供电原理

太阳能光伏发电是通过太阳能电池吸收阳光的光能后变成电能输出。一个完整的光伏发电系统包括太阳能电池方阵（也称光伏方阵）、充放电控制器、蓄电池组、支架、功能电路单元、输配线缆等配套系统组成，其中不同电压等级、不同电流大小、不同功率输出的太阳能电池方阵（也称光伏方阵）由若干块光伏组件经串、并联后组成。

太阳能光伏发电是利用太阳能电池将太阳的光能转化为电能后，通过充电控制器的控制，直接提供给相应的电路或负载用电，同时将多余的电能存储在蓄电池中，在夜晚或太阳能电池产生的电力不足时提供备用电源。

太阳能电池组件是由多个晶体硅电池单体串、并联，并严格封装而成的，其中的电池单体在太阳的照射下可发生光电效应而产生一定的电压和电流，经电缆传导至充电控制器。

充电控制器是对蓄电池进行自动充、放电的控制装置，当蓄电池充满电时，它将自动切断充电回路或将充电转换为浮充电的方式，使蓄电池不致过充电；当蓄电池发生过放电时，它会及时发出报警提示以及相关的保护动作，从而保证蓄电池能够长期可靠的运行。当蓄电池电量恢复后，系统自动恢复正常状态。控制器还具有反向放电保护功能、极性反接电路保护等功能。

蓄电池作为系统的储能部件，主要是将太阳能电池产生的电能储存起来供夜晚或光照不足时用电。

（2）适用条件

气象条件要求：年平均日照时数大于 1 800 h，可以采用太阳能电源供电。

如果新建基站的市电引入距离较远，市电引入费用达到（或者超过）太阳能电源系统总投资的 70%时，推荐采用太阳能电源系统。实际功率小于 2kW 的基站，如市电引入距离不低于 4km，推荐采用太阳能电源系统。对于直放站，如市电引入距离大于 1km，推荐采用太阳能电源系统。

以上为推荐采用太阳能电源系统的建议距离，因各地市电引入费用造价差距较大，故应通过具体计算测算出不同供电方案的投资，根据投资测算确定采用何种供电方案。

“珠峰”奥运圣火传递线路覆盖 GSM 基站采用绿色能源太阳能供电，很好地解决了电源供应问题，如图 9-13 所示。

图 9-13 “珠峰”奥运圣火传递线路太阳能供电基站

2. 基站风能技术

（1）工作原理

现代风力发电机多为水平轴式，目前只有很少厂商生产垂直轴式风力发电机。一部典型的现代水平轴式风力发电机包括叶片、轮毂（与叶片合称叶轮）、机舱罩、齿轮箱、发电机、塔架、基座、控制系统、制动系统、偏航系统、液压装置等。其工作原理是：当风流过叶片时，由于空气动力的效应带动叶轮转动，叶轮透过主轴连结齿轮箱，经过齿轮箱（或增速机）加速后带动发电机发电。目前也有厂商推出无齿轮箱式机组，可降低震动、噪声，提高发电效率，但成本相对较高。在移动通信基站中，推荐使用无齿轮箱式机组。

风力发电机组结构及安装示意图如图 9-14 所示。

（2）风光互补发电系统组成

风光互补发电系统由太阳能电池、小型风力发电机组、系统控制器、蓄电池组和逆变器等几部分组成。风能和太阳能分别通过风力发电机和太阳能电池转化电能，再通过风光互补控制器（或风/光互补控制器）处理给蓄电池充电。发电系统各部分容量的合理配置对保证发电系统的可靠性非常重要。

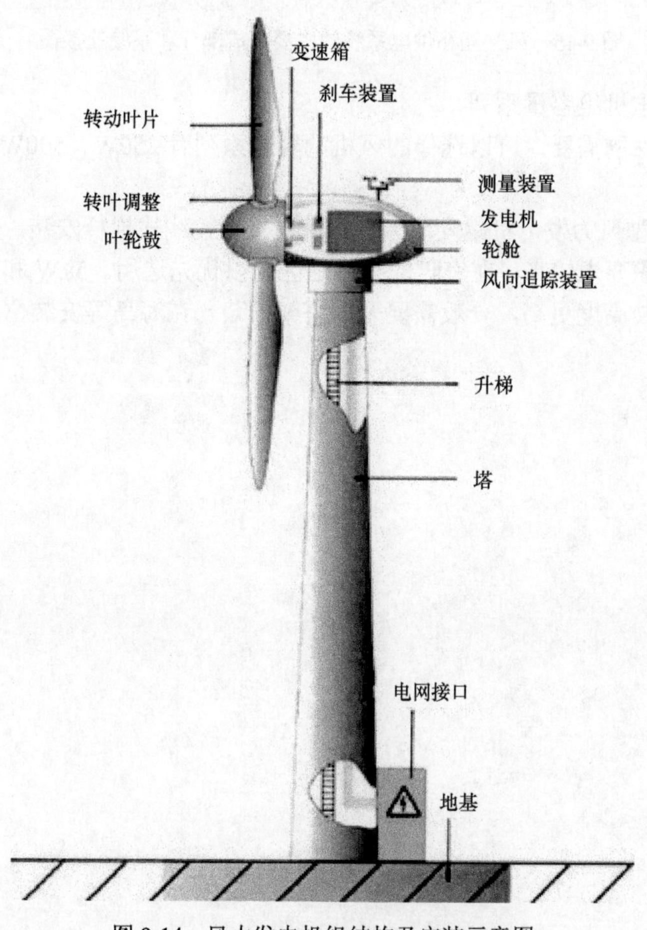

图 9-14　风力发电机组结构及安装示意图

风光互补供电系统的主要组成部分和供电系统连接图如图 9-15 所示。

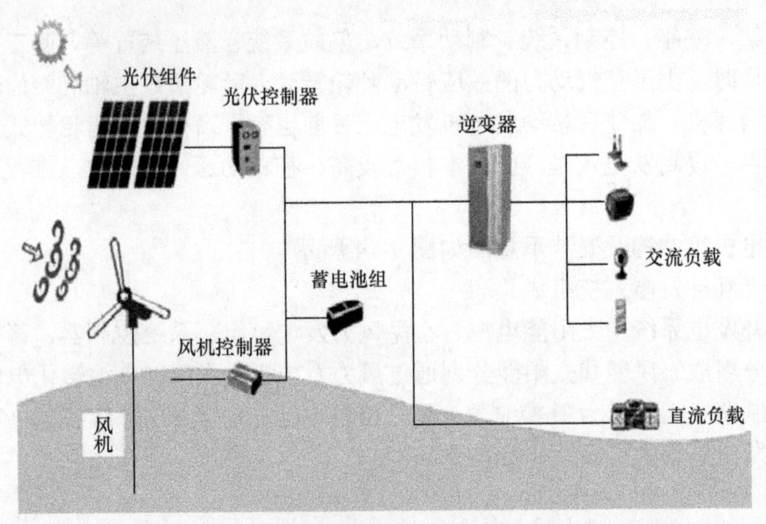

图 9-15　风光互补供电系统的主要组成部分和系统连接图

（3）风力发电机组容量系列

根据不同基站的需要，可以选择的风机的容量系列有 250W、500W、1kW、2kW、5kW、10kW。

2kW 以下小型风力发电机组安装方便，可以采用拉线式抱杆安装，但是选用的数量较多，对安装面积要求较高，在空旷的平原地区可以优先选用。5kW 和 10kW 风力发电机组重量大，安装高度更高，一般需要采用塔架安装，在海岛等安装位置受限基站可以选用。

第 10 章 LTE-A 展望

10.1 LTE-A 标准

LTE-Advanced 标准简称 LTE-A，是 LTE 的后续演进版本，也是 4G 规格的国际高速无线通讯标准，它被 3GPP 标准化成为主要的 LTE 增强标准。

LTE-Advanced 移动通信系统的功能技术指标要求主要如下：

（1）可以实现频谱资源的配置，实际系统中频谱能够扩展到 100MHz，同时支持将多个频段进行整合，此外还可以支持连续的、不连续的频谱，能够实现与 LTE 系统共享同一频段，实现加强型的网络自适应、自优化功能。

（2）下行峰值速率可以达到 1Gbit/s，上行峰值速率可以达到 500Mbit/s。

（3）LTE-Advanced 与 LTE 相比，对若干个方面的功能技术进行了增强，同时注重与 LTE 的前后向兼容性，支持原 LTE 的全部功能，最终 LTE 终端能够接入 LTE-Advanced 移动通信系统，而 LTE-Ad-vanced 终端也可以接入 LTE 移动通信系统。

（4）可以在不同环境下工作，提供从宏蜂窝到市内环境等场景的无缝覆盖。

10.2 LTE-A 关键技术

10.2.1 载波聚合（CA）技术

在 LTE 标准中提出系统支持上限为 20MHz 的带宽频谱资源实现通信，但在 LTE-Advanced 中提出系统要提供对于更宽带宽业务的支持。LTE-Advanced 中的空中接口技术的框架是由灵活频谱的使用、宽带宽及非连续频谱分布共同决定。但是在 LTE 标准中所支持的频谱资源中无法提供一部分超宽带的频谱支持 LTE-Advanced 应用。在这种情况下，3GPP 提出了频谱聚合技术的概念，这样可以实现多个不同频段的整合使用，从而最多将 LTE 系统中连续、非连续 5 个载波聚合为 100MHz 的 LTE-A 载波。对于实现聚合后载波而言，LTE 系统能够接入其中的一个载波单元，同时 LTE-Advanced 系统能够一起接入多个载波单元，从而达到了兼容 LTE 系统和 LTE-Advanced 系统频谱的目的，还能在降低比特开销的基础上实现大于 1Gbit/s 的峰值数据速率要求，很好地体现了 LTE 向 LTE-Advanced 进行演进过程。

载波聚合技术一般分为连续载波聚合以及离散载波聚合两种形式。连续载波聚合具体指的是频域上连续的多个载波频段聚合在一起，5 个带宽 20MHz 的载波分量聚合为 100MHz 的带宽。因为载波信号在频域中的频谱是连续的，所以连续载波聚合在通信系统中较易实现，同时信令的开销和 UE 需检测的频点也较少。与离散载波聚合方式相比，连续载波聚合能够简化基站和终端的配置，且可应用于如 3.4～3.8GHz 频段的频率分配。此外，连续载波聚合可以比较简单地实现系统的后向兼容，从而标准修改会比较小，这种聚合方式是未来宽带移动通信系统研究的重点。

为了更好地利用离散分布的频谱碎片，载波聚合技术还可以非连续频谱的形式实现，2 个带宽为 20MHz 的离散的载波分量聚合为 40MHz 的带宽。从移动通信运营商的角度出发考虑，离散载波聚合方式更适合在实际的通信网络中使用，因为在实际情况中，想要得到足够大的连续频段很困难，如果将大量的连续频谱资源分配给个别用户，整个无线通信网络的公平性及有效性会被打乱，同时离散载波聚合方式使得系统的频谱聚合更加灵活。但需要注意的一个问题是，离散频谱的分布位置及大小的变化给聚合工作的进行引入一定的不确定性。离散载波聚合方式需要对路径损耗模型、多普勒频移和功率控制算法需要重新检验，同时资源分配算法也要根据频谱衰落特性进行调整。

载波聚合技术的实现在无需对 LTE 中的物理层进行较大改动的基础上增加对现有通信系统再利用性，从而很大程度上可以缩短 LTE-Advanced 系统的商用化过程的推进时间。

10.2.2 天线传输模式 TM9

为了达到对于峰值频谱效率的要求，LTE-Advanced 系统引入了采用最高 8 流的高阶 MIMO 技术天线传输模式 TM9。LTE-Advanced 系统中的 MIMO 技术核心是用发射天线来实现分集技术及空间复用技术，该技术也是 LTE-Advanced 系统中的重点研究内容。MIMO 技术利用多根发射天线和多根接收天线实现无线通信，把收发端天线上的信号最后合并。通常情况下多天线带来的多径传播效应会恶化无线通信的质量，但 MIMO 技术正是利用多径传播来改善无线通信的传输。MIMO 中的分集技术利用空间信道的弱相关性，同时考虑时间/频率选择性，从而为信号的传输提供更多的副本提高通信的可靠性，改善接收机断信号的信噪比。而空间复用技术也是利用空间信道的弱相关性，在多个相互独立的信道上传输不同的数据流，达到提高数据传输峰值速率的目的。

MIMO 技术的引入会大幅提升频谱效率，降低每 bit 成本。进而优化服务质量，改善系统覆盖，优化小区边缘用户的吞吐率，降低基站建设和维护成本。

10.2.3 中继

作为 LTE-Advanced 移动通信系统中的候选技术之一的中继技术，为改善系统覆盖问题提供了很好的一个解决方案。在 LTE-Advanced 系统中，对于系统容量要求较高，为了解决高容量要求需要很高的带宽频谱，但这只能使系统工作在较高频段处，而工作在如此高的频段，路径损耗和穿透损耗可能相对比较大，从而增大了实现较好覆盖的难度。

中继（Relay）技术具体的实现方案是在固有基站站点的基础上，增加一些站点作为中继站（Relay Station），从而达到增加站点、天线分布密度的目的，它们和固有的基站实现无线连接。中继技术和传统中使用的直放站接力不同，直放站获取原有基站发射的射频信号后，直接在射频端进行转发，只是扮演放大器的角色。但是这种放大器只在一些特定的情况下发挥作用，同时放大器只能用于改善系统的覆盖，并不能提高系统的容量。在固有基站和终端之间插入直放站，并不能直放站其和用户端之间的距离，也就无法优化信号的传输格式和资源分配，提高整个系统的传输效率，优化系统的传输设置。此外，虽然使用直放站可以增大系统覆盖，但是直放站的引入也会带来很多问题，如干扰问题。干扰如果能够得到很好的控制，直放站便能达到增加系统覆盖的目的，但若不能很好地控制干扰，反而会恶化整个系统所提供的服务。

在传送数据的过程中，下行（上行过程完全相反）数据首先送到固有基站处，然后传给中继站，最终由中继站传送到用户端。使用中继技术通过缩短天线和用户的距离来改善终端的链路质量，这样便可以在很大程度上提升整个系统的频谱利用效率和数据速率。同时，在原有小区的覆盖范围内放置中继站，在理论上还能达到提高系统容量的目的。

10.2.4 LTE-Hi

移动互联网的快速发展，让移动通信网络的热点和室内覆盖问题日渐突出。通过对移动互联网用户使用习惯的分析显示，目前大多数的移动数据流量都是在城市热点或室内发生，这就对传统蜂窝网络的覆盖方式提出了挑战，运营商需要利用不同频率资源组合以满足热点和室内覆盖的需求。而包括目前已大规模推广的 Wi-Fi 及 LTE-Hi 技术都是在此背景下产生的。

LTE-Hi（LTE Hotspot/indoor）是采用 LTE 小基站满足热点及室内覆盖需求的技术，由国际标准组织 3GPP 在 2012 年 9 月启动的 Release12（R12）标准化工作中提出。作为演进型技术，LTE-Hi 具备诸多特点。LTE-Hi 的“H”具有 4 个含义，即更高的性能、更高的效率、更高的频段和更大的容量。

LTE-Hi 的融合发展将成为未来研究的方向。作为传统蜂窝通信网络的补充，LTE-Hi 和宏蜂窝之间如何更好地融合，实现满足业务发展需求的异频组网是业界探索的方向。同时也有观点认为 LTE-Hi 未来与 Nano cell 的融合演进也将成为关注的焦点。Nano cell 是集成 Small Cell 与目前已经广泛部署的 Wi-Fi 技术的融合型解决方案，能够实现

TD-LTE 与 Wi-Fi 之间的共存部署和业务分担。未来，随着 LTE-Hi 的部署和推广，如何实现 Nano cell 和 LTE-Hi 之间的融合演进，如何保护运营商已有投资，如何提升网络效率，无疑也将成为关键所在。

LTE-Hi 技术对于热点覆盖进行了优化：一方面进一步提升了频率的效率，优化系统的设计，减少了开销，采用了动态 TDD 技术；另一方面提升了运营效率，考虑到了小区日渐密集的情况以及联合运营的需求。得益于技术上的优越性，以 LTE-Hi 为主体的密集场景覆盖将可能成为 4.5G 时代的特征。

10.2.5 LTE-A 对容量支持能力的改进

通过载波聚合、高阶 MIMO 等技术，LTE-A 对现有的 LTE 进行了升级，是的 LTE-A 具有更大的系统容量和峰值速率。

（1）有效支持新频段和大带宽应用

基于 WRC07（2007 年世界无线电通信大会）会议的结论，LTE-Advanced 的潜在部署频段包括：450～470MHz、698～862MHz、790～862MHz、2.3～2.4GHz、3.4～4.2GHz、4.4～4.99GHz 等。可以看到，除了 2.3～2.4GHz 位于传统蜂窝系统常用的频段外，新的频段成高、低分化的趋势。尤其是大量的潜在频段集中在 3.4GHz 以上的较高频段。

高频段在覆盖范围、穿透建筑物的能力和移动性能方面明显不如低频段，因此只适合提供不连续覆盖、支持低速移动。但实际上，未来宽带移动互联网业务也很可能是不均匀分布的。绝大部分容量需求将集中在面积只占一小部分的室内和热点区域，这为高频段的应用提供了可能。可以构建多频段协作的层叠无线接入网，“质差量足”的高频段用来专门覆盖室内和热点区域内的低速移动用户，将大部分系统容量都吸引到高频段中，从而将“质优量少”的低频段资源节省下来覆盖室外广域区域以及高速移动用户。低频段部署可以看作高频段部署的“衬底”，负责填补高频段的覆盖“空洞”。多个频段紧密协作、优势互补，则可以有效地满足 IMT-Advanced 在高容量和广覆盖方面的双重需求。

在此基础上，则可以进一步部署室内基站、中继（Relay）站和分布式天线站点来扩展高频段的覆盖范围，从而进一步将系统负载吸引到高频段，减轻低频段的负担，使其能够更有效提供高质量连续覆盖，支持高速移动。

在系统带宽方面，LTE-A 提出了和 IMT-Advanced 相同的要求，即支持最大 100MHz 的带宽。由于如此宽的连续频谱很难找到，因此 LTE-Advanced 提出了对多频谱整合（Spectrum Aggregation）的需求，这项技术可以将多个离散的频谱联合在一起使用。

比多频段协同更进一步的是频谱整合（Spectrum Aggregation）。首先可以考虑将相邻的数个较小的频段整合为 1 个较大的频段。这种情况的典型场景是：低端终端的接收带宽小于系统带宽，此时为了支持小带宽终端的正常操作，需要保持完整的窄带操作。但对于那些接收带宽较大的终端，则可以将多个相邻的窄频段整合为 1 个宽频段，通过 1 个统一的基带处理实现。需要研究的是在多个频段内的公共信道（如同步信道、广播信道）的分布。如果简单地在每个窄频段内分别传输公共信道，则会导致较大的公共信道开销。另一种方法是选择 1 个频段作为“主频段”，只在这个频段内传输同步信道或广播信道，而其他“辅频段”中则主要传输数据，采用这种方法需要考虑如何避免同步和小区搜索性能的下降，以及如何避免频繁的频段间测量。

另外，还需要考虑频谱整合是在物理层还是 MAC 层进行。如图 10-1 所示，如果在 MAC 层进行整合，则每个参与整合的载波都传送独立的传输块，这样每个载波需要独立的进行各种物理过程，如调度、MIMO 秩自适应、链路自适应和 HARQ 操作。这种方法保留了每个载波的原有系统设计，对 MAC 层和 RLC 层的改动也小，每个载波的处理复杂度较低，但整体复杂度增大到 N 倍（N 为载波数量）。

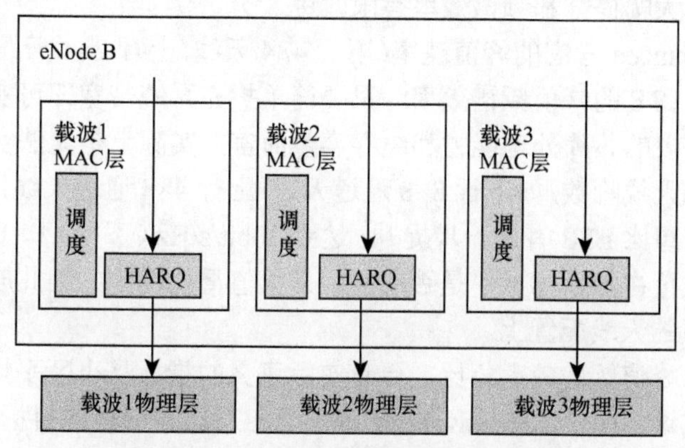

图 10-1 MAC 层频谱整合模式示意图

如果在物理层进行整合，则可以将多个载波都包括在 1 个大的传输块中，并可以对多个载波进行统一的物理过程，如调度、MIMO 秩自适应、链路自适应和 HARQ 操作。这种方法对物理层设计有较大的修改，对 MAC 层和 RLC 层也有一定影响，需要考虑对兼容性的影响。在复杂度方面，需要评估比较：对 1 个大的整合载波进行处理的复杂度更低，还是对 N 个小的载波进行并行处理的复杂度更低。物理层聚合过程如图 10-2 所示。

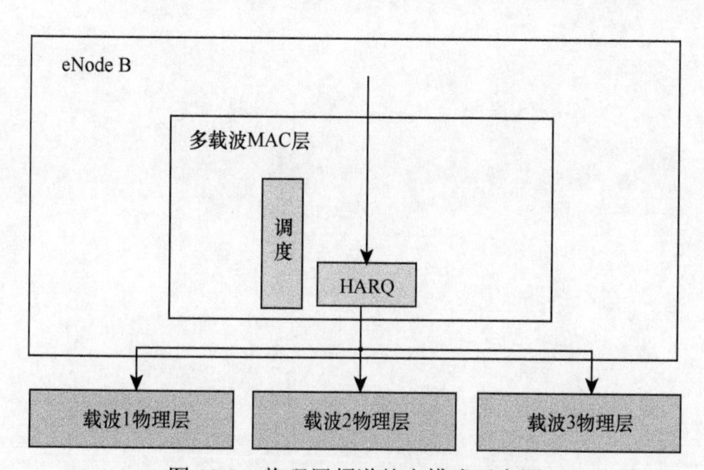

图 10-2 物理层频谱整合模式示意图

另外一个需要考虑的问题是对非对称上下行的支持能力，如果 1 个 UE 的上行发送带宽小于接收带宽，则可能采用图 10-2 的物理层整合方式更有利于整体调度上下行的控制信令和反馈信息。而如果采用图 10-1 的 MAC 层整合方式，有些载波的下行信道没有相应的上行信道，无法实现该载波的上行反馈，需要考虑如何在其他上行载波中实现。

离散多频段的整合主要是为了将分配给运营商的多个较小的离散频段联合起来，当作 1 个较宽的频段使用，通过统一的基带处理实现离散频段的同时传输。对于 OFDM 系统，这种离散频谱整合在基带层面可以通过插入“空白子载波”来实现。但真正的挑战在射频层面，终端需要 1 个很大的滤波器同时接收多个离散频段。如果频段间隔较小，尚有可能实现，如果间隔很大（很多频段相隔数百 MHz），则滤波器很难实现。

（2）峰值速率大幅提升和频谱效率有限改进

目前 LTE-Advanced 考虑的峰值速率（下行 4×4 天线，上行 2×4 天线）为下行 1Gbit/s，上行 500MHz。以 LTE 的峰值频谱效率，只要简单扩充系统带宽即可实现。但过高的峰值速率对于终端有限的芯片处理能力和缓存容量而言，实际上是无法实现的。

如果考虑更高天线阶数，如下行 8×8 通道天线，上行 4×8 通道天线，则 LTE-Advanced 的峰值频谱效率有望比 LTE 有进一步提升，达到 30bit/s/Hz（下行）和 15bit/s/Hz（上行）。但这样大的天线数量在实际部署中是否现实，是很值得商榷的，因此应首先将工作重点放在 4×4 天线以下的天线配置上。

和峰值速率、峰值频谱效率相比，更有实际意义的指标是小区平均频谱效率及小区边缘频谱效率。在这方面，LTE-Advanced 提出了相对比较谨慎的目标，在 LTE 原有应用场景下，平均频谱效率要求提高 50%，即达到 2.4～3.7bit/s/Hz（下行）和 1.2～2bit/s/Hz（上行）。此时，下行最高天线配置为 4×4 天线，上行可从 1×4 天线扩展到 2×4 天线。在小区边缘频谱效率方面，由于缺乏更好的抑制小区间干扰的技术，只能期待有大约 25%的性能提升，达到上行 0.04～0.07bit/s/Hz/用户，下行 0.07～0.12bit/s/Hz/用户。另外，LTE-Advanced 需求还强调了自配置/自优化、降低终端、网络的成本和功耗等需求。

参考文献

[1] TS 36.101UE radio transmission and reception(R10), 3GPP, 2011.

[2] TS 36.104Base Station (BS) radio transmission and reception(R10), 3GPP, 2011.

[3] TS 36.106FDD repeater radio transmission and reception(R10), 3GPP, 2011.

[4] TS 36.113Base Station (BS) and repeater ElectroMagnetic Compatibility (EMC)(R10), 3GPP, 2011.

[5] TS 36.124EMC requirements for mobile terminals and ancillary equipment(R10), 3GPP, 2011.

[6] TS 36.133Requirements for support of radio resource management(R10),3GPP,2011.

[7] TS 36.141Base Station (BS) conformance testing(R10),3GPP,2011.

[8] TS 36.143FDD repeater conformance testing(R10),3GPP,2011.

[9] TS 36.201Long Term Evolution (LTE) physical layer; General description(R10), 3GPP, 2011.

[10] TS 36.211Physical channels and modulation(R10), 3GPP, 2011.

[11] TS 36.212Multiplexing and channel coding(R10), 3GPP, 2011.

[12] TS 36.213Physical layer procedures(R10), 3GPP, 2011.

[13] TS 36.214Physical layer - Measurements(R10), 3GPP, 2011.

[14] TS 36.300E-UTRA and Overall description; Stage 2(R10), 3GPP, 2011.

[15] TS 36.302Services provided by the physical layer(R10), 3GPP, 2011.

[16] TS 36.304UE procedures in idle mode(R10), 3GPP, 2011.

[17] TS 36.305Stage 2 functional specification of UE positioning in E-UTRAN(R10), 3GPP, 2011.

[18] TS 36.306UE radio access capabilities(R10), 3GPP,2011.

[19] TS 36.314Layer 2-Measurements(R10), 3GPP, 2011.

[20] TS 36.321Medium Access Control (MAC) protocol specification(R10), 3GPP,2011.

[21] TS 36.322Radio Link Control (RLC) protocol specification(R10), 3GPP, 2011.

[22] TS 36.323Packet Data Convergence Protocol (PDCP) specification(R10),3GPP,2011.

[23] TS 36.331Radio Resource Control (RRC); Protocol specification(R10), 3GPP, 2011.

[24] TS 36.355LTE Positioning Protocol (LPP)(R10), 3GPP, 2011.

[25] TS 36.401Architecture description(R10), 3GPP, 2011.

[26] TS 36.410S1 layer 1 general aspects and principles(R10), 3GPP, 2011.
[27] TS 36.411S1 layer 1(R10), 3GPP, 2011.
[28] TS 36.412S1 signalling transport(R10), 3GPP, 2011.
[29] TS 36.413S1 Application Protocol (S1AP)(R10), 3GPP, 2011.
[30] TS 36.414S1 data transport(R10), 3GPP, 2011.
[31] TS 36.420X2 general aspects and principles(R10), 3GPP, 2011.
[32] TS 36.421X2 layer 1(R10), 3GPP, 2011.
[33] TS 36.422X2 signalling transport(R10), 3GPP, 2011.
[34] TS 36.423X2 Application Protocol (X2AP)(R10), 3GPP, 2011.
[35] TS 36.424X2 data transport(R10), 3GPP, 2011.
[36] TS 36.440General aspects and principles for interfaces supporting MBMS within E-UTRAN(R10), 3GPP, 2011.
[37] TS 36.441Layer 1 for interfaces supporting MBMS within E-UTRAN(R10), 3GPP, 2011.
[38] TS 36.442Signalling Transport for interfaces supporting MBMS within E-UTRAN(R10), 3GPP, 2011.
[39] TS 36.443M2 Application Protocol (M2AP)(R10), 3GPP, 2011.
[40] TS 36.444M3 Application Protocol (M3AP)(R10), 3GPP, 2011.
[41] TS 36.445M1 Data Transport(R10), 3GPP, 2011.
[42] TS 36.446M1 User Plane protocol(R10), 3GPP, 2011.
[43] TS 36.508Common test environments for UE conformance testing(R10), 3GPP, 2011.
[44] TS 36.509Special conformance testing functions for UE(R10), 3GPP, 2011.
[45] 胡乐明. CDMA 运营商的 LTE 制式选择 [J]. 电信科学，2013(01): 115-117.
[46] 邹锋明，谭振龙，何训. 中国移动四网怎样协同同发展 [J]. 通信企业管理，2013(07): 22-23.
[47] 罗斌. 浅谈中国移动的四网协同发展 [J]. 信息安全与通信保密，2013(05): 58-61.
[48] 万俊青. LTE 网络室内分布系统共建共享探讨 [J]. 移动通信，2013(06): 16-20.
[49] 陈敏. 移动通信 FDD-LTE 与 TD-LTE 技术融合组网浅谈 [J]. 移动通信，2013(11): 45-48.
[50] 刘洋，张涛，郭省力. FDD LTE 链路预算研究及与 WCDMA 的覆盖对比 [J]. 邮电设计技术，2013(02): 30-33.
[51] 李佳俊，文博，许国平. FDD LTE 系统容量研究 [J]. 邮电设计技术，2013(03): 36-41.
[52] 许国平，毕猛，文博，等. LTE 系统覆盖增强技术阶段性引入的考量 [J]. 邮电设计技术，2013(03): 1-5.
[53] 徐宇强，吕锦扬，聂磊，等. TD-LTE 室外频率组网方案的仿真和测试 [J]. 电信工程技术与标准化，2012(07): 33-36.
[54] 许宁，石浩. TD-LTE 与 LTEFDD 的技术比较与融合发展 [J]. 电信工程技术与标准化，2012(07): 28-32.
[55] 邓爱林，王科钻. TD-SCDMA 与 TD-LTE 上下行帧同步方式 [J]. 电信技术，2012(07):27-29.

[56] 戴国华, 张婷, 刘兆元, 等. CDMA 向 LTE FDD 演进后移动终端关键问题分析 [J]. 电信科学，2012(11):36-41.
[57] 陈晓冬, 吴锦莲, 王庆扬. LTE 异构网络技术研究 [J]. 电信科学，2012(11): 13-18.
[58] 刘伟. 四网协同发展研究 [J]. 广东通信技术，2012(09): 74-76.
[59] 陈建华. 中国移动四网协同下的网络规划 [J]. 通信与信息技术，2012(05): 40-42.
[60] 张纯伟. 中国移动“四网协同”战略简析 [J]. 无线互联科技，2012(09): 36-37.
[61] 何廷润. 中国移动“四网协同”战略的利弊考量 [J]. 移动通信，2012(07): 20-23.
[62] 张忠皓. LTE 系统与 2G、3G 系统共站址共存问题分析 [J]. 邮电设计技术，2012(01): 28-31.
[63] 王乐, 贺月华. TD-LTE 网络与 TD-SCDMA 共存时特殊子帧的配置研究 [J]. 电信工程技术与标准化，2011(09): 29-32.
[64] 赵子彬, 戴国华, 刘兆元. CDMA 向 LTE 演进方式及对终端的影响分析研究 [J].电信科学，2011(01): 95-104.
[65] 高荣, 王海燕, 石美宪, 等. FDDLTE 与 TD-LTE 基站邻频杂散辐射的研究 [J]. 电信网技术，2011(08): 51-55.
[66] 张忠平. 部署 LTE 对 3G 网络规划的挑战 [J]. 信息通信技术，2011(02): 6-11.
[67] 邓旭, 张建国.TD-LTE 系统容量分析 [J]. 移动通信，2011(16): 49-52.
[68] 章海峰, 张辰, 李文正. WCDMA HSPA 向 LTE 的演进方案探讨 [J]. 邮电设计技术，2011(11): 59-62.
[69] 董宏伟. LTE 系统同频组网研究 [J]. 西安电子科技大学, 2010.
[70] 许灵军, 邓伟, 程广辉, 等. TD-LTE 基站产品规划研究 [J]. 电信科学，2010(09): 136-142.
[71] 董江波, 李楠, 高鹏. 从系统设计分析 LTE 系统覆盖与容量规划 [J]. 电信科学，2010(08): 107-113.
[72] 李杉, 陈新, 李晓明, 等. TD 网络建设与未来演进存在的问题及解决方法 [J]. 移动通信，2010(Z1): 29-33.
[73] 李迪生, 阮家健, 王莹. 无线网络站址资源储备方案 [J]. 电信工程技术与标准化，2009(01):34-40.
[74] 李新. TD-LTE 无线网络覆盖特性浅析 [J]. 电信科学，2009(01): 43-47.
[75] 李文苡, 熊尚坤. CDMA 向 LTE 演进中的若干问题及解决方案 [J]. 广东通信技术，2009(08): 2-6.
[76] 王哲, 罗伟民, 陈其铭. TD-SCDMA 与 GSM 共站址规划和设计 [J]. 移动通信，2009(09): 22-28.
[77] 张健.赛迪顾问发布《LTE 技术演进白皮书》 [J]. 世界电子元器件，2013(12): 62.
[78] 魏克敏, 王好营, 胡恒杰, 等. LTE 系统频率复用方式的探讨 [J]. 电信工程技术与标准化，2009(02): 1-5.
[79] 朱强, 胡恒杰, 杨梦涵, 等. TD-LTE 频率复用与干扰协调 [J]. 移动通信，2010(05): 36-40.
[80] 张长青. 智能天线在 TD-LTE 中的应用分析 [J]. 移动通信，2012(24): 49-54.